気候変動下の水・土砂災害適応策
―― 社会実装に向けて ――

監修　国土文化研究所
編集　池田駿介・小松利光・馬場健司・望月常好

近代科学社

◆読者の皆さまへ◆

平素より、小社の出版物をご愛読くださいまして、まことに有り難うございます。

(株)近代科学社は1959年の創立以来、微力ながら出版の立場から科学・工学の発展に寄与すべく尽力してきております。それも、ひとえに皆さまの温かいご支援があってのものと存じ、ここに衷心より御礼申し上げます。

なお、小社では、全出版物に対してHCD（人間中心設計）のコンセプトに基づき、そのユーザビリティを追求しております。本書を通じまして何かお気づきの事柄がございましたら、ぜひ以下の「お問合せ先」までご一報くださいますよう、お願いいたします。

お問合せ先：reader@kindaikagaku.co.jp

なお，本書の制作には，以下が各プロセスに関与いたしました：

・編集：石井沙知
・組版、カバー・表紙デザイン：菊池周二
・印刷、製本、資材管理：藤原印刷
・広報宣伝・営業：山口幸治、冨髙琢磨、西村知也

●本書に記載されている会社名・製品名等は、一般に各社の登録商標または商標です。本文中の©、®、™等の表示は省略しています。

・本書の複製権・翻訳権・譲渡権は株式会社近代科学社が保有します。
・ JCOPY 〈(社)出版者著作権管理機構 委託出版物〉
本書の無断複写は著作権法上での例外を除き禁じられています。
複写される場合は、そのつど事前に(社)出版者著作権管理機構
（電話 03-3513-6969、FAX 03-3513-6979、e-mail: info@jcopy.or.jp）
の許諾を得てください。

刊行によせて

　日本は災害大国である。地震・津波と火山の国であるのみならず、しばしば発生する山地大崩壊、毎年日本の国土を襲う洪水と水害、雪氷災害、多様な土砂災害など、きわめて多種かつ激烈である。

　そもそも、われわれの国土そのものが、自然の猛威によって形成されたものに満ちている。例えば、東京山の手台地の赤土（関東ローム）は、かつて箱根や富士火山などの大噴火で飛ばされてきた火山灰層であり、下町の低地を形成している大部分の土砂は荒川や利根川などの度々の大洪水の産物である。

　そのわが国土に追い打ちをかけるように、気候変動が進行している。それによる多くの要因のなかでも、平均海面の着実な上昇は、島国であり、臨海部の開発に経済成長を託してきたわが国土にとって重大な事態である。その他、台風の変化、それらによる豪雨の頻発、さらには土砂災害の頻発傾向など、いずれも適応策を含む対策の強化が強く望まれている。

　さらに憂慮すべきは、わが国の国土構造と社会構造が急激に変化しつつあることであり、その変化は、災害を質的に変え、量的にも拡大する可能性が大きい点である。

　すなわち、少子高齢化、大都市の過密と地方の過疎の社会構造の予想を上回る変化は、災害の変質、激化をもたらす可能性が大きい。そもそも土地利用の変化による災害の激化は、1950年代から60年代にかけての急速な都市化、さらには同時にもたらされた高度経済成長を支えた高密度な開発によって、斜面災害をはじめとする新型都市水害、森林の荒廃、東京湾、伊勢湾、大阪湾沿岸への人口集中と工業生産活動による工業用水取水などに基づく、いわゆるゼロメートル地帯の出現など、われわれは苦い経験を味わってきた。今後、予想される上述の社会構造の変化への適切な適応策なくしては、国土のリスクは急速に増大する恐れがある。

　これら国土の安全度低下進行が予想される状況に鑑みて、この度の『気候変動下の水・土砂災害適応策—社会実装に向けて—』は、まさに時宜を得た警世の出版である。一方、本書は近未来のわが国の災害本質論であり、その打開策への方向を具体的に明示した、またとない啓発書である。

　冒頭に気候変動、社会構造の変化の実態を解説し、次いで適応策の基本、体制

刊行によせて

つくり、その社会実装の基盤を提示し、特に防災の最終方針である人命喪失の回避に1節を当て、社会経済の持続可能性、適応策の深化に向けての計画の在り方を示す。最後に適応策の国内の動向事例を紹介し、海外の動向事例については、北米、ヨーロッパ、台湾、メコンデルタ、太平洋島嶼国の事例など、状況の異なる対応を詳細に解説している。さらにこれらを補う重要情報を多数のコラムを設けて提示しているのは、読者に対してきわめて懇切丁寧である。

東京大学名誉教授
高橋　裕

序

　近年、地球温暖化によると思われる集中豪雨、干ばつ、台風の強大化などの災害外力（災害を引き起こす力）の増大が実感されるようになってきた。今後も温暖化による様々な影響がより顕著に現れてくるものと思われる。

　平成24（2012）年7月に九州北部を襲った集中豪雨、翌平成25（2013）年の伊豆大島、平成26（2014）年の広島を襲った土石流災害、平成27（2015）年の鬼怒川洪水災害と毎年のように起こる水・土砂災害は、地域に大きな被害をもたらし、我が国の防災基盤はまだまだ脆弱であることを如実に示した。これらの災害に限らず、近年の気象災害で被災した住民が異口同音に口にすることは、「こんな雨は初めてだった」、「水位上昇が急でアッという間だった」であり、これまでの常識や経験が全く役に立たないような大きな気象災害に近年頻繁に見舞われるようになってきている。災害は人命の損失に直結するため、災害外力の増大という遷移過程での防災・減災に我々は総力を挙げて取り組まなければならない。

　災害外力に対する防災力や社会の脆弱性を考える場合、平成23（2011）年3月11日の東日本大震災のように低頻度であるが極めて巨大な災害外力を対象とする場合と、毎年のように国内外のあちこちで起こっている水・土砂災害のように前者ほど災害外力は巨大ではないが、地球温暖化による気候変動等で災害外力が増大するという遷移過程にある事象を対象とする場合とでは、時間軸との関係で若干取扱いが異なってくると思われる。地域は災害に対する防災力（抵抗力）としてそれぞれ固有の閾値（限界値）を持つ。災害外力がこの閾値を超えると発災する。しかしながら、防災インフラはこれまでの災害外力を対象として構築・整備されてきているため、温暖化による災害外力の急激な増大は、容易にこの閾値を超えて発災させることとなる。そのため、気候変動は今我々が想像している以上に実は大変なことなのではないかと危惧している。

　ところで、防災事業は中国の「万里の長城」の築造と類似していると言えよう。匈奴などの異民族の侵入を抑えるため、中国王朝は代々に亘って2000km以上に及ぶ長大な防壁を延々と築いてきた。しかしながら攻める側は一点に集中して突破すればいいわけで、守る側は極めて分の悪い戦いを強いられた。費用対効果から言えば万里の長城は、効率の悪い歴史的大事業の一つと言われている。しかしながらもしこの長城がなければ、いつでもどこからでも小兵力での侵入すら

序

許すことになるので、万里の長城には一定の存在価値はあったものと思われる。一方、防災も同じように分の悪い戦いを強いられている。事業としては、本来は人々の居住地域や資産の集中する地域全体の防災力を上げて守らなければならないが、災害外力は前もって予測できない1か所（時には広域に及ぶこともあるが）を集中的に叩いてくるからである。したがって、効率は当然悪くなるが、単純な費用対効果の計算だけで防災事業を議論することはできない。人類が引き起こした地球温暖化の下で、「安全・安心で持続可能な社会」を築くのは、決して容易な作業ではなく高くつくのである。

一方、我が国のインフラの大部分は高度成長期に建設・整備されており、老朽化の危機に瀕している。しかしながら財源には限りがあり、傷んだインフラの補修すらままならないのが実状である。政府は「国土強靱化」に取り組んでいるが、財政上の逼迫や世論の認識の遅れ等の問題もあり、実現にはなお多くの困難が予想される。

いずれにしても今我々に、もう既に待ったなしの状態にまで追い込まれており、できるだけコストをかけずに効率的に防災力やレジリエンスを上げていくことが喫緊の課題となっている。産・官・学・市民、また人文・社会科学から生命科学・理工学までの全分野が協力して「人類の叡智」を結集し、"束になって"かからなければ、到底解決できない困難な課題となっている。

本書は、現時点での気候変動下の水・土砂災害適応策の国内外の取り組みと動向、また新たな提案を述べ、今後の社会実装のための指針となることを目指して発刊するものである。人類が気候変動という未曾有の危機を克服して未来に明るい社会を築くための一助となれば、編集者・著者一同これに過ぎる喜びはない。

平成 28 年 10 月
編集者・著者一同

目次

刊行によせて　iii
序　v

第1章　気候変動と自然外力の増大 ……… 1

1.1 地球温暖化の進行 …………………………………………… 2
1.2 地球温暖化による災害外力の増大 ………………………… 4
　　1.2.1　極端降水の変化：強雨の増加と少雨の増加 ………… 4
　　1.2.2　海面水位の上昇 ……………………………………… 6
　　1.2.3　台風の強大化 ………………………………………… 9
　　1.2.4　降雪・融雪量の変動 ………………………………… 11
1.3 自然外力の想定 …………………………………………… 13
　　1.3.1　想定最大災害外力（基本的概念） ………………… 13
　　1.3.2　レベル区分 …………………………………………… 15
1.4 水・土砂災害の特徴 ……………………………………… 17
1.5 水・土砂災害の様相・形態の変化 ……………………… 18
1.6 水・土砂災害に対する順応的適応策 …………………… 20
　　　　　　参考文献 …………………………………………… 24

第2章　国土構造と社会構造の変化 ……… 25

2.1 災害危険地帯の拡大と増加 ……………………………… 26
　　2.1.1　土地利用の変化 ……………………………………… 26
　　2.1.2　海水面上昇とゼロメートル地帯 …………………… 30
　　2.1.3　海岸侵食 ……………………………………………… 32
　　2.1.4　都市の新たな災害 …………………………………… 35
2.2 社会構造の変化 …………………………………………… 39
　　2.2.1　少子高齢化・外国人の増加 ………………………… 39
　　2.2.2　農山漁村・地方都市の衰退 ………………………… 41
　　2.2.3　地方創生 ……………………………………………… 44

目次

2.2.4 インフラの老朽化……………………………………………46
2.2.5 災害に対する安全保障……………………………………49
2.2.6 低成長時代の防災投資……………………………………50
参考文献……………………………………………………………54

第3章 適応策の基本と社会実装を支える技術……57

3.1 適応策の基本……………………………………………58
3.2 体制づくりとその運営……………………………………63
3.2.1 連携体制……………………………………………63
コラム3.1 連携体制事例とインタレスト分析の方法……………66
コラム3.2 水災害適応策に関するインタレスト分析事例…………69
3.2.2 水防災・減災行動のためのリスク・コミュニケーションと合意形成……71
コラム3.3 リスク・コミュニケーション事例とその評価（事例1）……75
コラム3.4 リスク・コミュニケーション事例とその評価（事例2）……77
3.2.3 社会実装の記録および評価……………………………80
3.3 適応策社会実装の基盤……………………………………84
3.3.1 自然外力の想定および評価……………………………84
コラム3.5 海外研究者による自然外力評価事例…………………88
コラム3.6 地形特性による降雨評価事例（北陸地方を例に）……90
3.3.2 防災施設等の整備・管理および評価…………………92
コラム3.7 マネジメントのための技術事例（耳川総合土砂管理を例に）……98
3.3.3 被災想定および経済影響評価………………………101
コラム3.8 微地形による浸水深への影響と実洪水検証事例……106
3.4 人命喪失の回避…………………………………………108
3.4.1 避難・救助計画………………………………………108
コラム3.9 2度の水害と三条市の防災対策……………………114
3.4.2 仮設住宅等……………………………………………116
コラム3.10 仮設住宅と防災集団移転に関する事例……………120
3.4.3 健康と暮らし（生活）を守る医療・保健………………122
コラム3.11 災害看護の現場から…………………………………127

3.5 社会経済の持続可能性向上 ··· 129
 3.5.1 事業継続計画 ·· 129
  コラム 3.12 事業継続計画策定後の改善検討事例 ······················· 134
 3.5.2 復旧・復興事前準備 ··· 136
  コラム 3.13 復旧・復興事前準備の検討事例 ···························· 138

3.6 適応策の深化に向けて ··· 141
 3.6.1 社会および自然環境・生態系のレジリエンス評価と指標化 ···· 141
  コラム 3.14 ガーナ北部の農村地域を対象としたレジリエンス評価と
      地元住民との対話 ··· 148
 3.6.2 土地利用および事前復興計画 ·· 150
  コラム 3.15 被災後の防災性向上のための取り組み検討事例 ········· 152
 3.6.3 物理的および制度的支援方策 ·· 153
  コラム 3.16 米国の洪水保険制度の検討事例 ··························· 155

  参考文献 ··· 159

第4章 適応策の国内の動向・事例 ··· 165

4.1 適応策の社会実装に向けて—実例からの教訓— ······················· 166
 4.1.1 はじめに ··· 166
 4.1.2 防災・減災の内部化 ··· 166
 4.1.3 防災・減災の機動化 ··· 169
 4.1.4 防災・減災の専門家 ··· 171
 4.1.5 まとめ ·· 172

4.2 気候変動の地元学 ·· 173

4.3 関東平野のゼロメートル地帯の防災 ······································ 175
 4.3.1 気候変動適応策答申 ··· 175
 4.3.2 荒川下流タイムライン（試行案） ··································· 176
 4.3.3 荒川下流タイムラインの実際の台風への適応と今後の課題 ··· 180

4.4 東海地方の洪水・高潮対策 ··· 182
 4.4.1 被害想定・タイムライン編 ·· 183
 4.4.2 情報共有、水防・避難計画編 ······································· 185
 4.4.3 救助・応急復旧計画編 ·· 186

4.5 見附市の洪水対策について ……… 188
4.5.1 平成16（2004）年7月の新潟・福島豪雨とその後の対策 …… 188
4.5.2 平成23（2011）年7月の新潟・福島豪雨と各種対策の効果 … 192
4.5.3 新たな取り組み ……… 194
4.5.4 今後に向けて ……… 194
4.6 川内川の洪水対策 ……… 195
4.6.1 川内川の概要 ……… 195
4.6.2 平成18（2006）年7月洪水の概要 ……… 195
4.6.3 平成18（2006）年7月洪水後における取り組み
（ハード対策・ソフト対策） ……… 197
4.6.4 川内川における今後の取り組み ……… 202
4.7 広島市の土砂災害 ……… 203
4.7.1 はじめに ……… 203
4.7.2 降雨状況と災害の特徴 ……… 203
4.7.3 対策 ……… 205
4.7.4 おわりに ……… 208
4.8 佐賀低平地の洪水・高潮対策 ……… 209
4.8.1 佐賀平野大規模浸水危機管理対策検討会設置の経緯と
これまでの検討内容 ……… 209
4.8.2 佐賀平野における大規模浸水被害想定の
基本的考え方について ……… 210
4.8.3 佐賀平野における大規模浸水被害の詳細な想定項目 ……… 211
4.8.4 被害想定シナリオの検討 ……… 211
4.8.5 危機管理計画における取り組み施策 ……… 211
4.8.6 検討会において顕在化している問題点とその改善に向けた
取り組み ……… 213
4.8.7 佐賀低平地の洪水・高潮対策における現状での問題点・
今後の課題など ……… 214
コラム4.1 ソフト面の適応策
～丸亀市川西地区自主防災組織の活動～ ……… 214
参考文献 ……… 218

第5章 海外の動向・事例 219

- 5.1 適応策・適応計画とその策定過程の概観 220
  - 5.1.1 北米各都市における適応策 220
  - 5.1.2 英国気候変動法に基づくAdaptation reporting powerに見る公益企業の気候変動適応計画 229
  - 5.1.3 欧州における気候・社会経済シナリオを用いた適応計画づくり 234
- 5.2 実装化に向けた体制づくり・財源整備・人材育成 241
  - 5.2.1 オランダ・デルタプログラムに見る国家適応技術開発の実装化 241
  - 5.2.2 米国FEMAのデータを活用した国家財政影響評価事例 246
  - 5.2.3 米国ハリケーン・サンディ来襲時の取り組みに至る検討事例 251
  - 5.2.4 台湾における土石流防災専門員の育成事例 257
- 5.3 社会経済の持続可能性向上 262
  - 5.3.1 メコンデルタにおける適応策 262
  - 5.3.2 太平洋島嶼国における気候変動を考慮した海岸保全策 267
  - 参考文献 274

第6章 まとめと提言 279

- 参考文献 285

索引　286
著者紹介　289

第1章
気候変動と自然外力の増大

1.1 地球温暖化の進行

2015年の世界の年平均気温[1]は、1891年以降では2014年に続き最高気温を更新した。世界の年平均気温は長期的に約0.71℃/100年の割合で上昇しており、特に1990年代半ば以降は高温の年が多くなっていると報告されている。この気温上昇傾向は、世界一様ではないものの、世界のほとんどの地域で生じていることが報告されている。日本においても、1990年代以降に高温となる年が頻出しており、年平均気温は1.16℃/100年の割合で上昇している。

2013年に公表されたIPCC（Intergovernmental Panel on Climate Change）第1作業部会の第5次評価報告書では、「気候システムの温暖化には疑う余地がなく、また1950年代以降、観測された変化の多くは数十年から数千年間にわたり前例のないものである。大気と海洋は温暖化し、雪氷の量は減少し、海面水位は上昇している」と報告されている。また、1850年以降のどの10年間と比べても、最近30年の各10年間の地上気温はいずれも高温を記録し、さらに、北半球においては、1983～2012年は過去1400年において最も高温の30年間であった可能性が高いことが報告されている。

1951年から2010年までの世界平均地上気温の上昇要因の半分以上は、人為起源の温室効果ガス濃度や放射強制力[2]の上昇による可能性が極めて高いとされている。大気中の温室効果ガス[3]の濃度は、少なくとも過去80万年間において前例のない水準にまで増加している。

海洋に関しては、1971～2010年において、海洋表層（0～700m）で水温が上昇したことはほぼ確実であり、1992～2005年において、海洋深層の海水温が上昇している可能性が高いことも示されている。日本近海における海面水温の上昇率（＋1.08℃/100年）は、世界全体で平均した海面水温の上昇率（＋0.51℃/100年）よりも大きな値となっている。世界の平均海面水位は1901～2010年の間で19cm上昇し、海面水位の年平均上昇率は、1.7mm/年（1901～2010年）、2.0m/年

---

1 陸域における地表付近の気温と海面水温の平均。
2 気候変動を引き起こす影響の度合い。
3 二酸化炭素、メタン、一酸化二窒素等。

（1971〜2010年）、3.2mm/年（1993〜2010年）と増加傾向である可能性が非常に高い。海洋は人為起源の二酸化炭素排出量の約30%を吸収しているため、海洋の酸性化が生じており、工業化以前から現在までに海面付近のpHは0.1低下したことが報告されている。

近年、様々な極端現象[4]にも変化が現れている。例えば、寒い日や寒い夜の頻度の減少や昇温、暑い日や暑い夜の頻度の増加や昇温はほとんどの陸域で見られている可能性が非常に高く、人間活動に起因する可能性が非常に高いことが示唆されている。

日本においては、猛暑日[5]の発生日数が増加傾向にあり、日降水量100mm以上および200mm以上の日数も、1901〜2013年の113年間で増加傾向が明瞭に現れている。しかしながら、弱い降水も含めた降水の日数（日降水量1.0mm以上）は減少しており、降水量は両極端化傾向にある。

このような地球温暖化の進行により、ここ数十年の間に、全ての大陸と海洋において自然システムや人間社会に影響が発現しており、特に、自然システムにおいて最も強くかつ包括的に現れていることが報告されている。例えば、水資源においては、多くの地域において、降水量変化、雪氷融解の変化、氷河の縮小等により、水資源システムの量と質の面で影響が生じている。生態系に関しては、陸域、淡水域および海洋の多くの生物種は、進行中の気候変動に対応して、その生息域、季節的活動、移動パターン、生息数および生物種の相互作用を変移させている。農業に関しては、温暖化による作物収量への負の影響が正の影響より一般的に優っている。健康に関しては、他の分野と比べてその傾向が十分には定量化されていない。

日本においても、既に温暖化による影響が現れている。水資源に関しては、降水量の多い年と少ない年の差が拡大する傾向にあり、渇水と洪水の発生リスクが高くなっている。例えば、平成3（1991）年から平成22（2010）年にかけて、四国地方を中心とする西日本や東海、関東地方で渇水が頻繁に発生した。生態系に関しては、気温の上昇に伴うサクラの開花日の全国的な早まりやカエデの紅葉日の遅れなど、植物季節に変化が見られ、積雪域の変化によるニホンジカやイノシシ

4　特定の地点と時期においてまれにしか起こらない極端な気象の現象。

5　1日の最高気温が35℃を超える日。

の分布の拡大、暖かい気候を好むナガサキアゲハの分布域の北上などが報告されている。また、日本の周辺海域では、海水温の上昇により北方系の魚種が減少し、南方系の種の増加・分布拡大が報告されている。さらに、サンゴの白化や藻場の消失・北上なども確認されている。農業に関しては、夏の高温によるモミの白未熟粒、秋から冬にかけての高温・多雨によるウンシュウミカンの果皮と果肉が分離する浮皮の発生、秋から冬にかけてブドウの成熟期に高温で推移することによる果実の着色不良、などが報告されている。健康に関しては、熱中症による死亡者数の増加傾向や、デング熱を媒介するヒトスジシマカの分布域の北上などが報告されている。

このような地球温暖化の程度（世界の平均気温の上昇量）は、人為的な温室効果ガスの排出量と比例関係にある。仮に、世界の平均気温上昇を産業革命以前から2℃未満に50％超の確率で抑えるためには、温室効果ガスの累積排出量の上限が820GtC程度と予測されている。2011年には温室効果ガスの累積排出量が515GtCに達しているため、2℃未満に抑えるためには、あと305GtC程度の排出が上限となり、ここ数年と同じ量の排出が続くとあと30年で到達することになるため、温室効果ガス削減への取り組みは待ったなしの状況となっている。

1.2 地球温暖化による災害外力の増大

1.2.1 極端降水の変化：強雨の増加と少雨の増加

降水は大気中の水蒸気が凝結して、雨または雪として地上に達する現象であるため、大気中の水蒸気量の多寡は降水量を決める重要な要素の一つである。大気中に存在できる水蒸気量（飽和水蒸気量）は気温の関数であり（Clausius‐Clapeyron関係）、1℃当たり飽和水蒸気量は約7％変化する。世界の年平均地上気温は産業革命以降約1℃上昇した。日本では明治31（1898）年の統計開始以来平成27（2015）年までに1.36℃上昇している。そのため、長期間にわたる気温の上昇は、降水の増加をもたらしている可能性がある。一方で、降水現象が起こる背景には、大気の不安定度、水蒸気量、周囲からの水蒸気の収束を継続的にもたらす大気の循環場や地形的特徴といった条件が関係する。そのため、個々の降水イベントを見ていては分からなくとも、長期間の傾向を見ることで、温暖化の影響の抽

1.2 地球温暖化による災害外力の増大

出が可能になる。

　日本の年間総降水量には、データのある明治34（1901）年以降、長期的なトレンドは認められない。しかしながら大雨には増加傾向が観測されている。日降水量100mm以上、日降水量200mm以上の年間日数は、統計的に有意に増加している。前者は100年間当たりで約25％、後者は約40％増加した。さらには日降水量1.0mm未満の無降水日数にも増加傾向が見られ、大雨の頻度が増加する一方で、弱い降水も含めた降水日数が減少しているという特徴がある。

　1970年代後半からアメダス（地域気象観測システム）が全国展開され、局地的な雨をとらえる事ができるようになった。アメダスで観測された1時間降水量が30mm以上の激しい雨、50mm以上の非常に激しい雨、80mm以上の猛烈な雨の発生頻度には増加傾向が明瞭に見られる。例えば1時間降水量50mm以上の年間観測日数は、10年当たりで約10％増加した。また梅雨末期（7月中旬〜下旬）の日本海側地域での降水量が増加しており、大雨や短時間強雨の増加とあわせて地球温暖化の影響と見られている。

　21世紀末（2081〜2100年）までの世界の気温上昇は、産業革命以降これまでに起こった気温上昇量の数倍に達する可能性が高い。IPCC第5次評価報告書によると、21世紀末までの世界平均地上気温の1986〜2005年平均に対する上昇量は、低位安定化シナリオで0.3〜1.7℃、高位参照シナリオでは2.6〜4.8℃の範囲に入る可能性が高い。そのため、上記の20世紀後半に観測された長期的な降水変動の特徴がより大きく明瞭に現れると考えられる。IPCC第5次評価報告書は、世界平均地上気温が上昇するにつれて、中緯度の陸域のほとんどと湿潤な熱帯域において、極端な降水がより強くまたより頻繁となる可能性が非常に高いとも評価している。

　では日本の降水量はどうなるのだろうか？　日本に3℃程度の気温上昇をもたらすシナリオでの予測結果では、全国平均の年降水量が5％程度増加する予測となっているが、統計的に有意な増加ではない。地域別では、北日本で増加するとの予測があるが、その他の地域では予測の不確実性が高い。一方で、大雨や短時間強雨といった極端な降水量については増加する可能性が非常に高い。1時間降水量が50mm以上の非常に激しい雨の発生回数は顕著に（全国的に2倍以上）増加するだろう。現在の気候ではまれにしか発生しない北日本でも、今より3℃上昇するような気候変化の下では、このような強雨の起こる可能性が高くなる。さ

第1章 気候変動と自然外力の増大

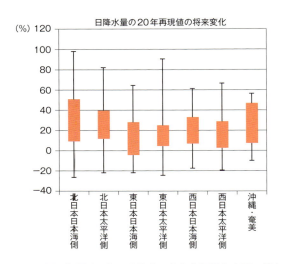

図1.2.1 再現期間20年で発生するような極端な大雨の将来変化
現在気候（1980～1999年）と将来気候（2076～2095年）の比を示す（気象庁（2015））

らには再現期間20年で発生するような極端に多い日降水量は、10～30％の増加が予測されている（図1.2.1）。増加率では北日本で大きいと予測されているが、量としては、九州を中心とした夏季の梅雨期での大雨増加が顕著となろう。大雨と短時間強雨とでは、その影響の現れ方も異なることに注意すべきである。なお、過去の観測結果と同様に、強雨の頻度が増加する一方で、無降水日も増加する傾向が予測されており、乾期の水不足への影響も懸念される。

1.2.2 海面水位の上昇

1901年から2010年の間に、世界平均海面水位は19cm上昇した。この間の水位上昇は、主に海洋への熱の蓄積による熱膨張と氷河の減少による。上昇速度は加速しており、1年当たりの平均上昇率は1901～2010年で1.7cm、1971～2010年で2.0cm、1993～2010年で3.2cmである。海洋中のデータが取得されるようになった1955年以降では、気候システムが受け取る余剰な熱の93％が海洋に吸収・蓄積されることで、海洋の熱膨張が起こったと評価されている。近年の海面水位上昇の要因には、このほかに、氷河・氷床の減少と陸域の貯水量の変化がある。陸域の貯水量の変化とは、ダムへの貯水[6]および地下水利用[7]の変化である。後者

の方が大きく、人間活動による陸域の貯水量の変化は、海面水位を上昇させる方向で寄与していると見積もられている。局地的な海面水位の変動には大気と海洋の循環の変動による自然変動の要因も大きい。日本近海の海面水位は昭和25（1950）年頃に極大となり、1960年代と1980年代に極小となり、その後上昇しているが、その数十年スケールの変動のメカニズムについては分かっていない。

今後21世紀の間に引き続くと予想される地球温暖化により、海洋の熱膨張と氷河と氷床の縮小によって、世界平均海面水位はこれまでに観測された上昇率を上回って上昇を続けるだろう。その程度は世界平均気温の上昇量に依存し、20世紀末から21世紀末までの世界平均海面水位の上昇量は、温室効果ガス濃度がピークに達した後減少するような低位安定化シナリオの場合には0.28～0.62m、温室効果ガス濃度が増え続ける高位参照シナリオでは0.52～0.98m、とIPCC第5次評価報告書では見積もられている。高位参照シナリオでは、現存する氷河の35～85％が今世紀末までに失われ、海面水位の上昇に寄与するだろう。

世界の海面水位には海流や水温・塩分の分布を反映した凹凸があり、南極周辺の海面水位の低い海域から北太平洋西部亜熱帯域の高いところまでは、3m程度の差がある。海面水位の将来変化も地域によって異なる（図1.2.2）。海洋全体のほとんどで海面水位は上昇するが、氷床に近い一部の地域では、氷床の減少に伴う

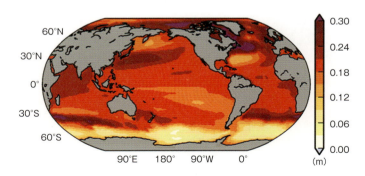

図1.2.2　21世紀末の海面水位上昇量の空間分布
RCP4.5シナリオによる1986～2005年平均と2081～2100年平均の差（IPCC（2014））

6　本来海に流れる水を陸に蓄えるため海面水位を低下させる。
7　帯水層からくみ上げた水が最終的に海に流れ込むため海面水位を上昇させる。

地盤の上昇効果（アイソスタシー）が効いて海面水位が相対的に下降する。南大洋や北米周辺では世界平均より30％ほど、赤道域では10〜20％ほど大きい上昇量となろう。日本近海では、黒潮の南側の亜熱帯域での海面水位の上昇や、日本海の海水温上昇による海面水位の上昇が大きいと予測されている。将来は強い台風が増える可能性が高いので、最大風速の増加や海面気圧の低下により、沿岸域では高潮災害の発生頻度が高まることになる。

　海洋の温暖化は、浅海から深海へと徐々に進んでいくため、海洋全体が昇温するには数百年の時間がかかる。そのため、2100年以降も熱膨張に起因して海面水位は上昇し続け、何世紀にもわたって継続する。海洋の熱膨張による海面水位上昇は、1℃当たり0.2〜0.6mと見積もられている。世界の氷河は海面水位換算で0.41m分あるが、時間の経過とともに氷河自体の体積が減少するので、氷河の寄与率は減少していく。

　見積もりの困難なのが氷床の寄与である。氷床の質量収支は、降雪が融解を上回って成長するプロセスと、氷端で海に流出するプロセスのバランスで決まるが、後者が前者を上回って氷床の質量は減少している。北半球高緯度の温暖化は、グリーンランド氷床の融解を加速させる。水循環が強まり降雪量が増加しても融解量を相殺することはできず、その結果、グリーンランド氷床は、今後数世紀で大きく縮小するだろう。氷床が後退し始めると、氷床の表面の標高が低くなり、表面の気温が高くなることで、さらに融解が進むという正のフィードバック機構が働く。気温が高くなることで融解した水が氷床上に溜まってできた池が、氷床を壊すメカニズムも働く。西南極など南極氷床の一部は基盤岩が海面より低いところにあるため、海水が暖まることで氷床が不安定になって崩壊し、大幅に海面水位上昇に寄与する可能性も考えられている。例えば氷床のダイナミクス（棚氷の崩壊）を考慮した最近の研究では、海面水位上昇に対する南極大陸の寄与は、高位参照シナリオの下では2100年までに1m以上になる可能性があるとしている。

　現在氷床融解が不可逆になる閾値が存在すると考えられており、この閾値は産業革命以降の世界平均気温の上昇量で約1℃より大きく約4℃より小さい（別の研究では1.5℃と2℃の間）とされる。いったんこの閾値を超えると、その後に大気中の二酸化炭素濃度を減少させ気温が安定化しても、数百年から数千年にわたる長期的な氷床の質量損失により、数m以上の海面水位の上昇が生じる。

1.2.3　台風の強大化

　2005年に米国南部を襲ったハリケーン・カトリーナや2008年にミャンマーに上陸したサイクロン・ナルギス、2013年にフィリピン・レイテ島を襲った台風ハイエンは、それぞれの地域に甚大な被害をもたらした。日本は過去、室戸台風（昭和9（1934）年）、枕崎台風（昭和20（1945）年）、伊勢湾台風（昭和34（1959）年）、第二室戸台風（昭和36（1961）年）という強い台風に襲われ甚大な被害を出したが、幸いにしてこの50年ほどはそれほど強い台風は上陸していない。そのため、日本では強い台風に対する備えが忘れられてはいないだろうか。

　地球温暖化の影響で、台風・ハリケーン等の熱帯低気圧の頻度・強度・経路や台風に伴う雨が将来どう変化するかの研究が進んでいる。IPCC第5次評価報告書では、今世紀中の地球温暖化により、21世紀末の世界において、世界全体の熱帯低気圧の発生頻度は減少するかまたは基本的に変わらない可能性が高く、それと同時に世界全体で平均した熱帯低気圧の最大風速および降雨量は増加する可能性が高いと評価されている。

　熱帯低気圧が発生するにはその素となる渦の発生と発達が必要である。温暖化により熱帯の大気の成層状態が安定化し平均的な上昇流が弱まるために、渦を生み出しにくくなることで、熱帯低気圧の発生数が減少すると考えられる。どの程度減少するかについては、気候モデル間の不確実性や地域毎の違いが大きい。しかし、いったん熱帯低気圧が発生すれば、海水温が上昇しており、熱帯低気圧を維持・成長させるエネルギー源となる大気中の水蒸気量がより豊富にあるために、より発達することで、カテゴリー4や5に分類されるような最大風速（1分間平均）が60m/sを超えるような強い熱帯低気圧の数は、むしろ増加すると予測されている。さらに、最大強度時の中心付近の降水強度は増加するだろう。

　気象庁気象研究所の全球20km格子大気モデルによる将来予測実験においても、台風やハリケーンなどの熱帯低気圧の年間に発生する個数は21世紀末には減少するものの、非常に強い熱帯低気圧の数は増加すると予測されている。さらに、西太平洋の台風に関しては、台風の存在頻度が顕著に減少する（図1.2.3）、台風経路は東へ偏る、東南アジア沿岸域への接近数が顕著に減少する、しかしながら最大風速で見た台風の強度は増加する、と予測されている。台風経路の東偏は、温暖化した将来には熱帯太平洋中部での海面水温の昇温が相対的に大きくなるという変化パターンや大気場の変化の影響によると考えられている。

第1章
気候変動と自然外力の増大

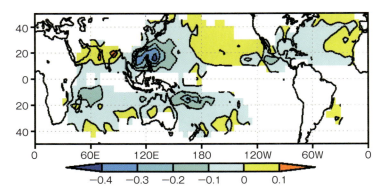

図 1.2.3　熱帯低気圧存在頻度の 21 世紀末と 20 世紀末との差（個 / 年）
RCP8.5 シナリオによる気象庁気象研究所全球 20km 格子大気モデルによる計算結果

　2013 年にフィリピン・レイテ島を襲った台風第 30 号（ハイエン）は、高潮などにより約 8000 人の犠牲者を出した。この台風について、過去 150 年の気候変動による海面水温上昇と大気成層の変化の影響が調べられている。現在の気候条件で台風を再現させた数値実験と、産業革命以前の気候条件を与えて数値実験を行った結果、人間活動により台風はより強く発達し、最大風速で 2.89 m/s、最低中心気圧で 6.44hPa の差をもたらした。また、レイテ島のタクロバンでの高潮が昔の自然条件で最大 3.90m（実験の平均で 2.19m）、温暖化した後の現在条件で最大 4.27m（実験の平均で 2.60m）と、平均約 20% の潮位増加をもたらしたとされる。産業革命以降現在までの世界平均気温の上昇量に比べて、21 世紀末までに予測される昇温量はシナリオによっては数倍にもなるため、将来は、より強い台風の発生とその影響が懸念される。
　台風の最も強いクラスであるスーパー台風の強度が、温暖化が進んだ 21 世紀末の気候状態でどこまで強くなりうるかについて調べた研究によると、海水温が上がるため、スーパー台風の最大強度は風速 85 〜 90 m/s、最低中心気圧 860hPa 程度に達しうることが示されている。
　現在は、スーパー台風がフィリピン沖などで観測されても、その後日本に来るまでにはある程度衰弱するが、将来気候では日本近海の海水温が上がるため衰えにくくなり、日本に至るまでスーパー台風の強度を維持して台風が北上する可能性がある。過去に大きな被害を出した伊勢湾台風のような、日本にとって最悪の

コースをたどる確率は小さいとしても、そのケースを想定した防災対策をたてる必要がある。

1.2.4 降雪・融雪量の変動

　降水が地上に雨として降る（降雨）のか雪として降る（降雪）のかの境界は、地上気温と湿度の関数で決まる。湿度が低いと地上気温が4℃でも降雪となるが、湿度が高いと2℃以下にならないと雪とはならない。地球温暖化で地上気温が上がるので、境界温度付近にある地域・季節で降雪が降雨に変わることが容易に想像できる。また、積雪期間の始めと終わりで積雪が減少するだろう。一般的には降雪量が減り降雨量が増えると考えられるが、地域的な変化は複雑である。地球温暖化による気温の上昇は大気中の水蒸気量の増加をもたらし、気温の低い世界の高緯度域では降水量の増加＝降雪量の増加が予測されている。

　積雪面積の変化は、降雪量の変化と融解量の変化の関係で決まる。地上気温の上昇に伴い、北半球の積雪面積は減少していく。北半球で積雪面積が1年で最も広がる春季において、21世紀末には20世紀末と比べて7%（低位安定化シナリオ）から25%（高位参照シナリオ）の範囲で減少するだろう。

　日本における昭和37（1962）～平成25（2013）年の最深積雪を解析した「異常気象レポート2014」（気象庁（2015））によると、東日本と西日本の日本海側で最深積雪が減少し、北日本ではさほど変化は見られていない。温暖化した将来の日本においては、日本海沿岸部の降雪量が大幅に減少するだろう。21世紀末に約3℃気温が上がるシナリオでは、日本のほとんどの地域で年最深積雪が統計的に有意に減少すると予測されている。一方、北海道内陸部のように、温暖化時でも十分に寒冷な地域では、気温上昇によって水蒸気量が増えて降雪量が増加する一方、融雪の増加には至らず、積雪が増加する場所もあろう。これらの地域的な変化の違いには、各地域における降雪量と気温の変化が関係している。北海道の内陸部では、降雪が積雪として持続するほど寒冷であるため、最深積雪も増加する。それ以外の地域では、今ほど気温が低くはならないため、降雪が降雨となって降雪量が減る。また積雪が解ける時期も早くなり、これが最深積雪の減少にも影響する。

　豪雪の変化について調べた研究がある。高位参照シナリオの21世紀末に相当する将来気候（世界平均地上気温が産業革命以降4℃の昇温）において、日本のほ

第1章
気候変動と自然外力の増大

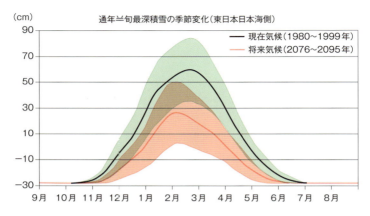

図 1.2.4　東日本日本海側における最深積雪の季節進行
陰影は年々変動の標準偏差（気象庁（2013））

とんどの地域で弱い降雪から豪雪（数年に1回以下の強い降雪）の全ての頻度が減少するものの、東日本日本海側の一部の山岳部で、弱い降雪の頻度は減少するが、豪雪の頻度は増加する可能性が示された。東京を含む関東地方南部など太平洋側では、日本列島南岸を低気圧が発達しながら通過する時に、北からの寒気と南からの湿った暖気の影響で大雪となることがあり、交通障害が多発する原因となっている。関東では、低気圧が八丈島より南を通ると雪になる確率が高く、北を通ると雨の確率が高いとされているが、気温のわずかな差で雨になるか雪になるかが変わるため、このタイプの雪の予報が難しい。現在でも雨と雪の境界状態にあるため、上記シナリオのように温暖化した将来気候では、気温上昇により、南岸低気圧による降雪はほとんどなくなるだろう。

　本州の各地域では、最深積雪がピークとなる時期が、21世紀の終わりごろには1か月程度早まるだろう。例えば東日本日本海側では現在2月末がピークだが、それが1月末に早まる（図1.2.4）。最深積雪はピーク時期のみならず積雪期間の始め・終わりにおいても減少し、これは積雪期間が短くなることを示している。融雪時期の早まりは河川流量の季節変化に影響する。日本海側の河川を例にした研究では、冬（1～2月）の河川流量は雪解けの早まりで80%以上も増加する一方で、春（3～5月）の河川流量が30%以上減少するという。このような積雪地域の河川流量の季節サイクルの変化は、田植えの時期など農業に大きな影響を及ぼ

すだろう。雪は水資源として重要であるだけでなく、観光資源としても利用されている。災害をもたらす雪が減る一方で、利雪効果も大幅に減少していく。

1.3 自然外力の想定

1.3.1 想定最大災害外力（基本的概念）

　近年、大雨や短時間強雨の発生頻度の増加、大雨による降水量の増大などが現実の現象として起きている。特に、平成23（2011）年には新宮川水系、平成24（2012）年には矢部川水系において計画規模を上回る洪水により大規模な氾濫が発生した。また、平成27（2015）年には関東・東北豪雨で東日本を中心に大雨となり、16の観測地点で24時間雨量が観測史上最大を記録し、これにより利根川水系鬼怒川等の19河川において堤防が決壊、67河川で氾濫等が生じ、激甚な災害が発生した。また、世界各地においても、ハリケーン・サンディによるニューヨーク都市圏での高潮災害や、スーパー台風によるフィリピンでの高潮災害など、激甚な災害が発生している。

　IPCC第5次評価報告書によると、気候システムの温暖化については疑う余地はないものとされており、地球温暖化が進行すると、今後、さらにこのような災害の頻発化・激甚化が懸念される。同報告書では、21世紀末までに世界平均地上気温は0.3～4.8℃上昇、世界平均海面水位は0.26～0.82m上昇する可能性が高いことや、中緯度の陸域のほとんどで極端な降水がより強く、より頻繁となる可能性が非常に高いことが示されている。また、北西太平洋において、強い台風の発生数、台風の最大強度、最大強度時の降水強度等は現在と比較して増加する傾向があると予測されている。さらに、近年（1986～2005年）の世界平均気温に対し1℃上昇することにより極端な気象現象による熱波・沿岸洪水などのリスクが高くなることなどが示されている。

　日本国内での影響については、中央環境審議会より「日本における気候変動による影響の評価に関する報告と今後の課題について（意見具申）」が平成27（2015）年3月に出されており、気候変動は日本にどのような影響を与えうるのか、その影響の程度、可能性等（重大性）、影響の発現時期や適応の着手ならびに重要な意思決定が必要な時期（緊急性）、情報の確からしさ（確信度）はどの程度

第1章
気候変動と自然外力の増大

であるかについて、科学的にとりまとめられている。洪水、高潮については「重大性：特に大きい、緊急性：高い、確信度：高い」とされており、早急に適応策を進める必要がある。

しかしながら、気候変動により外力がどの程度増大するかについては、想定する温室効果ガス排出シナリオや使用する気候モデルによって異なる。例えば、環境省と気象庁のRCPシナリオを用いた予測では、将来気候で予測される大雨による降水量の増加量は、温室効果ガス排出シナリオの違いで平均10.3％（RCP2.6）から平均25.5％（RCP8.5）の幅を、また同じRCP8.5でも気候モデル（海面水温パターン、積雲対流スキーム）の違いで18.8～35.8％の幅をもつ。

一方、日本の災害対策は、比較的発生頻度の高い外力に対し、施設の整備等により災害の発生を防止することを目指してきた。例えば河川については、一級水系は原則として年超過確率1/100～1/200の規模の外力を対象に長期的な河川整備の方針を定め施設の整備を進めているが、その整備水準は、大河川において年超過確率1/30～1/40程度の規模の外力に対して約6割程度の整備率に留まっている。また、浸水想定等についても、長期的な河川整備の方針で定める比較的発生頻度の高い外力を対象としており、これを上回る外力を対象としたものは作成されてこなかった。

実際、平成23（2011）年9月の紀伊半島豪雨では、相野谷川において浸水想定区域では浸水しないこととされていた輪中堤内が浸水し、避難場所からの二次避難を余儀なくされるという事態も発生している。

これらを背景として、平成27（2015）年5月に水防法が改正され、洪水に関する浸水想定区域について、その対象外力が改正前の計画規模降雨から「想定される最大規模の降雨」へと変更されるとともに、浸水想定区域を指定する対象外力についても洪水だけでなく内水および高潮が追加された。

また、これを受け、平成27（2015）年7月に、国土交通省において、「浸水想定（洪水、内水）の作成等のための想定最大外力の設定手法」が公表された。

これらにより、今後、水防法に基づき、国および都道府県により想定最大外力による浸水想定区域が指定されるとともに、市町村によりハザードマップが公表されていくこととなる。

また、これらを基に、市町村における警戒避難体制の整備、電力・鉄道等の公共交通機関やライフラインの被害想定および対策の実施、民間企業における水害

BCP（Business Continuity Plan、事業継続計画）の作成や自衛水防の実施等、各主体が最悪の事態を想定した取り組みを進めていくことが重要である。

1.3.2 レベル区分

　地震や津波等の自然災害の分野では、災害外力の程度をレベル1とレベル2に分け、想定してきた範囲（レベル1）を超えるレベル2に対する対策の必要性を提示してきた。これらは東日本大震災の経験を経て、従来対策の限界とより高い強度を想定した対策を打ち出すための考え方である。これに関連して、気候変動分野では、より長期的にはレベル2を超える災害外力の増加を想定しておく必要があるという視点から、レベル3以上の想定を提示してきた。例えば、日本学術会議（日本学術会議（2011））では4つのレベルを提示している。同提言では、レベル2までは従来の水災害対策の認識の延長線上にあるが、レベル3以上は新たな適応策が必要となるという設定をしている。

　さらに、環境省環境研究総合推進費「S-8温暖化影響評価・適応政策に関する総合的研究」の支援により設置した「適応哲学・長期ストラテジー検討ワーキンググループ」では、気候変動の影響程度を3つのレベルに分けた整理を行った（白井ら（2014））。これらの成果をもとに、特に水災害分野の気候変動適応について、レベル区分の必要性と考え方を提案・記述する。

(1) 従来対策の限界を踏まえた新規想定レベルの必要性

　気候変動による自然外力の増大が予測される中で、従来対策には限界があり、新たな適応策が必要となるという観点から、従来想定レベルとそれを超える新規想定レベルがあることを整理する必要がある。

　この際、新規想定レベルは、その顕在化の時点が将来的であり不確実性を伴うが、対策実施や研究開発に時間を要することから、長期的な視点から準備していく必要があるレベルである。長期的な視点で適応策を位置づけ、推進していくうえで、新規想定レベルの設定が重要である。

(2) 3つのレベル区分の提案

　気候変動の影響は、自然外力と社会経済的要因である抵抗力で規定され、日本等の先進国では、自然外力の上昇だけでなく、人口減少や高齢化、財政力の低下

等に起因する抵抗力の低下という 2 つの側面から、災害レベルが高まる。このため、レベル区分は自然外力だけでなく、抵抗力の状況と合わせた気候変動影響の程度として設定することが望ましい。

この考え方から、整理した 3 つのレベル区分を表 1.3.1 に示す。レベル 1 は対策により影響を発生させないゼロリスクを目指す（ことが可能な）レベルである。レベル 2 は、影響が深刻であり、ある程度の影響の発生が避けられないため、一定のリスクを受け入れつつ、受容可能な範囲に留める（ことが可能な）レベルである。レベル 3 は、影響が避けられずかつ甚大であるため、レベル 1 やレベル 2 を想定した対策ではリスクが受容不可能になるレベルである。

(3) 3 つのレベル区分に対応する適応策

表 1.3.1 には 3 つのレベルに対応する適応策として、防御、影響最小化、転換・再構築という考え方を整理した。防御は防災、影響最小化は減災という概念に対応するものであり、既に災害対策として取り組まれている対策である。レベル 3 に対応する転換・再構築は、土地利用の改変や関係者の合意を必要とすることから、長期的な視点からの自然外力の増加と抵抗力の低下を予測し、関係者の理解を得ながら、時間をかけて実施していく漸進的な対応が必要となる。

表 1.3.1　水災害の 3 つのレベル

区分		対応する適応策	
レベル 1	従来の水災害であり、あらゆる対策を組み合せることで、ゼロリスクを守ることができるレベル	防御	ハードウエアを中心に、ソフトウェアの効果的な運用等により、生命や財産を守る
レベル 2	気候変動による自然外力の上昇等により、ゼロリスクを守りきれなくなるレベル、受容可能な範囲のリスクに留める	影響最小化	一定の被害を受け入れ、ソフトウェアやヒューマンウェアの整備により、災害時の避難を徹底させ、生命だけは守る、あるいは災害後の復旧を容易にする
レベル 3	自然外力の上昇や抵抗力の低下等により、レベル 2 の定常化やそれを超える想定外の大災害が起こるレベル、従来対策ではリスクが受容不可	転換・再構築	被災頻度の高い地域から居住地を移転したり、流域の土地利用全体を再構築する

1.4 水・土砂災害の特徴

　地球温暖化による降雨強度や降雨量の増大、台風の強大化、少なすぎる水の問題である渇水の深刻化等が将来にわたり予測されている。水・土砂災害の中で、洪水災害を例に取って考えてみよう。図 1.4.1 に洪水流量〜時間曲線（ハイドログラフ）を示す。災害外力が増大した将来と現在の洪水流量の差が塗りつぶしの部分であるが、この河川流量の増加分を何とかうまく処理しなければならない。でないと至る所で河川堤防から越水し、土砂で構築された堤防の場合は破堤に至って大災害となる（図 1.4.2）。図 1.4.3 に示されているように、いったん堤防が決壊すると大量の洪水が河川の外に溢れ出て、河川の内外の区別がつかなくなる。災害外力の増大下では、全ての河川の全流程においてこのような越水・破堤の可能性が飛躍的に高まってくるわけで、新しいステージに入ってくるといえよう。これを全ての河川で防ぐのは極めて困難である。

　一方、土砂災害においても同様のことがいえる。これまでと同じような雨の降り方だと災害はそれほどは発生しないが、これまでにない程降雨強度が強くなったり降雨の総量が多くなると、従来耐えられた箇所も耐えられなくなり、至る所で土砂災害が発生するようになる（図 1.4.4）。

　なお、洪水災害や土砂災害は、"All or Nothing" の側面を持つ。河川の堤防が土堤の場合、洪水時に河川水が堤防を越流すると破堤し、図 1.4.3 に示されている

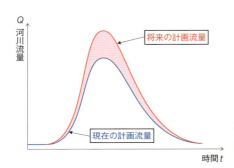

図 1.4.1
現在および将来のハイドログラフ

図 1.4.2
白川の堤防から溢れ住宅地に流れ込む洪水
（平成 24（2012）年 7 月九州北部豪雨災害）

第1章
気候変動と自然外力の増大

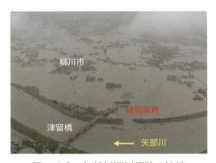

図 1.4.3　矢部川河川堤防の決壊
（福岡県柳川市）
（平成24（2012）年7月九州北部豪雨災害）

図 1.4.4　広島市の土石流災害
（平成26（2014）年8月）
（提供：国土地理院）

ように河川内外でほとんど差がなくなるほど浸水する。破堤しなければ被害はそれほど大きくはならないが、いったん破堤すると甚大な被害が発生する。また、土砂災害の場合も図1.4.4に示すような土石流が起きるか起きないかでその被害の程度が決定的に異なってくる。

　これらの災害が発生するかしないかは、それぞれの現場に固有の防災力（抵抗力）の閾値（限界値）があり、災害外力がそれ以下だと持ちこたえて被害は軽微であるが、それを超えるとカタストロフィックに大被害となる。気候変動による災害外力の増大は、容易にこの一線（閾値）を越えさせることとなるため、今や我々が直面する災害は加速度的に増えてくる可能性がある。限られた予算やマンパワーの下でいかに閾値を上げて"Nothing"に近づけるかが問われている。

1.5　水・土砂災害の様相・形態の変化

　これまでは我が国では、土砂災害は表層崩壊によるものが多かったが、今後は降雨強度の増大や一度の豪雨における降水量の増加で、表層崩壊だけでなく深層崩壊も増えてくることが危惧される。深層崩壊は滑り面が深いため、大量の土砂を崩落させることとなり、土砂災害の様相を一変させる（図1.5.1）。

　従来の表層崩壊では、発生箇所の下部が流出土砂や土石流の被害を受けていたが、その範囲は局所的・限定的であった。一方、深層崩壊では、生産される大量

1.5 水・土砂災害の様相・形態の変化

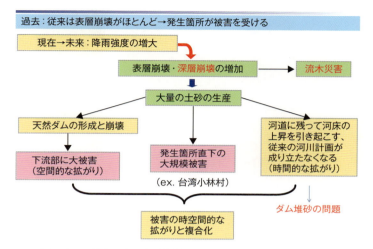

図 1.5.1　将来の水・土砂災害の形態・様相（小松ら（2015））

の土砂により発生箇所下部が大規模被害（2009年8月の台風8号により台湾・小林村で一村が全滅するという大惨事等）を受けるだけでなく、河川に大量の土砂を供給することで天然ダムを形成することが多くなる。洪水時にこの天然ダム上流で貯水されて、越流するようになると、天然ダムは崩壊する。崩壊すると泥流の段波が下流の都市部を襲い、甚大な被害をもたらすこととなる。さらに、供給された大量の土砂は洪水をもってしても全てが海まで流送されるわけではなく、大半の土砂は河道に残って河床の上昇を引き起こすため、堤防が役に立たなくなるなど従来の河川計画が成り立たなくなる。したがって、これまでは局所的だった土砂災害の被害が、空間的にも時間的にも大きく拡大することとなる。またこの土砂は徐々に下流へと流送されるため、下流のダム貯水池に堆砂し、ダムの容量の急激な減少の原因ともなる。さらに、降雨強度等の増大による深層・表層崩壊の増加は、流木量の大幅な増加をもたらし、洪水時の河川水位の上昇とも相まって橋梁部等への集積・閉塞が洪水氾濫の新たな原因となってくる（図1.5.2）。このように水・土砂災害の形態・様相の変化は、解決の容易でない新たな課題を次々と我々に突き付けている。

第1章
気候変動と自然外力の増大

図 1.5.2　橋梁部での流木堆積による洪水氾濫（平成 24（2012）年 7 月九州北部豪雨災害）

1.6　水・土砂災害に対する順応的適応策

　図 1.6.1 に災害外力と防災力（抵抗力）の関係を示す。過去には防災技術も未熟でインフラも整備されていなかったため、災害外力と防災力の間に大きなギャップがあり、防災は非常に困難であった。それでも、災害外力はほぼ一定であったため、災害のレベルや形態・様相に対してある程度の想定が可能であり、人々は

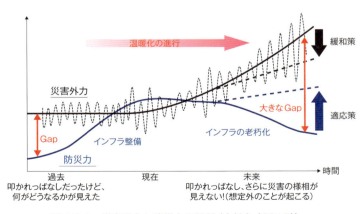

図 1.6.1　災害外力と防災力の関係（小松ら（2015））

1.6 水・土砂災害に対する順応的適応策

経験知により災害をうまくやり過ごして被害を何とか抑えるなど、多少とも減災を図ることができた。その後（特に明治以降）、人々は近代科学技術を用いてインフラ等の整備を営々と行い、懸命に防災力の強化に努めてきた。その結果、近年防災力は災害外力にある程度拮抗する段階にまで至ったが、地球温暖化による災害外力の上昇、一方インフラの老朽化や人口の高齢化等による防災力の低下により、不幸にして再び両者の間に大きなギャップが生まれようとしている。これは一見過去に似た状況の再現のように思われるが、以下の理由から過去よりも格段に深刻な状況となってくる。

① 地球温暖化により増大した災害外力は、人類にとっても自然環境にとっても全く未経験な事柄であり、過去の経験知が役に立たないだけでなく、むしろ逆に経験による中途半端な知識が仇となることもあり得る。
② 過去と比べて都市機能が格段に高度化した人口の高密度地域が災害に見舞われると、複雑に関係し合った社会システムが破綻し、それにより想定外の甚大な被害が発生する可能性が高い。
③ これまでの防災インフラの整備は主として行政が担ってきたので、防災は行政がやってくれるものと多くの人々は考えている。しかしながら、今後は住民（自助・共助）が防災・減災の主体とならざるを得ないが、そのための住民の意識の転換が追い付いていない。

災害外力が増大するという遷移期において、温室効果ガスの排出を抑えて災害外力の増大を最小限に留めようというのが緩和策であり、一方ハード・ソフト・ヒューマン対策等を駆使してなんとか防災力を上げようというのが適応策である。防災力を強化して災害外力との間に大きなギャップが生じないようにするためには、柔軟でダイナミックな対応が要求される。大規模なハード面のインフラ整備による防災力の大幅な強化は、経費や時間の関係で、また人々の合意を得るという点で容易ではなく、小規模な適応策を状況の変化に応じて小刻みに段階的に積み上げていくという方法を取るのが現実的である。我々はこれを「順応的適応策（Adaptive adaptation）」（三村（2013））と呼ぶ。実施される順応的適応策は以下の条件を満たす技術であることが必要である。すなわち、

① 周辺の自然環境と調和できる技術
② 順応的適応策として柔軟で調整可能な技術
③ 必要であれば後戻りすら可能な技術

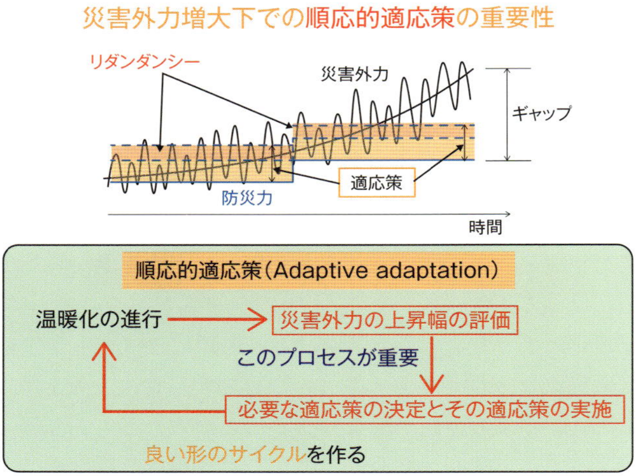

第1章
気候変動と自然外力の増大

災害外力増大下での順応的適応策の重要性

図 1.6.2　リダンダンシーを持つ順応的適応策の重要性（小松ら（2015））

④　効率的で経済的な技術
⑤　適応策を小出しにしていくことになるため、積み重ねが可能で手戻りのない技術

が求められている。

　ところで、気候変動を実感するようになったとしても、人や社会は、一般的には対策（適応策）の必要性を身に沁みて認識しないと行動を起こさないという習性がある。したがってアウェアネス（awareness、意識、気づき）を人々に持たせることが、適応策の円滑な実施につながり、また「人命の損失を無くす」（減災）ことに直結する。

　一方、災害外力の上昇下でも、瀬戸際で何とか「人命の損失を無くす」ための物理的、社会的環境を作り上げるためには、「リダンダンシー（redundancy、冗長性、ゆとり、遊び）」が重要と思われる。資源に恵まれず国力が貧弱で余力のなかった我が国においては、従来からゆとりのないギリギリの「最適化」をはかるという発想のもとに諸策が講じられてきた。しかし、災害外力の増大下に減災（なんとか人々の命だけでも救う）を達成するには、物理的、社会的環境にリダンダンシーを見込んで計画・整備することが肝要である。

　これらの技術を用いて災害外力の増大に応じてリダンダンシーを上乗せした柔

軟な適応技術を、図 1.6.2 のように順応的に実施していくことで、アウェアネスまで含んだ良い形のサイクルをうまく回転させていくことができる。

　なお、リダンダンシーが考慮されて計画・整備された物理的、社会的環境は、低頻度であるが巨大な災害外力が働く地震・津波災害の場合でも、救命や減災のために重要な役割を果たすことが期待できる。

第1章
気候変動と自然外力の増大

第1章　参考文献

1.2　地球温暖化による災害外力の増大
IPCC：『第5次評価報告書』，政策決定者向け要約，2013．
　　www.data.jma.go.jp/cpdinfo/ipcc/ar5/index.html
気象庁：『地球温暖化予測情報』，第8巻，2013．
気象庁：『異常気象レポート2014』，2015．

1.3.2　レベル区分
白井信雄・田中充・田村誠・安原一哉・原澤英夫・小松利光：気候変動適応の理論的枠組みの設定と具体化の試行―気候変動適応策の戦略として―，『環境科学会』，27 (5)，pp.313-323，2014．
日本学術会議 土木工学・建築学委員会：(提言)気候変動下における水・土砂災害適応策の深化に向けて，pp.8-9，2011．

1.6　水・土砂災害に対する順応的適応策
三村信男：世界的に始まった気候変化への適応策，『グローバルネット』，2月号，2013．
小松利充・押川英夫・橋本彰博：防災力・レジリエンス向上のための水・土砂災害分野の適応策，『環境研究』，No.179，pp.47-56，2015．

第2章 国土構造と社会構造の変化

第2章
国土構造と社会構造の変化

2.1 災害危険地帯の拡大と増加

2.1.1 土地利用の変化

(1) 斜面災害

　平成26（2014）年8月20日に広島市で生じた土砂災害（平成26（2014）年8月豪雨）において、74名の犠牲者を出した原因の一つとして、都市圏の拡大に伴い居住地が山腹に及んだことが挙げられた。広島県は多くの地域を土砂災害危険箇所[1]として指定していたが、被災地域には土砂災害警戒区域[2]に指定されていない地域も存在した。図2.1.1に平成26（2014）年8月豪雨によって被害を受けた広島市可児地区を示す。右が災害発生後の平成26（2014）年8月28日、左が昭和22（1947）年10月4日のものである。昭和22（1947）年には崖錐のような地形上に住宅地は造成されておらず、この後、白枠で囲んだ部分の開発が進んだことが分かる。今回被害を受けた地域は昭和22（1947）年当時、農地または林地であり、昭和35（1960）年以降の住宅地域拡大によって造成された。こうした地域は戦後各地で見られ、都市近郊の丘陵地に開発が進んだ。斜面災害は山岳部のため被害金額が都市部の洪水や高波などより低く、かつ確率的な再現期間が長いため費用便益比が低い場合が多く、砂防事業が実施しにくい傾向にある。平成26（2014）年8月豪雨の後、土砂災害危険箇所から土砂災害警戒区域、特別警戒区域[3]に指定される地域が増え、危険地域[4]の住宅地の開発に歯止めがかかることが期待されている。

1　土砂災害危険箇所：土砂災害危険箇所は、法に基づき指定される区域（砂防指定地、地すべり防止区域、急傾斜地崩壊危険区域）とは異なり、調査結果を周知することで、自主避難の判断や市町村の行う警戒避難体制の確立に役立てることを目的としている。
2　土砂災害警戒区域：基礎調査によって区域を指定する。急傾斜地の崩壊等が発生した場合に、住民等の生命または身体に危害が生じるおそれがあると認められる区域であり、危険の周知、警戒避難体制の整備が行われる。
3　土砂災害特別警戒区域：急傾斜地の崩壊等が発生した場合に建築物に損壊が生じ、住民等の生命または身体に著しい危害が生ずるおそれがあると認められる区域で、特定の開発行為に対する許可制、建築物の構造規制等がある。
4　急傾斜地崩壊危険区域：がけの高さが5m以上、傾斜が30度以上で、がけの上と下に民家や学校などの公共施設が合わせて5カ所以上ある場所を都道府県が指定する。

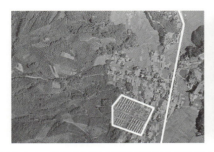 

図 2.1.1　広島市可児の昭和 22（1947）年（左）と平成 26（2014）年（土砂災害発生後）（右）

（2）森林の放置による森林の荒廃・流木の増加

　戦後の植林事業と輸入木材による価格の下落と、木材から石油への燃料の変化による林業の衰退に伴って、森林の荒廃が目立つようになった。昭和 41（1966）年から平成 14（2002）年にかけて森林蓄積量はおよそ 2 倍になっているが、森林面積はさほど変化しておらず、間伐材を含む供給が低迷していることを示している。また、同時期に林業就業者は約 5 分の 1 に、高齢化率も約 3 倍に変化し、間伐の必要な森林が 90％以上に達している。間伐の遅れは、林床に日射が届かないため林床の裸地化を進めると同時に、土砂流出と崩壊、流木の発生を生じさせ、荒廃を加速度的に進行させる。特に土砂災害に伴う流木の発生は、様々な二次災害を生じさせる。平成 17（2005）年の台風 14 号の広島市草津漁港や、平成 27（2015）年関東豪雨の銚子港では、流木によって湾内が埋め尽くされ、漁港機能を損なうとともにその除去費用が膨大になった（図 2.1.2）。また、平成 10（1998）年 8 月の栃木県の豪雨では、余笹川の流木は、流木の衝突と流水阻害による側岸

図 2.1.2　平成 27（2015）年関東豪雨による銚子港の流木

浸食によって多くの橋梁を流失させた。こうした流木の被害が洪水や土砂の被害に加えて目立つようになっている。

戦後は保安林の指定が増え、保安林面積は増加している。保安林のうち、水源涵養保安林と土砂流出防備保安林が全体の90％以上を占めている。保安林に指定されると森林整備の補助金が支給され、開発に制限をかけることができる。このように、保安林制度[5]を用いて森林の荒廃を防ぐ努力がなされている。

(3) 低平地の開発

減反政策などによる水田域の都市化に伴い、従来氾濫原であった地域への宅地化が大きく進んだ。平成27（2015）年9月に発生した関東・東北豪雨では鬼怒川が破堤し、広い地域が浸水し、大きな被害が生じた。鬼怒川と小貝川に挟まれたほとんどの地域はもともと氾濫原であり、かつては水田として利用されていた。図2.1.3に平成27（2015）年豪雨によって破堤した地域の昭和35（1960）年と平成25（2013）年の地勢図を示す。河川に沿った微高地に都市が形成されているが、この微高地は自然堤防であり、市街化区域[6]に設定されている。低平地のほとんどは市街化調整区域[7]に設定されているが、集落が昭和35（1960）年以降に拡大している様子が分かる。平成27（2015）年豪雨の鬼怒川の破堤では、新しく宅地化した地域の多くが浸水した。

このような氾濫原の宅地域は、鬼怒川流域だけでなく日本各地で見られ、低平地の多くの新しい住宅地が洪水によるリスクを抱えている。近年は浸水ハザードマップが多くの自治体で公表されており、市街化区域の設定に生かされている。地方では人口減少に伴うコンパクトシティと治水を兼ねた事業が展開されるようになり、調整池と住宅地のかさ上げを実施した小貝川の母子島遊水地や雄物川強首地区の輪中などが改めて注目される。

5　保安林制度：水源の涵養や土砂災害の防止、土壌の保全機能が失われないように伐採や土地の形質の変更をできるだけ制限し、適切に手を加えることによって森林の働きを維持しようとする制度である。保安林の目的は十数種に及び、水害防備保安林や干害防備保安林などもある。
6　市街化区域：市街地として積極的に整備する区域で、用途地域等を指定し、道路や公園、下水道等の整備を行い、住宅や店舗、工場など、計画的な市街化を図る区域。
7　市街化調整区域：市街化を抑制し、優れた自然環境等を守る区域として、開発や建築が制限されている区域。

図 2.1.3　鬼怒川破堤地点周辺の土地利用
昭和 35（1960）年（左）と平成 25（2013）年（右）の地勢図（国土地理院）

（4）ウォーターフロントの開発

　大都市のウォーターフロントは、親水空間や物流の拠点として、商業的、観光的に開発が積極的に進められてきた。景観的にも高い価値があり、政策的にも積極的に開発が進められてきた（例えば、国土交通省港湾局）。その結果、大都市圏の河岸と海岸の多くは、高度に開発された経済価値の高い地域となっている。

　一方、ウォーターフロントでは、洪水の激化や海面上昇などのリスクの上昇が懸念されている。例えば、博多の中洲は博多川と那珂川に囲まれた国内有数の繁華街であるが、ハザードマップによると 1m までの浸水地域になっている。気候変動に伴う海面上昇、豪雨と高潮の強度や頻度の増加によってハザードは上昇し、年期待被害額も上昇する。経済活動の高い地域であるため、積極的な災害防御が望まれている。

図 2.1.4　昭和 52（1977）年と平成 16（2004）年の田老の様子

第2章
国土構造と社会構造の変化

ウォーターフロントは経済価値が高いため、開発を制限した地域においても市街化が拡大するケースがある。例えば、岩手県田老町は防潮堤を築いた後、その前面に住宅地が建ち、防御のために新たに防潮堤を築いたが（図2.1.4）、平成23（2011）年の津波は防潮堤内にも大きな被害をもたらした。

2.1.2 海水面上昇とゼロメートル地帯

我が国では、稲作を中心とした生産活動を行ってきたという長い歴史や、戦後の高度成長を支えた臨海部の工業開発により、河川の氾濫によって形づくられた沖積地が人々の主な活動の場となっている。その結果、国土のわずか14％という沖積平野に人口の約50％、資産の約75％が集中している。中でも、ゼロメートル地帯が広がる東京湾、伊勢湾、大阪湾の三大湾では人口が集中し、かつ高密度の生産活動が行われている。災害の歴史を見ると、東京湾では、大正6（1917）年、昭和24（1949）年に高潮災害が起き、明治43（1910）年、昭和22（1947）年には利根川、荒川の氾濫流が低平地である東京東部を襲った。昭和34（1959）年の伊勢湾台風では、死者5000人以上という稀に見る高潮災害が発生した（髙橋（2008））。

低平沖積地に人口と工業生産活動が集中した結果、明治中期以降の工業用水取水や天然ガスの採取などにより地盤沈下が発生し、特に戦後の高度成長時代には進行が顕著になった。その結果、地盤高が海水面以下という広大なゼロメートル地帯が生じ、将来の洪水と高潮に対して極めて危険な状態となっている。現在は、江東デルタ地帯では地盤沈下はほぼ収まっているものの、例えば、総武線亀戸駅付近の地盤は海水面下4.5mにも達している（図2.1.5、国土交通省（2007））。

図2.1.6の青色で示した部分は、三大湾の周りに広がるゼロメートル地帯を示したもので、この三大湾におけるゼロメートル地帯の面積は580km^2、人口は400万人余に及ぶ（国土交通省（2006））。2013年に公表されたIPCC第5次評価報告書（気象庁（2015））によれば、21世紀末における海水面上昇は26～82cmと見積もられている。図2.1.6の赤色で示した部分は21世紀末までに海水面が59cm上昇した場合のゼロメートル地帯の拡大の様子を示している。

このように、過去の地盤沈下と将来の海水面上昇が相まって、ゼロメートル地帯は、巨大化する台風による高潮や豪雨の増大に起因する河川の洪水などに関して極めて脆弱な場所になっている。我が国の中枢部を構成するこのような地帯が大規模な水災害に襲われた場合、その影響は計り知れない。

2.1 災害危険地帯の拡大と増加

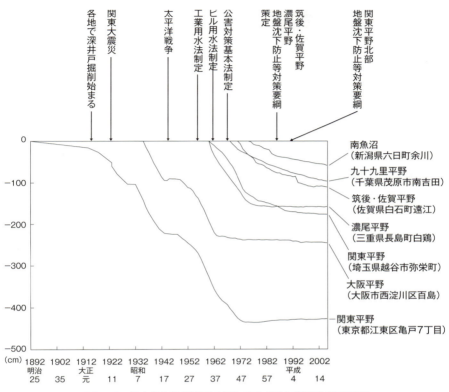

図 2.1.5 代表的な地盤沈下の経年変化（国土交通省（2007））

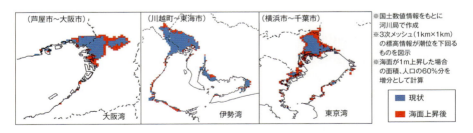

図 2.1.6 三大湾のゼロメートル地帯と海水面上昇（59cm）による
ゼロメートル地帯の拡大（国土交通省（2006））

例えば、荒川や江戸川に囲まれた東京都江戸川区は、区の面積の約7割がゼロメートル地帯であり、ハザードマップによれば上記の河川が氾濫した場合、新中川以西の大部分が2〜5mの浸水深になると想定されている。そのような中で、同区は単位面積当たりの広域避難場所数が東京23区中最低であり（1km^{2}当たり0.165）、スーパー堤防などの施設整備とともに、避難について早急に対策を取ることが求められている。

2.1.3 海岸侵食

（1）海水面の上昇と海岸線の後退

海面の水位が上昇すると、高波や津波の氾濫水が陸地深くまで進入することになり、水害に脆弱な地域が拡大する。東京湾、大阪湾、伊勢湾などの沿岸低平地では、主として高度経済成長期における地下水の過剰くみ上げによる地盤沈下の影響により、地盤標高が満潮時海面水位より低い、いわゆるゼロメートル地帯が広がっている。ゼロメートル地帯の境界部は極めて平坦なことが多いため、わずかな海面上昇量に対しても、ゼロメートル地帯は急激に拡大することになる。

日本における海水面の上昇と海岸侵食の関係については、三村ら（1994）、有働ら（2013）の研究がある。三村ら（1994）は、後述するBruun則やその修正式を用いて、海水面の上昇による日本全国の砂浜面積の消失量を推計した。その結果、失われる砂浜面積の現存砂浜面積に対する割合（侵食率）は、海面上昇量が30cm、65cm、100cmのそれぞれの場合に、全国平均で57%、82%、90%に達するとされている。海面上昇量が30cmの場合の海岸侵食量は、田中ら（1993）が推計した、明治から昭和末までの侵食量に相当する。さらに有働ら（2013）は、最新の海面水位予測データを用いて砂浜侵食量を予測し、2100年時点での侵食量は、排出濃度シナリオに応じて、60〜180km^{2}程度となることを示した。これは、粒径0.2mmの砂浜に対する海岸線の後退量で表現すると、12〜37mの後退に相当する。

海岸の多くは、波や流れで移動しやすい砂礫で構成されている。海岸地形は、不規則な波の作用により侵食・堆積を繰り返すが、平衡状態の平均的な断面地形は、図2.1.7（a）に示すような下向きに凸な地形であることが知られている。このような地形条件において、海面水位が上昇する場合を考える。地形が変形せず、海面水位のみが上昇すると、海岸線の後退量R_sは、$R_s = S/i_f$となる。ここでSは海面上昇量、i_fは前浜勾配である。実際には、上昇した水位に伴って波や流れの

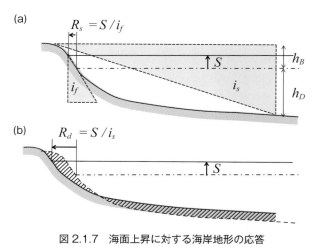

図 2.1.7 海面上昇に対する海岸地形の応答

強さが変化するため、平衡状態の海浜断面地形は、図 2.1.7 (b) に示すように沖合いの海底が上昇することになる。図 2.1.7 (b) において、変形前の地形と変形後の地形を比較すると、沖合いの斜線部分の面積が増加しているため、実際には、断面の面積が保存されるように海岸が侵食され、汀線が後退することになる。この時、海岸線の後退量 R_d は、$R_d = S/i_s$ で表される。ここで、i_s は砕波帯における海岸地形の平均勾配であり、地形変化の限界水深 h_D、バーム高さ h_B および砕波帯幅 B を用いて算定できる。一般に、前浜勾配より砕波帯の平均勾配が小さいことが多いため、$R_d > R_s$ となることが多い (Bruun (1962))。すなわち、海面上昇による海岸線の後退量は、海岸線における地形勾配から静的に算定されるものより大きくなる。

　沿岸の波浪は、水深の浅い沿岸に進入するとその高さを徐々に増し、その高さが水深とほぼ同じになると砕波し、エネルギーを減少させる。このように砂浜地形は本来、砕波により波を減衰させることで陸域を防護する役割を有しているが、侵食が進むと、その機能が低下してしまう。海岸が侵食されると、侵食前の水深では砕けていた波が砕けにくくなるため、波のエネルギーが直接海岸に作用するようになる。海岸侵食は、防護機能の低下だけでなく、人間を含めた各種生態系が砂浜そのものを利用できなくなるため、環境や利用に影響が大きい。

（2）海岸侵食に影響する自然要因と人為改変

　世界各地の海岸で、深刻な侵食が加速している。熱帯島嶼地域の海岸など、一部の海岸を除いて、海岸侵食の主たる原因は、現在のところ海面水位の上昇ではない。多くの海岸の侵食は、潮汐・波浪・沿岸流の作用によるもので、その作用には、陸域を含めた人為的な環境改変が大きく影響している。人為改変には、砂防ダムを含めたダム建設や河川改修などによる河川からの土砂供給量の減少、河川や沿岸からの土砂採取、港湾や漁港などの沿岸構造物の建設、地下水の過剰くみ上げなどによる地盤沈下などが挙げられる。海岸侵食が深刻な多くの海岸で、自然要因と人為改変の双方が侵食に影響している。また、複数の人為改変が複合しており、侵食機構も複雑である。そのため、海岸侵食対策は、長期・広域にわたるデータを分析した調査に基づく必要がある。

　今から約6500年前の縄文時代には、海水面が数メートルの範囲で上下し、それに伴い、海岸線の位置も大きく移動したことが知られている。数千年の時間スケールで生じたこのような海岸線の後退は、水位の上昇に伴って浸水範囲が拡大するように海岸線が後退するため、「浸食」で表現するのがふさわしい。これに対して、高波の作用によって海浜が削り取られるように後退する現象は、「侵食」で表現することが適切である。世界各地で深刻化している海岸線の後退は、後者のメカニズムによる場合が多いため、本項では、「侵食」の用語を用いている。これらの侵食が進行している海岸において、今後さらに海面上昇が加わると、侵食はさらに激化することが予想されるため、早期の対策が重要である。

　海岸侵食対策には、構造物により漂砂量を減少させる手法と、養浜により不足した土砂量を補う方法がある。構造物の建設は、局所的な侵食には有効であるが、漂砂が連続する海岸では、ある箇所の対策がその下手側海岸への土砂移動量を減少させ、下手側で侵食が生じてしまうこともあるため、注意する必要がある。また、養浜では、投入する土砂と元々の海岸土砂の粒径を揃える必要があるが、適正な粒径の土砂を確保することが困難な場合が多い。海岸に供給される土砂は、山肌から削られた土砂が河川の流れを通じて沿岸に供給されることが多いため、山から海までの一連の領域を土砂の流れが連続する流砂系ととらえ、流砂系における土砂移動の適正化を目指す対策が重要である。

（3）遠州灘における海岸侵食の事例と天竜川流砂系における環境監視の取り組み

　遠州灘海岸では、かつて天竜川からの豊富な土砂供給で海岸線が前進していたが、第二次世界大戦後、佐久間ダムの建設や下流河道の掘削などの影響により、急激な海岸侵食が始まった。堤防や離岸堤などの構造物による対策に加えて、抜本的な対策として、天竜川水系ダム再編事業が進められている。同事業においては、流砂系スケールの土砂移動が検討され、貯水池への過剰な堆砂を緩和することにより、治水機能の確保と海岸への土砂供給の増加が図られる（国土交通省（2015））。同事業は、佐久間ダムの建設以後、数十年間にわたって進行した環境劣化を復元しようとする取り組みとも捉えられるが、その実施に当たっては、復元過程を注意深く監視する必要がある。官学民、行政と研究が連携した体制で議論が進められており、ルミネッセンス計測技術の適用などにより、土砂の移動を監視するツールも開発されている（岸本ら（2010））。これらの成果を最大限に活用して、流砂系での土砂移動を適正化する対策を、忍耐強く実施していくことが重要である。

2.1.4　都市の新たな水害

　短時間で非常に激しい雨が降る傾向が各地で強まっている。都市域が豪雨に襲われた際には、都市の複雑な構造の影響から、浸水被害が増大したり、場合によっては思いもかけぬ人的被害が発生したりする。ここでは短時間の豪雨で発生する都市の水害の中で、地下浸水と車に関わる水難事故を取り上げる。まず、我が国の地下利用の状況を概観し、地下空間での浸水について述べ、次に車に関わる問題を取り上げ、最後に、それらの対策について記述する。

（1）我が国の地下利用の状況とその危険性

　我が国には平成22（2010）年の時点で78箇所の地下街が存在し、その延べ床面積は約112万m^2である（岸井（2014））。また地下鉄は同じく平成22（2010）年の時点で、北は札幌市から南は福岡市まで、11都市で17事業者が合計約753kmの路線を営業している。日本最初の地下鉄は昭和2（1927）年に開業した東京の銀座線である（地下鉄空間普及研究会（2010））。

　地下街は、昭和5（1930）年に入ってから地下鉄のコンコースと一体となった形で建設され始めた。第二次世界大戦後、1950年代後半になると、各地の駅前広

場の下に地下街が建設されるようになり、昭和40（1965）年以降の高度経済成長下では、地上空間の代替空間確保の目的で、東京、大阪、名古屋など大都市を中心に地下街建設がさかんとなった。しかし昭和45（1970）年、昭和47（1972）年に相次いだ大規模ガス爆発や火災の影響で、昭和49（1974）年には地下街に関する行政的対応が強化された。さらに、昭和55（1980）年に発生した静岡駅前ゴールデン街ガス爆発事故を受け、火災に対する安全を強く意識する規制がかけられた（岸井（2014））。このように地下街の火災対策は進展してきたが、一方で最近、水害時に新たな地下空間災害が発生してきている。

平成25（2013）年の水防法改正では、新たに浸水想定区域内の地下街（1084施設）は、施設管理者によって避難確保・浸水防止計画を策定することが盛り込まれたが、平成26（2014）年度末の時点では策定率は43%であり、安全対策の遅れが目立っている（総務省（2016））。

（2）地下浸水

氾濫が発生すると、氾濫水は地盤が低い場所へと流下していくが、都市域の最深部に位置するのが地下街、地下鉄、地下室といった地下空間である。最近の都市水害では地下空間への浸水が見られるが、過去にさかのぼると、平成11（1999）年や平成15（2003）年の福岡市での氾濫で大規模な地下浸水が発生した。平成11（1999）年のときは地下の飲食店の従業員が水死する事故も発生している。

氾濫水が地下空間に流れ込むと、地上に比べて面積が小さいため、急激に水深が上昇する。その際には避難が重要となるが、地上への逃げ口は階段であり、流れに逆らっての避難は大変な困難を強いられる。実物大の階段模型を用いた体験型の避難実験によれば、地上の水深が30cmのときに階段に水が流入してくる状況が、成人の避難限界となる。また地下室からドアを押し開けて避難する事態も起こり得るが、幅80cmの実物大ドア模型の前面に水をはり、水圧に逆らってドアを押し開ける実験では、水深40cm程度で成人男性が、35cm程度で成人女性が、それぞれドアを開けるのが困難となった（石垣ら（2006））。子供や高齢者では、階段でもドアでも避難の厳しさはいっそう高まる。図2.1.8は、従来の知見（亀井（1984））も含めて、地下空間での浸水時の通路、階段、ドア部での避難限界をまとめたものである。地下浸水が起こってからの避難は大変危険であり、最悪の場合、死亡事故を招いてしまうことに十分な注意が必要である。

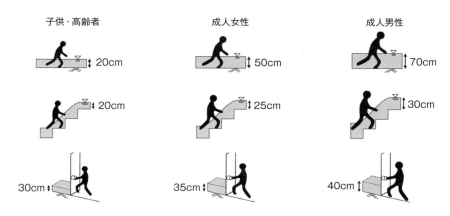

図 2.1.8　地下浸水時の避難限界指標

(3) 車に関係する水難事故

　道路や鉄道の高架下のアンダーパスの地盤は、場所によっては周囲に比べてかなり低くなっており、氾濫が起こったときには氾濫水が集中する。水槽の横に実物大のセダン型の自動車を設置した模型による体験型の避難実験によれば、車内が浸水していないという条件の下で、地上からおよそ 80cm の水深時に成人男性が開閉式のドアを押し開けるのが困難であった（馬場ら (2010)）。アンダーパスでは浸水時には水深が 1m を超すこともあり、この結果は、氾濫時に誤って車が進入すれば、人は容易には脱出できないことを示している。このような箇所はどの街にも存在しており、注意が必要である。

　一方、氾濫流の勢いが強いときには、車が漂流する危険性も存在する。実験水路に縮尺 1/10 と 1/18 の自動車模型を設置して水を流し、どの程度の流速と水深のときに車が流され始めるかを調べる実験では（戸田ら (2012)）、車の種類や方向など様々な要因が影響するが、現在のところ、実物値に換算して氾濫水の流速が毎秒 2m を超え、かつ水深が 0.5m を超えると、ほとんどの車が流される危険性が高いという知見が得られている。

　また縮尺 1/60 程度のミニカーを用いて急傾斜の市街地模型で車の動きを調べる実験では、交差点付近で漂流した車が停止して衝突したり、道路終端で車が激しく重なりあったりする状況が示されている（図 2.1.9）。洪水氾濫でも、街の中で車が危険な状況に陥ることは大いにあり得る。

図 2.1.9　道路終端で重なりあう車

（4）地下浸水や車に関係する水難事故への対策

　地下浸水対策については、ハード対策、ソフト対策の併用が必要となる。
　ハード対策としては、氾濫水の流入経路となる階段などの地下への入口に、止水板を設置したり、通路面よりも高くした段差（ステップ）を設置したりすることが重要である。地上の浸水深がこれらの高さまでであれば流入を防ぐことができ、これらを越えた浸水が生じたとしても、浸水する量を減らし、かつ浸水を遅らせる効果が期待できる。
　ソフト対策としては、地下への情報伝達と避難システムの整備が重要となる。地下街や地下鉄では、気象情報や河川情報および地上での状況が一元的に地下に伝達され、地下施設の管理者・関係者がいち早く対応できる体制づくりが望まれる。ビルの地下室、地下駐車場は、床面積が小さく水位の上昇が速いので、浸水時の危険性はさらに深刻となる。複数の避難経路や、建物の2階以上の場所への避難策などを考えておく必要があろう。
　車に関係する事故については、まず、氾濫のシミュレーションによって道路の浸水状況を予測し、車が立ち往生したり、流されたりする危険性を明らかにすることが重要である。氾濫時にどこでどのような交通障害が発生するか、またアンダーパスの浸水が発生するかどうか、事前の状況予測が大切である。対策としては、ドライバーに氾濫時の車の運転の危険性を強く訴えることに加えて、氾濫時の速やかな交通規制が望まれる。
　鉄道・道路の高架下のアンダーパスについては、万一浸水したときに誤って車が進入することがないように、水深をセンサーで感知して緊急信号を発したり、注意喚起のカーテンが下りたりするような新たな対策を考えていくことが望まれ

る。また、ドライバー自身も、最悪の場合に備えて、窓ガラスをたたき割るための先の尖ったハンマーを常備しておくことも大切である。

2.2 社会構造の変化

2.2.1 少子高齢化・外国人の増加

　医療の向上、食糧の増加、上下水道などのインフラ整備などにより、世界の人口は過去に類を見ないスピードで増加している。その一方で、我が国では世界史上経験したことのない少子高齢化が進行しつつある。高齢者の定義とされる65歳以上人口の割合は、日本では 26.8%（平成 27（2015）年）である。一方、14歳以下の非生産年齢人口は、図 2.2.1 に示すように減少の一途を辿っており、合計特殊出生率が 1.3 前後で推移していることから、2048 年には、人口は 1 億人を割ると予測されている（総務省（2014）、総務省統計局（2015））。

　このような急激な変化は、災害という観点から見ると大きな問題を含んでいる。生産年齢人口の急激な減少は、経済活動を低下させるなど社会の活力を減少させる。一方で、災害弱者の代表である高齢者の増加は、大災害時の避難を困難

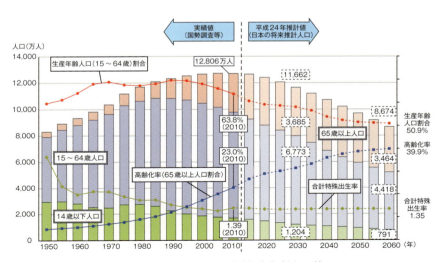

図 2.2.1　日本の人口推移（総務省（2014））

にし、災害に対する社会のレジリエンスを低下させる。

一方、図 2.2.2 は訪日外国人数の推移を示している。平成 23（2011）年の東日本大震災を経て、訪日外国人数は急激に増加している。平成 27（2015）年上半期（1～6月）に我が国を訪れた外国人旅行者は 914 万人であり、前年同期比で 35.6％増になり、特に都内を訪れた旅行者数はその約 6 割である 564 万人に達した。

訪日外国人の増加は、中国人観光客の「爆買い」に象徴されるように平成 26（2014）年には 2 兆円強の一時的な経済効果をもたらした。モノの輸出による外貨獲得が低迷している中では、貴重な経済活動といえよう。しかし、災害への対応という観点から見ると、外国人観光客の急激な増加は様々な課題を含んでいる。地震や津波、洪水などの大災害時には外国人は容易に災害弱者となりえる。自然災害が頻発する我が国では、様々なマスメディアなどにより日本語による情報が伝達される。また、日本国民は災害に慣れており、その国民性から冷静に対応できると思われる。しかし、災害に慣れておらず、対応の仕方を知らない外国人はパニック状態に容易になりえる。既に、観光庁や東京都などから災害時の外国人支援のマニュアルなどが出されているが、トップページから外国語で容易に閲覧することができ、情報を入手することができるウェブサイトの整備など、様々なツールで情報を提供する仕組みを、オリンピックを前にして早急に整備す

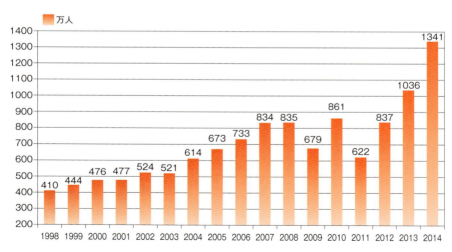

図 2.2.2　訪日外国人の推移（国土交通省観光庁（2015））

ることが必要である。また、高齢者も情報弱者になりうる。高齢者には、日常に使用する医療情報とリンクしたウェアラブル端末の整備なども、有効な災害情報伝達手段となりうるであろう。

2.2.2 農山漁村・地方都市の衰退

　農林水産省（2014）によると、図 2.2.3 に示すように、農山漁村における高齢化・人口減少は、都市に先駆けて進行していくことが予想されている。人口減少に伴い、地域で維持できる生活サービスの低下、さらに、自動車を利用できない高齢者等の生活サービスへのアクセスが困難になり、その結果として、地域の衰退の加速が懸念される。

　このような問題に対して、国土交通省により、都市部においては「立地適正化計画」、中山間部では「小さな拠点」形成が提示されている。「立地適正化計画」とは、医療・福祉・商業等の都市機能を誘導する区域や、人口減少下でも一定のエリアで人口密度を維持するために居住を誘導する区域を自治体が定め、そのための施策を講じようとするものである。また、「小さな拠点」形成とは、買い物や医療・福祉など複数の生活サービスを歩いて動ける範囲に集め、各集落との交通手段を確保することによって、車が運転できない高齢者などであっても一度に用事

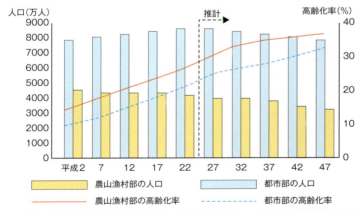

資料：総務省「平成22年国勢調査人口等基本集計」、国立社会保障・人口問題研究所「都道府県の将来人口推計（平成19年5月推計）」を基に農林水産省で推計。
注：　ここでは、国勢調査における人口集中地区（DID）を都市、それ以外を農山漁村とした。

図 2.2.3　農山漁村・都市部の人口と高齢化率の推移（農林水産省資料を基に作成）

を済ませられる生活拠点をつくり、地域の生活サービスを維持していこうという取り組みである。

このような取り組みを実現していくためには、「立地適正化」や「小さな拠点」形成に伴って住まい方を変える必要がある住民にとって、インセンティブが必要となる。その一つとして、近年、増大している自然災害リスクに対して、安全な住まい方を確保していくことが考えられる。

以下では、災害に対する安全性の確保という視点から、主に中山間地の居住地の縁辺部に見られる土砂災害危険地区から、生活サービス施設等が立地している近くの母集落への移転を考える。このような移転は、住民に対しては、災害に対する安全性を確保し、生活利便性を向上しながら、行政に対しては、インフラ維持管理費用・災害復旧費用の削減が期待され、持続可能な地域づくりにつながると考えられる。

実際に土砂災害危険地区から近傍の母集落に移転することが財政的に実現可能であるかを、九州地方を対象に試算した例（梶本ら（2015））を紹介する。ここでは、移転により削減される土砂災害復旧費用（公共土木施設、一般資産、公共土木事業）と、移転により必要なくなるインフラ維持費用（市町村道、上水道、下水道）により、移転に必要となる費用（移転元での土地買収費用と移転先での住宅整備費用の補助）を賄うことができるかを試算している。また、試算期間は50年、将来発生する費用を現在の価値に換算するための割引率は4%としている。さらに、近傍の母集落への移転に限定する（長距離移転は考えない）（図2.2.4）。九州全域を500m×500mの地区に分割し、移転先は隣の地区に限定している（移転距離は500〜1500m）。

移転可能となる地区を図2.2.5に示す。財政的収支が改善する地区は中山間部に多い。個別の地区（500mメッシュ）ごとの財政的収支が改善する地区数は限られているが、これらの地区の収支改善分を収支が改善しない地区に補填することを考慮すれば、九州全域で財政的収支をバランスする中で移転可能となる地区数は15573地区となり、全地区の35%となる。

しかし、現実問題として、移転に際して基盤整備には公的資金が充てられるものの、家屋の移転費用はほとんどが個人負担であり、これを個人で賄うことは困難と考えられる。このため、現在の原型復旧を原則とする災害復旧制度を改良し、居住地域縁辺部の災害危険地域からの移転を助成する制度が必要である。前

2.2 社会構造の変化

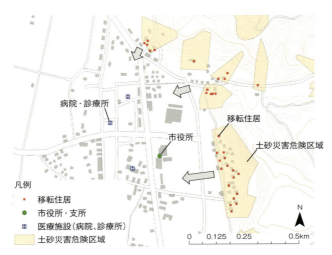

図 2.2.4　近傍の母集落への移転イメージ

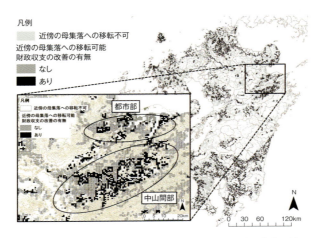

図 2.2.5　近傍の母集落への移転により財政収支が改善する地区

述の「立地適正化」や「小さな拠点」に関連する制度と災害復旧制度の改良などを組み合わせ、安全な国土・地域の実現という視点からスマート・シュリンク（賢い縮退）を進めて行くことが必要である。

43

2.2.3 地方創生

　平成26（2014）年5月に日本創成会議・人口減少問題検討分科会が「ストップ少子化・地方元気戦略」を発表した。その中で行った市区町村別将来推計人口では、今後も概ね毎年6～8万人程度が大都市圏に流入する人口移動が収束しないと仮定した場合、平成22（2010）年から2040年までの間に「20～39歳の女性人口」が5割以下に減少する市区町村が全国の約半数（896）あり、これらを「消滅可能性都市」と称して大きな話題となった。政府においては、平成26（2014）年9月に「まち・ひと・しごと創生本部」の設置を閣議決定し、同年12月に「まち・ひと・しごと創生法（平成26年法律第136号）」が施行されるとともに、同法第8条の規定に基づく「まち・ひと・しごと創生総合戦略」が閣議決定された。

　まち・ひと・しごと創生総合戦略では、人口減少を克服し、地方創生を成し遂げるための基本的視点として、以下の3点を挙げている。

① 「東京一極集中」を是正する
　　地方から東京圏への人口流出に歯止めをかけ、「東京一極集中」を是正するため、「しごとの創生」と「ひとの創生」の好循環を実現するとともに、東京圏の活力の維持・向上を図りつつ、過密化・人口集中を軽減し、快適かつ安全・安心な環境を実現する。（傍点筆者）

② 若い世代の就労・結婚・子育ての希望を実現する
　　人口減少を克服するために、若い世代が安心して就労し、希望通り結婚し、妊娠・出産・子育てができるような社会経済環境を実現する。

③ 地域の特性に即して地域課題を解決する
　　人口減少に伴う地域の変化に柔軟に対応し、中山間地域をはじめ地域が直面する課題を解決し、地域の中において安全・安心で心豊かな生活が将来にわたって確保されるようにする。（傍点筆者）

　その上で、しごとの創生、ひとの創生、まちの創生に同時かつ一体的に取り組むことが必要だとした。また、今後の施策の方向として、4つの基本目標を、

① 地方における安定した雇用を創出する
② 地方への新しいひとの流れをつくる
③ 若い世代の結婚・出産・子育ての希望をかなえる
④ 時代に合った地域をつくり、安心なくらしを守るとともに、地域と地域を連携する

と定め、関係府省庁が一体となって準備した施策から構成される「政策パッケージ」の形で、地方が「地方版総合戦略」を策定・実施していくに当たり必要と考えられる支援策を用意している。そして、結びにおいて、「国土強靱化等、安全・安心に関する取組を地方創生の取組と調和して進めていく」とした。

地方創生元年となる平成27（2015）年度になり、地方においては「地方版総合戦略」の策定が進められるとともに、国においては6月に「まち・ひと・しごと創生基本方針2015」を、続いて12月に「まち・ひと・しごと創生総合戦略」の変更をそれぞれ閣議決定した。

一方、地方創生や地域活性化について、安全・安心に関する取組の側からの視点でまとめたものとしては、国土強靱化担当大臣の下に開催されているナショナル・レジリエンス（防災・減災）懇談会が平成27（2015）年3月にとりまとめた「地域活性化と連携した国土強靱化の取組について」がある。

その中で、国土強靱化の取組と地域活性化の取組は、施策の効果が平時・有事のいずれを主な対象としているかの点で相違はあるものの、双方とも地域の豊かさを維持・向上させるという点では同じである、と確認し宣言している。そして、地域の強靱化のための取組が及ぼす経済効果として、以下の3点を挙げている。

① 大小様々なリスクによる経済へのマイナス効果を軽減する
　　（例：「中長期的な成長力」を抜本的に増強させる）
② 官民の「投資」を促して内需を拡大させる（経済成長）
　　（例：「住宅投資」、「公共投資」、「社会的投資」による経済効果）
③ 強靱化によって形成されるインフラ、組織、団体、まち、新技術等が成長をけん引する
　　（例：鉄道・道路ネットワークの整備、大企業の地方分散投資、自主防災組織、防災まちづくり、耐震耐火建材の開発等）

さらに、国土強靱化を地域活性化に効率よく結び付けていくために、以下の3点について議論し、具体例を挙げている。

① 東京一極集中からの脱却
② 地域での担い手確保と地域コミュニティの役割
③ 産業の創出、活性化と技術開発
　　例：
　　　・企業等の本社機能移転（被災時の業務継続）

- テレワークの推進
- 首都圏のバックアップ拠点
 （例：北海道、新潟市国土強靱化地域計画）
- 高齢者の生きがい就労による長寿社会のまちづくり
- 自主防災組織による手づくりの避難路整備
- 防災関連産業の創出、振興
- 災害に強い自立分散型エネルギーの導入
 （例：バイオマス発電、風力発電、水力発電）
- ICTを活用した災害対応

　これまで「まち・ひと・しごと創生総合戦略」および「地域活性化と連携した国土強靱化の取組について」について見てきたように、国土強靱化等の安全・安心に関する取組は、地域経済の基盤となるなど、地方創生や地域活性化の取組と密接な関係がある。双方を調和・連携させるよう効率的に国家百年の大計として進めていくことが必要であり、地方公共団体において策定される国土強靱化地域計画と地方創生の地方版総合戦略を連携させつつ、取組を着実に推進することが期待される。

2.2.4 インフラの老朽化

（1）背景と現状

　高度成長時代に構築された各種インフラの老朽化が顕在化している。1980年代の米国では、「荒廃するアメリカ」において米国のインフラの予想以上の劣化が報告された。米国より約30年遅れて我が国においても同様な状況が起こりつつある。平成24（2012）年の中央自動車道笹子トンネルにおけるコンクリート製天井板の崩落事故に見られるように、1960～1970年代の高度経済成長期に整備された我が国の各種インフラの老朽化が進行し、その対策が急がれている。平成25（2013）年には国土交通大臣によって「メンテナンス元年」が宣言され、襲来が予想される巨大地震や近年頻発している豪雨災害への適応策を含めた対策として、インフラのメンテナンス問題に国を挙げて取り組む姿勢を示した。

　国土交通省では、社会インフラの老朽化の実態について調査し、その現状を取りまとめている。それによれば、水土砂災害の対策として重要な河川管理施設（堰、水門、樋門、排水機場、ダムなど）は全国で約3万施設あり、高度経済成長

期以降に整備が集中している（図2.2.6）。図2.2.7のストックピラミッドによれば、現在インフラの平均年齢は27〜30年であり、20年後にはそのほとんどが50年を迎える。また都道府県・政令市が管理するものが全体の約65％である。これらの老朽化対策として長寿命化が計画されているが、河川管理施設の長寿命化計画策定率は平成23（2011）年時点で約3％に留まっている。

　老朽化の実態を把握するために、国土交通省は河川管理施設について非破壊探査機器等により検査を実施した（表2.2.1）。それによれば、国の5988施設の17776箇所、都道府県の河川管理施設6318の2644箇所で不具合の可能性が存在しており、老朽化が進行していることが示されている。このような不具合を放置すると大きな外力が発生する大洪水時に機能を十分発揮できなくなる可能性があり、その対策が必要である。

　我が国に蓄積された社会インフラは全体で約800兆円にものぼるが、その老朽化と並行して、ほとんどの地域で他国に類を見ないスピードで人口減少・少子高齢化が同時進行している。このような状況は、20〜30年先の社会インフラの在り方を考えるうえで重要な要素であり、一方では過剰な社会インフラはそのメンテナンスが却って重荷となることも考えておく必要がある。我が国では、先述のようにインフラの長寿命化が話題となっているが、全てのインフラの長寿命化は、人口動態や経済の見通しなどから見て、将来に負担を先送りしかねない施策ともなりえる。

（2）インフラメンテナンスに関する基本方針の確立

　膨大なインフラのメンテナンスに適切に対応するためには、まずメンテナンスに関する基本方針・判断基準を国家として示し、共有化することが大切である。これらの方針を示さないままに各自治体に任せると大きな混乱を招き、無駄な投資となりかねない。

　社会インフラのメンテナンスは、古くなったから補修する、あるいは更新するということでなく、設計・施工・維持管理・検査・補修・補強・更新・廃棄という一連のライフサイクルの中に位置づけ、我が国の今後の20〜30年先を見据えた国土計画、地域計画、まちづくりを目指して、人々の生活と関連付けるものでなくてはならない。

　インフラのメンテナンスには、今後多額の公的費用が投入されることになる。

第2章
国土構造と社会構造の変化

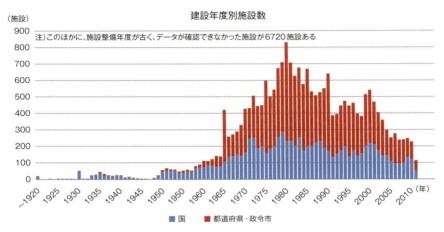

図 2.2.6　河川管理施設の建設年度別施設数（国土交通省（2014））

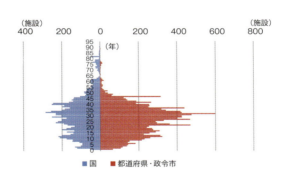

図 2.2.7　ストックピラミッド（国土交通省（2014））

表 2.2.1　河川管理施設の特別点検結果（国土交通省 HP より）

○特別点検（一時点検）全体（局所洗掘を除く）

	点検数量		不具合の可能性のある箇所数		
	施設数	総延長（km）	施設数	箇所数	総延長（km）
国	5,988	4,526	2,829	17,776	357
都道府県等	6,318	872	1,581	2,644	66

※全体数量は重複除く

インフラの取捨選択は、一方では不利益を被る地域も生み出す可能性がある。メンテナンスの優先度・取捨選択は、透明性と合理性の高い判断基準で行われる必要があり、社会の維持と安全確保のために行われるものであることを、常に国民に示す必要がある。

(3) インフラメンテナンスに関する様々な課題

メンテナンスに当たっては、検討すべきこと、明らかにしておかねばならない項目が以下のように存在する。
- 個々のインフラのカルテの作成
- 劣化度検査の頻度
- 検査箇所およびその方法
- 劣化度の判定
- 劣化度に応じた補修・補強の程度と方法
- インフラの廃止あるいは更新の判断基準
- メンテナンス要員の育成
- 地方自治体に対する支援
- 国民の理解と合意形成

中でも、メンテナンス要員の確保・育成と地方自治体に対する支援は重要である。メンテナンスを担当する質の高い要員の不足は深刻であり、とりわけ地方自治体におけるメンテナンス要員の確保・育成については、国や業界はもとより、大学や学会などの支援・取り組みが求められる。

2.2.5 災害に対する安全保障[8]

地球温暖化による気候変動の増大は、大規模な水・土砂災害の発生確率を増大させることが懸念されている。治水施設整備の費用分析マニュアルでは、計画規模までの洪水を対象として計算されるが、計画規模以上の外力（超過外力）については反映されない。気候変動は、この超過外力の発生確率を増加させるので、地球温暖化への適応策を考える場合には、超過外力を考慮することが不可欠と考えられるようになった。

8　日本学術会議（2011）を基礎に執筆。

第2章
国土構造と社会構造の変化

　例えば、内閣府中央防災会議は、利根川・荒川における 200 年に一度程度の洪水流量を想定し、破堤によって生じる被害を検討している。その結果を受けて、岡安（2010）は、一般資産被害総額の試算を行っている。その結果によれば、利根川右岸堤防決壊の場合は 12 兆円、荒川右岸堤防決壊の場合は 13.5 兆円に上る被害が示されている。また、東京のゼロメートル地帯は約 176 万人の人口があり、大規模な水害の場合にはこれらの人々の生命も危険に曝されることになる。また、淀川左岸上流地帯は、資産の集積が 22 兆円にも上ると推定されている（国土交通省近畿地方整備局（2010））。この一般資産には、ライフラインや交通機関の停止、金融・ビジネス機関の機能停止などは含まれておらず、被災した場合の経済的損失は甚大なものになる。また、平成 23（2011）年の東日本大震災や同年のタイ水害では、物流網やサプライチェーンが寸断され、世界的な規模で生産活動に甚大な影響が出たことは記憶に新しい。

　このように大規模水害では、人的・物的被害が及ぼす影響は単に日本国内に留まらず、世界にも影響を与える可能性が極めて高い。また、国民に対する心理的影響も大きい。このような状況に対しては、国家としての危機管理と安全保障の概念の導入が必要である。

　地球温暖化に対する適応策を適切に計画していくには、計画規模を超える超過外力、あるいは可能最大外力をも検討対象に加え、適応策によって軽減される被害額を適切に評価し、国家としての災害に対する資源配分を合理的に判断する必要がある。その際には、前にも述べたように、一般資産のみでなく、金融・ビジネスの機能低下・喪失、ライフラインや交通機能・通信機能などの社会インフラの機能低下・喪失、サプライチェーンに対する影響、などによる社会・経済的損失を、国際的視点も加味して評価することが必要である。

2.2.6　低成長時代の防災投資

　前項まででは、人口減少や少子高齢化、農山漁村・地方都市の衰退等、社会構造の変化を概観してきた。本項では、このような社会構造の変化を受けて生じつつある経済の低成長が防災投資に及ぼす影響について考察を加える。

　経済成長の源泉は 3 つしかない。労働人口の増加、資本ストックの増大、技術進歩である。人口減少はこの意味では労働人口の減少を介して経済成長率を低下させるが、資本ストックが増大し、技術革新が進んでいけば、必ずしも経済成長

率はマイナスとはならない。しかしながら、人口の減少が需要の減少を同時に意味するとすれば、資本ストックの増大をもたらす投資のインセンティブにも影響が及ぶ可能性を否定できない。このため、今後の資本ストックの増大効果によって、労働人口の減少の効果を十分に打ち消すほどの増大を達成することは必ずしも容易なことではないであろう。また、技術革新についても、将来報われることが期待される場合には研究開発投資が促進されるものと考えられるが、将来市場での需要拡大の期待が薄ければ、やはり経済成長をもたらしうる要因として期待するのは困難であろう。このように、我が国は、マイナスとは言わないまでも、少なくとも経済成長率の低い時代に入っていると言わざるを得ない。

　図2.2.8に示すように、災害リスクは、災害をもたらす誘因であるハザード（Hazard）、人口や資産など災害の危険に曝されるエクスポージャ（Exposure）、人口や資産などの災害に対する脆弱性であるヴァルナラビリティ（Vulnerability、災害脆弱性）の3つの要因から構成される。本書の主題である気候変動に対する適応策も、地球温暖化に伴う気候変動によって、極端気象の発生頻度が増加する可能性が高いという予測に根差したものである。このことは、図2.2.8におけるハザードの増加を意味している。これに対して、前項までに示されてきた事実はヴァルナラビリティの潜在的な増大を示唆するが、少なからず災害リスクにさらされるエクスポージャの減少をも意味している。また、防災投資は、主として災

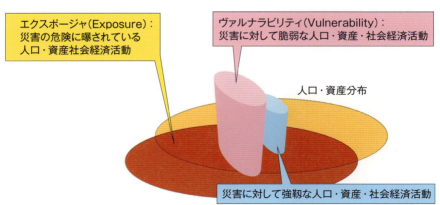

図2.2.8　災害リスクの構成要素

害脆弱性の軽減を通じて災害リスクの軽減を図る行為である。

　低成長時代の防災投資の問題を、まずは他の状況が変わらないものとして、エクスポージャが減少する時代の防災投資の問題としてとらえると、予算等の制約がなければ、「経済効率的に見て実施が効率的なプロジェクトを全て今実施し、非効率なプロジェクトは将来のどの時点になろうとも実施しない」という政策が最適政策となる。つまり、防災投資の最適時期は、「今」ということになる。これは、エクスポージャが減少し、防災投資の効果も年々目減りすることになるためである。言い換えれば、今ですら投資効果が十分でない地域への投資を将来実施するべきであるとはとても言えない状況となることを意味する。ここで留意すべきことは、現状において効率性の観点から実施すべきと判断される得るプロジェクトが実施されているかと言えば、必ずしもそうではないということである。予算の制約などのために、必ずしもこの種のプロジェクトが即座に実施できるわけではないからである。ただし留意すべきことは、集積が失われていくような状況下では、後になればなるほどプロジェクトの実施を経済学的に正当化することはより困難になるということである。

　一方で、ハザードは増大することが懸念される。逆に、エクスポージャに変化がなければ、現状において実施が非効率であると判断できるプロジェクトが、将来時点における観測事実に基づいて実施が効率的であると判断されうる場合も出てくる。これは、被害の可能性の時間的な拡大を受けて、防災投資の効果が将来時点においてより大きくなっていくからである。

　このように、低成長時代を迎えている我が国においては、地球温暖化によるハザードの増大と、エクスポージャの減少というリスクに対して異なる向きに影響を及ぼし合う要因の変化に向き合っていかなければならない。では、どのような政策を選択すべきなのか。筆者は、施設建設などによるヴァルナラビリティの制御のみならず、エクスポージャの管理への積極的な介入を含む総合的な対策が必要であると考えている。併せて、災害防護レベルに背後地の状況による差異を設け、防災投資の地域的な重点化を図ることが必要であると考えている。

　エクスポージャの減少が虫食い状に進んでいけば、防災投資の重点化を図ることは困難である。エクスポージャの減少を無視して、防災投資に関する意思決定を下していけば、将来時点において極めて無駄な投資をしたものだと揶揄されうるような意思決定をしかねない。むしろ、意図的に防護レベルの高い地域を形成

し、そこに人口・資産の誘導措置を講じることができれば、将来に向けて増大するハザードにも対応しうる防災投資を重点的に講じることができ、将来時点においても効率性が損なわれることはないと考えられる。

第2章 参考文献

2.1.1 土地利用の変化
（1）斜面災害
国土交通省：各都道府県が公開している土砂災害危険箇所と土砂災害警戒区域.
  http://www.mlit.go.jp/river/sabo/link_dosya_kiken.html
土木学会，地盤工学会：平成26年広島豪雨災害合同緊急調査団・調査報告書，2014.
福塚康三郎・海堀正博：2014年8月広島土砂災害における被災状況と土地利用変遷の関係，平成27年度（公社）砂防学会研究発表会，2015.
  http://www.yachiyo-eng.co.jp/case/papers/pdf/2015_06_fukutsuka.pdf

（2）森林の放置による森林の荒廃・流木の増加
林野庁森林整備部，国土交通省河川局：『ダム貯水池における流木流入災害の防止対策検討調査報告書』，2007.
  http://www.mlit.go.jp/common/000109050.pdf
今井 久：わが国の森林・林業の現状に関する調査研究，『ハザマ研究所年報』2006.12.

（4）ウォーターフロントの開発
国土交通省港湾局：使命，目標，仕事の進め方
  http://www.mlit.go.jp/about/file000082.html（2015.12.29）
地球温暖化「日本への影響」，環境省環境研究総合推進費　戦略研究開発領域S-8，報告書本文，2015.
  http://www.nies.go.jp/s8_project/symposium/20141110_s8br.pdf

2.1.2 海水面上昇とゼロメートル地帯
高橋　裕（監修）：『大災害来襲』，アドスリー，2008.
国土交通省：健全な地下水の保全・利用に向けて，2007.
国土交通省：ゼロメートル地帯の高潮対策検討会，2006.
気象庁：気候変動に関する政府間パネル作業部会報告書，2015.

2.1.3 海岸侵食
三村信男・井上馨子・幾世橋 慎・泉宮尊司・信岡尚道：砂浜に対する海面上昇の影響評価（2）―予測モデルの妥当性の検証と全国規模の評価，『海岸工学論文集』，第41巻，pp. 1161-1165，1994.
田中茂信・小荒井衛・深沢 満：地形図の比較による全国の海岸線変化，『海岸工学論文集』，第40巻，pp.416-420, 1993.

有働恵子・武田百合子・吉田惇・真野明：最新の海面水位予測データを用いた海面上昇による全国砂浜侵食量の将来予測,『土木学会論文集G（環境）』, 69, 5, I_239-I_247, 2013.
Bruun, P. M.: Sea level rise as a cause of shore erosion, Journal of Waterways and Harbors Div. 88, ASCE, pp.117-130, 1962.
国土交通省：天竜川ダム再編事業
　http://www.cbr.mlit.go.jp/hamamatsu/gaiyo_dam/tenryu.html（2015年12月参照）
岸本　瞬・劉　海江・高川智博・佐藤慎司：天竜川・遠州灘流砂系におけるルミネッセンス信号強度測定に基づく土砂移動過程の推定,『海岸工学論文集』, 57巻, pp.626-630, 2010.

2.1.4　都市の新たな水害

岸井隆幸：日本の地下街形成の歴史とその更新の方向性,『アーバン・アドバンス』, No.63, 名古屋都市センター, pp.23-30, 2014.
地下空間普及研究会：『みんなが知りたい地下の秘密』, ソフトバンククリエイティブ, 2010.
総務省：地下街等地下空間利用施設の安全対策等に関する実態調査―結果に基づく勧告, 2016年4月.
石垣泰輔・戸田圭一・馬場康之・井上和也・中川一：実物大模型を用いた地下空間からの避難に関する実験的検討,『水工学論文集』, 第50巻, 土木学会水工学委員会, pp.583-588, 2006.
亀井勇：台風に対して,『天災人災―住まいの文化誌』, ミサワホーム総合研究所, 1984.
馬場康之・石垣泰輔・戸田圭一：水没した自動車からの避難の難しさ,『京都大学防災研究所年報』, 第53号B, pp.553-559, 2010.
戸田圭一・石垣泰輔・尾﨑平・西田知洋・高垣裕彦：氾濫時の車の漂流に関する水理実験,『河川技術論文集』, 第18巻, 土木学会水工学委員会河川部会, pp.499-504, 2012.

2.2.1　少子高齢化・外国人の増加

総務省：『平成24年度版 情報通信白書』, 2014.
総務省統計局：話題の数字 No.35, 2015.
国土交通省観光庁：統計情報・白書, 2015.

2.2.2　農山漁村・地方都市の衰退

農林水産省：人口減少社会における農山漁村の活性化, 食料・農業・農村政策審議会 企画部会（平成26年6月27日）配布資料2-1, 2014.
梶本涼輔, 加知範康, 塚原健一, 秋山祐樹：災害危険区域における集落内規模の防災移転の財政的実現可能性の検討,『土木学会論文集D3（土木計画学）』, Vol.71, No.5（土木計画学研究・論文集 第32巻）, I_367-I_374, 2015.12.
国土交通省：「都市再生特別措置法」に基づく立地適正化計画概要パンフレット, 2014.
　http://www.mlit.go.jp/common/001050341.pdf（最終閲覧 2016.2.15）

2.2.3 地方創生

日本創成会議・人口減少問題検討分科会：ストップ少子化・地方元気戦略（平成26年5月8日）．
増田寛也（編著）：地方消滅〜東京一極集中が招く人口急減〜，中央公論新社，2014．
ナショナル・レジリエンス（防災・減災）懇談会：地域活性化と連携した国土強靱化の取組について（平成27年3月20日）．

2.2.4 インフラの老朽化

公益社団法人日本工学アカデミー：提言「インフラのメンテナンスマネジメントシステムの構築」，2014．
国土交通省：社会資本等の老朽化対策等への取り組み状況，2014．

2.2.5 災害に対する安全保障

日本学術会議：提言「気候変動下における水・土砂災害適応策の深化に向けて」，2011．
岡安徹也：首都圏大規模水害における氾濫域の脆弱性評価に関する研究，第21回日韓建設技術セミナー，2010．
国土交通省近畿地方整備局：地球温暖化に伴う大規模水害対策検討委員会資料，2010．

第3章

適応策の基本と社会実装を支える技術

3.1 適応策の基本

　第1章で述べたように、気候変動によって風水害・土砂災害を引き起こす自然外力が凶暴化している。一方、これに対する社会の側の抵抗力は低下し、災害に対する経済活動の脆弱性が顕在化していることは第2章で記述した。こうした状況に社会や経済がどのように「適応」していくのかが、今、問われている。

　「こんなことが起こるとは思わなかった」「ここに長く住んでいるがこんなことは初めてだ」といった被災者の方々の発言を耳にすることが多い。人体にたとえれば、病原菌の感染に対して免疫がない状態だと言える。この状態で被災すると、多数の人命の喪失や経済活動の長期間にわたる停滞、ひいては地域（あるいは超巨大災害であれば国家）の存続が危ぶまれるような事態となることが懸念される。社会や経済が、事前に、すなわち免疫がない状態から、いかにして災害に対する免疫力を高めていくかが課題である。

(1) 防災施設の整備・管理の位置づけ

　前述の文章を読むと、読者の中には防災施設の整備や管理は重要ではないのかと思う方がおられるかもしれないが、決してそうではない。自然外力が防災施設能力の範囲内であれば防災施設が決定的な効果を発揮することは、数多くの事例報告のとおりである。ハードな防災施設なしに高度な経済活動が可能となる土地がほとんどない我が国においては、防災施設の整備・管理は極めて重要である。

　先進国の場合、例えばオランダでは、ハード整備で高潮・洪水外力の増大に対処することを基本としている（土地利用や避難体制整備で対応するケースは、地域事情による例外的な扱い）。このように先進国では、気候変動に伴う外力の増大を想定して、これに対応した防災施設の整備を進めることを適応策としている例が多い。

　また、ハードの管理が重要であることは論をまたない。英国では2013年末から2014年初頭にかけて、テムズ川中流部で水害が発生した。河川管理者のEnvironment Agencyが河道浚渫を行わなかったことが被害を大きくする原因になったとされ、その後直ちに浚渫が実施された。他山の石とすべきである。

　我が国では、例えば治水施設の場合、前世紀に設定された整備目標が未達成で

あることに加え、稠密な土地利用の下で用地取得のための合意形成に時間がかかることなどのために、整備の進展が外力の凶暴化に追いつかない状態のままで災害に遭遇する事態を考えざるを得ない。このため、防災施設整備を進め管理を充実させる一方、これを基盤として社会や経済が災害免疫力を高めていくことが重要となる。いわば統合的な二正面作戦が必要となる。

(2) 適応策の全体像

このためには、日本学術会議提言（2008）が示すように、防災施設の整備・管理はもちろんのこととして、さらに広範な取り組みを必要とする（図3.1.1）。従来の防災が主としてハード対策に頼るものであったのに対し、これからは、自然外力の変化を分析・評価しつつ、社会や経済の総合的な観察を通じて状況を把握しながら、段階的に様々な対策を講じていくという、総合的なリスクマネジメントの取り組みが求められる。

防災施設の整備・管理を通じてハード対策による防災力を強化するとともに、社会や経済の側では災害に対する理解を深め、被災しても被害を最小限に留めて早期に復旧・復興を成し遂げることができるレジリエンスの高い社会を目指して、多様な取り組みを進めていかなければならない。

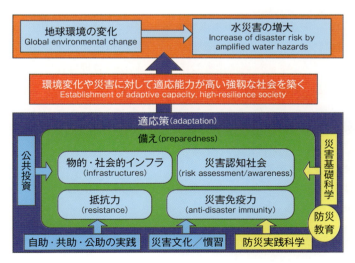

図3.1.1　地球環境の変化に伴う水災害への適応の概念図（日本学術会議（2008）より）

第3章
適応策の基本と社会実装を支える技術

（3）我が国の適応策の現状

しかしながら我が国の適応策は緒に就いたばかりである。国土交通省が「新たなステージに対応した防災・減災のあり方」を公表し、防災施設の能力を超える外力に対して社会全体で対応するという考え方を提示したのは平成27（2015）年1月である。これを受けて5月には水防法が改正され、「想定し得る最大規模」の降雨や高潮を対象として対策を進めることが明記された。12月には国土交通省社会資本整備審議会から「大規模氾濫に対する減災のための治水対策のあり方について～社会意識の変革による『水防災意識社会』の構築に向けて～」が答申され、広範な行動内容が示された。ハリケーン・サンディ襲来時のアメリカの対応から学んだ「タイムライン」の取り組みも全国展開が進められている。平成27（2015）年の1年間で統合的な二正面作戦の理念が確立され、出発点に立ったことになる。

（4）国家財政健全化との関係に関する研究の現状

ところで適応策を進めていくためには財源が必要である。ハード対策にしてもソフト対策にしても投資を伴う。このため、国家財政との関係を明らかにすることは重要な研究課題の一つである。

国家財政の健全化が強く求められる我が国においては、投資の意思決定を支援するための科学・技術の成果が不可欠である。特に大規模な災害では、応急対応や復旧・復興に要する膨大な資金が必要となり、経済が復興するまでの間の税収も大幅に減少する。事前対策に投資して社会・経済への災害影響を軽減することは本来の目的だが、このことは国家財政健全化にも大きく寄与すると思われる。しかしながら、我が国ではこうした検討事例は乏しく、例えば米国における検討事例を見ても精度が低い状況にある。

（5）適応策を支える技術の現状

一方、従来の防災概念を超えた理念に基づく施策展開には、従来のものを超えた技術が必要となる。施策の意図を広く普及させるには技術が効果的である。しかしながら、適応策を支える科学や技術は未だ十分には整備されていない。

防災施設の整備・管理に関する科学・技術の現状はどうか。例えば、地球温暖化に伴う豪雨の発生頻度や規模の変化の予測精度は低い。日本近海の海面上昇に

至っては、数値予測すら公表されていない。過去の観測データに基づいて豪雨発生頻度や規模の変化を分析することは将来に備えるための基本であるが、統計値のみに頼る現在の手法では変化に対する理解が進まない。また、深層崩壊が発生した後に残される大量の河道内土砂は長期間にわたって河川の安全度を低下させるが、これをマネジメントするための体系的な管理技術が整備されているとは言い難い。総じて定常状態に対応した科学・技術は整備されているが、非定常状態に対応するものは未整備な状態にあるのではないか。

　社会や経済のレジリエンスを高めるための科学・技術はどうか。国際科学会議（ICSU: International Council for Science）などが進めている世界的な研究プロジェクトである IRDR（Integrated Research on Disaster Risk）は、「経済が発展し科学技術が進んでも防災・減災が不十分なのはなぜか」という問題意識を提示している。これに対して、例えば、人間の注意や関心は極めて限られた範囲にしか向けられないこと、あるいは確率で表示されるような不確実な未来には人間は反応しづらいことが根本原因であるといった仮説が考えられるが、防災・減災対応が進まないことと関連づけた検証成果を科学は提示できていない。反対に、知識さえあれば防災・減災が進むといった考え方もあるが、これも同様に検証できているわけではない。適応策を進めていく上では人文社会科学による知見が重要となるが、未だ不十分な状況にある。

　必要と思われる科学・技術は多岐にわたる。平成 28（2016）年 1 月に 47 学会で構成される「防災学術連携体」が発足したが、東日本大震災に対する各学会の活動内容を見てもいかに多くの課題があるかを思い知らされる。

　新たな理念の下で施策展開を図ろうにもこれを支える科学・技術は不十分であり、施策展開と同時にこれを支える技術を創りあげていくことが求められる。

（6）適応策の進め方―日本学術会議の提言から―

　適応策という言葉を聞くと、何か特別なもの、本来業務とは別の追加的な仕事、といった理解をしている防災関係者も多いと思われる。しかし、そうではなくて、従来からの本来業務を一部に含む挑戦的で総合的なものとして捉えるべきである。

　防災・減災の対象となる自然外力は、定常状態から非定常状態へと変化してきている。今までの常識や仕組みだけでは対応できなくなっているために、挑戦的

第3章
適応策の基本と社会実装を支える技術

にならざるをえない。その挑戦の過程で、従来からの本来業務を位置づけていく必要がある。主に防災関係機関の中で閉じていた世界を広範な社会や経済にまで広げていくことは、これもまた挑戦的な行為である。

平成26（2014）年9月に日本学術会議が発出した提言「気候変動下の大規模災害に対する適応策の社会実装―持続性科学・技術の視点から―」では、こうした状況下における防災・減災のための取り組みの進め方として以下のようなものを提示している。

「自然科学、工学、社会科学など多岐にわたる学問領域の研究者だけでなく実践者や政策立案者なども含めた超領域のネットワークを形成し、研究成果を踏まえて講じた施策が自然や社会・経済に及ぼした効果や問題点を評価分析するなど、自然や社会・経済を対象とした総合的な観察を行いながら、全体を進めていく」

研究者側の目線で記述されているが、実際に取り組みの中心となるのは実践者・防災関係機関である。

こうした取り組みの過程で、今後の施策展開に必要な制度や仕組みの立案に資する情報が得られる。また、多岐にわたる学問領域の研究者間の協働を通じて防災・減災を支える科学・技術が整備されていくものと思われる。

本書では、特に社会や経済にまで広げた取り組みを「適応策社会実装」と呼ぶこととする。防災施設の整備・管理は適応策の重要な柱であるが、本書では社会実装に含めず、適応策社会実装の「基盤」として取り扱うこととした。

以下本章では、「体制づくりとその運営」「適応策社会実装の基盤」「人命喪失の回避」「社会経済の持続可能性向上」「適応策の深化に向けて」といったテーマについて記載している。

対象とすべき分野は極めて広く、本章に記載されたテーマでは到底網羅できないことは明らかである。また、社会実装を支える技術についても不十分である。このため、部分的な記載内容であったとしてもできるだけイメージが理解され易いよう、多数のコラムを挿入した。各地域で取り組みが進められていく過程で、ボトムアップ的に「技術」が確立されていくことが重要と思われる。

3.2 体制づくりとその運営

3.2.1 連携体制

　適応策の社会実装は当該地域の経済活動を含む社会全体に働きかけるもので、広範で総合的なリスクマネジメントの取り組みである。社会への働きかけを行う主体として多くの関係者で構成される連携体制が必要となることは自明である。

　しかし、果たして防災関係機関のみの連携体制で十分だろうか。取り扱うテーマが多岐にわたり、これらを支える科学・技術も不十分であることから、防災関係機関のみならず自然科学、工学、人文社会科学の研究者をはじめとして多様な分野の人材を結集した連携体制が必要になるのではないか。とは言え、あまりにも多数の関係者で構成された単一の連携体制がうまく機能するのかといった懸念もある。

　今のところ、これが良いと検証・評価された連携体制があるわけではなく、今後、試行錯誤しながら模索していくという段階にある。また、ある地域の連携体制がうまく機能していたとしても他の地域で同様の体制が機能するとは限らないことに留意する必要がある。

　以下、こうした前提の下で、連携体制に必要と想定される事項、現在の事例、連携体制の機能向上のための方策案について述べる。

（1）連携体制に必要と想定される事項
1）多様な機関・人材の参画

　社会への働きかけを行っても、社会の側が理解を深め行動に移すまでには相当の期間を要し、また、その過程で様々な課題に遭遇すると思われる。防災関係機関のみの連携体制ではこれら課題の解決策が見出せない場合も十分に想定される。

　このため、遭遇した課題それぞれに対応した機関や専門家、研究者を何らかの形で連携体制に参画させる必要が生じる。

2）超長期にわたる継続性

　例えば図 3.1.1 で示した「環境変化や災害に対して適応能力が高い強靱な社会」

といったような将来目標を掲げて取り組みを進めることが多いと思われるが、こうした場合、一気に将来目標を実現することは不可能である。具体的な当面の目標を設定しつつ、社会の支持を得ながら一歩一歩進めていかなくてはならない。また、社会・経済のレジリエンスが一定水準に到達したとしても、時間の経過とともに再び低下してしまうこともあると思われる。さらに、状況に応じてフレキシブルに連携体制の構成を変更する必要も出てくる。

このため連携体制は、変更を伴いつつも超長期にわたって存続させる必要がある。その際、しっかりした事務局の存在と人事異動等への対処が鍵になるものと思われる。

3）活動を通じた人材育成や研究推進

我が国の適応策は緒に就いたばかりである。適応策を支える科学や技術は未だ十分には整備されていない。連携体制参画者の意識や理解もこれからという状況にある。

このため、連携体制の下での活動を通じて、参画する人材の育成や適応策を支える科学・技術の研究推進を図る必要がある。

（2）現在の事例
1）東海ネーデルランド高潮・洪水地域協議会

従来、何らかの計画を作成することを目的に、多数の関係者で構成された単一の協議会といった形式の体制づくりが行われてきた。適応策の社会実装に際しても同様の体制づくりが行われている事例がある。

例えば、平成18（2006）年から作業部会の活動を開始した「東海ネーデルランド高潮・洪水地域協議会」（4.4節参照）の場合、行政やライフライン関係企業など、当初は48機関（平成27（2015）年3月には53機関）により協議会を構成し、その下に作業部会を設けて実務的な検討を進めるという形をとっている。作業部会はテーマごとに複数のチームに分かれ、それぞれ学識者等のファシリテーターを配してワークショップ形式の議論を繰り返すことで、参加機関の認識を高めながら計画案を作成するという手法である。

しかし、この協議会の目的は、今のところ、計画を策定することに留まっており、計画に沿った行動を起こすことについては参加機関それぞれの判断に任され

ている。計画を作成するという比較的短期間の活動であればこうした単一の連携体制も有効に機能するものと思われるが、適応策を実社会に実装するということになるとどうなのか、未だ評価できない状況にある。なお、発足後10年近い期間が経過する中で計画改定を2度にわたって行っており、このことが、異動を伴う各機関の担当者の認識向上に役立っていると言えるだろう。

2) 佐賀平野大規模浸水危機管理対策検討会

一方、同じく平成18（2006）年から活動を開始した「佐賀平野大規模浸水危機管理対策検討会」（4.8節参照）では、連携体制の構造はほぼ同様だが、参加機関それぞれの行動内容が設定され、定期的に達成状況を確認するとともに、5年ごとに行動計画の見直しを行うという取り組みを続けている。これには「まずできることを行う」との趣旨が活かされているとも言えるが、他方、行政の通常業務の一環として対応可能な施策と比べて、それ以外の施策の進捗に遅れが見られるとの検討会自らの評価がある。背景には、資金や人員など、基本的なリソースに関連する課題があると思われ、今後、こうした点を踏まえた連携体制の検証が大切となる。

また、参加機関内の取り組みだけでなく、地域住民を巻き込んだ「マイ防災マップづくり」や企業に対するBCP策定支援など、実社会への働きかけも行っている。こうした活動の効果と課題を把握することは、今後の施策展開にとって重要である。既に、検討会に参加していない別途の研究者によって効果と課題の把握が一部開始されているが、こうした研究者の参画を連携体制上どのように位置づけるのか、今後の検討が期待されるところである。

3) 宮崎海岸トライアングル

適応策の社会実装ではなく、特定のテーマに関する関係者間の合意形成を目指したものであるが、発足当初から体制の構造を検討した事例として、宮崎海岸の砂浜の保全を目的とした「宮崎海岸トライアングル」（コラム3.1参照）がある。これは単一の連携体制とはまったく異なる構造である。

事業主体である行政機関は1つであり、他の行政機関とは別途の連携を取っている。その上で、事業主体の他に専門家と市民という2つの関係者を取り上げ、三者の関係を意識して全体の体制を構築している。三者の関係を円滑化するため

第3章
適応策の基本と社会実装を支える技術

にコーディネーターを設置し、また、市民と事業主体をつなぐための手段として「海岸よろず相談所」を設けている。

この事例の場合、市民の中でもそれぞれの価値観が異なるため、体制づくりに先立ち、またその運営中において、関係者のインタレスト分析を行って効果的な運営を図っている。こうした事例は、適応策の社会実装においても、地域の住民や企業を対象として体制づくりを行う際などに参考になるものと思われる。

（3）連携体制の機能向上のための方策案

当該連携体制の機能向上のための一方策として、上記の宮崎海岸トライアングルのように、連携体制の構造などについて、事前に、あるいは運営中に、綿密な検討を行うことも有効と思われる。インタレスト分析・ステークホルダー分析はそのための手段として活用できる。

ただし、全国的に試行錯誤の段階にあることを考慮すると、各地域で取得した知見やノウハウを相互に情報交換して、逐次、連携体制の機能を高めていくことが最も重要な機能向上方策であると思われる。

また、既に得られている知見を参考にすることも必要である。例えば、桑子（2016）は、自身が関与した数多くの現場での体験をもとに、「社会的な技術」として示唆に富んだノウハウを取りまとめている。これは公共事業に関わる合意形成に関するものであるため事業主体（責任主体）が単一である点が本節の連携体制とはまったく異なり、また、地域によって事情は様々であるから、これを安易に模倣することは避けるべきであるが、各地域間で情報交換・意見交換を行う際にこうした知見を活用することで、一層の機能向上が図られるものと思われる。

コラム 3.1　連携体制事例とインタレスト分析の方法

深刻な侵食が進行する宮崎海岸の砂浜を守るための国土交通省による直轄事業は、平成20（2008）年度、宮崎河川国道事務所に九州地方整備局で初の海岸課の開設とともにはじまった。これに先立って、管理者である宮崎県は、7基のヘッドランド建設による侵食対策案をもっていたが、海岸の環境や景観に関心・懸念をもつ市民は、厳しく反発していた。国土交通省河川局（当時）海岸室は、状況を配慮し、直轄事業は市民を含む関係者の合意形成を白紙の状態から

スタートすることとして、筆者（桑子）に「プロジェクト・アドバイザー」の役割を求めた。

多様なステークホルダーが異なったインタレストをもっているとき、そしてまた、インタレストが相互に対立する構造をもっているとき、コンフリクト構造を明確にする作業、すなわち、コンフリクト・アセスメントが合意形成プロセスの構築には不可欠である。コンフリクト・アセスメントに基づき、合意形成の設計と運営を行うべきである。

連携体制づくりについては、ステークホルダー分析・インタレスト分析に基づいて進める必要があるが、まず、筆者は、宮崎海岸侵食対策事業では、事業推進のためのプロジェクト・マネジメントを実行することを提案し、事業主体チームがこのことを確認した。事業主体のプロジェクト・マネジメント・チーム（以下、PMチーム）は、副所長、海岸課の課長以下、4名の職員、2名の専門家、2名のコンサルタントから構成された（編成は後に変化した）。このPMチームが連携体制のコアとなり、プロジェクト推進についての議論と決定をPM会議において行った。

議題の中で重要であったのは、ステークホルダー分析およびインタレスト分析と、それに基づくコンフリクト・アセスメント、コンフリクトを解決するための合意形成プロセスの設計と運営である。ステークホルダー分析は、行政機関と関係する専門家も含めて、地域住民、漁業者だけでなく、とくに重要な人々としてサーファー、さらに、ウミガメの保護活動などを行っている自然保護活動家や市民も含まれていた。PMチームは、実地のインタビューや以前に行われていた行政と市民の話し合いについてのデータを参考にして、ステークホルダーおよびインタレスト一覧を遺漏なく製作した。

PMチームは、ステークホルダー間の連携体制のコンセプトとして、「宮崎海岸トライアングル」を事業推進の基盤とし、市民、関係行政機関と専門家に対して示すことによって、相互の信頼関係を作りだすことに成功した。

「宮崎海岸トライアングル」は、事業主体、市民、専門家の連携体制を示すものである。事業主体は国土交通省宮崎河川国道事務所であり、他のステークホルダーの中心は、市民、および海岸事業にかかわる専門家集団である。とくに重要な点は、三者を結ぶ役割を果たすものとして市民連携コーディネータを置いたこと、市民との連携を確固としたものとするための宮崎海岸市民談義所の開

催と海岸よろず相談所を設置したことである。トライアングルの頂点をなす事業主体、専門家、市民とこれらを結ぶ市民連携コーディネータの役割もまた、PM会議が議論し、決定した（図A）。

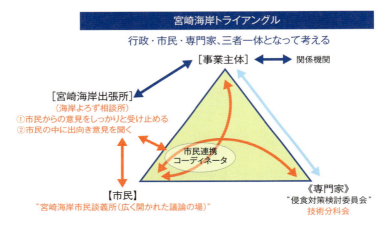

図A　宮崎海岸トライアングル

- 事業主体：市民からの多様な意見を反映した案（複数）を専門家に提示し、検討を依頼する。また、専門家からの助言をもとに、責任ある意思決定をする。
- 専門家：事業主体からの案に対して、事業主体に技術的・専門的な立場から助言する。
- 市民：お互いを理解・尊重しながら多様な意見を出し合い議論を深める。
- 市民連携コーディネータ：市民からの多様な意見を取りまとめ、事業主体に伝える。また、事業主体が専門家に正確に伝えているか、専門家がきちんと検討しているか中立・公正な立場からチェックする。

以上のような連携体制を平成20（2008）年度に確立し、これを基盤に相互連携を推進した結果、行政に対して批判的であった市民およびマスコミもまた海岸侵食対策事業に対して前向きとなり、その成果として、「サンドパック埋設工法」の開発と試験施工、さらに本施工の実施が実現した。

宮崎海岸侵食対策事業は、こうして平成20（2008）年から8年の経過とともに、20年間のプロジェクト期間の終了に向けて次のステージに進みつつある。

コラム 3.2　水災害適応策に関するインタレスト分析事例

（1）対象地域選定とインタビュー調査

　以下では、一般市民の気候変動影響の実感として風水害が多く挙げられている傾向を勘案して、集中豪雨による都市型水害を題材として、インタレスト分析（ステークホルダー分析やコンフリクト・アセスメントとも呼ばれる）を適用した例を紹介する。東京都の中で過去10年間で浸水家屋100棟以上の被害のあった水害事例を見ると、外水氾濫については荒川水系（神田川、石神井川、妙正寺川、善福寺川等）に被害が集中していること、さらに内水氾濫もたびたび発生している点を鑑み、対象地域として中野区、杉並区、練馬区を選択することとした。

　表Aにインタビュー調査の対象を示す。まず、各区行政の防災系部局、および治水に関係する土木・建築系部局に加え、適応策への認識を把握するために環境部局を対象として第1次インタビュー調査を実施した。次に、区の政策担当者から紹介のあった防災・減災政策に関与しているステークホルダー（地域防災会等）に加えて、都行政の土木・建築系部局、さらに各区の市民団体を対象として第2次インタビュー調査を実施した。さらに、各ステークホルダーから紹介のあった、防災・減災活動や河川環境に関わる活動を行っている個人、団体を対象として第3次インタビュー調査を実施した。実施期間は平成23（2011）年8～11月である。

表A　インタビュー調査の対象

属性	件数	対象者数
プレ調査：都行政（環境系部局）	1件	1名
区行政（防災系部局）	5件	7名
区行政（土木・建築系部局）	3件	5名
区行政（環境系部局）	3件	6名
都行政（土木・建築系部局）	1件	2名
地域防災会	2件	4名
防災系市民団体	4件	4名
環境系市民団体	2件	3名
河川系市民団体	1件	1名
合計	22件	33名

（2）分析結果

インタビュー調査結果をもとに、まず、各ステークホルダーの利害関心を分析した。次に、この結果に基づいていくつかのキーとなる論点を抽出し、それをめぐる利害関心の整理を行った結果が表Bである。

この結果を踏まえると、基礎自治体が防災・インフラ分野で気候変動影響リスクを行政計画に組み込んでいく上で、以下の諸点が指摘できる。まず、緩和策という言葉そのものは知られていないが、CO_2削減の必要性については、全てのステークホルダーが高い関心を持っている。一方で、適応策については、言葉も内容も全てのステークホルダーに知られておらず、適応策を推進する意識も体制も整っていないばかりか、一部のステークホルダーからはむしろ緩和策に水を差すものとの懸念が示された。

表B　各論点をめぐるステークホルダーの利害関心の整理

	気候変動政策をめぐる論点				防災・減災政策・治水施策をめぐる論点				
	緩和策の必要性	適応策の必要性	適応策への取組意向	気候変動リスクの考慮	情報提供の方法	防災意識普及啓発	住民意見の反映	区と都の連携強化	河川・下水道連携
区（防災・土木・建築系）	○	△	×	×	△	△	△	△	-
区（環境系）	○	△	×	×	-	-	-	-	-
都（土木・建築系）	○	△	△	△	○	-	-	○	-
地域防災会	○	△	×	-	○	○	△	-	-
防災系市民団体	○	○	×	-	○	○	○	-	-
環境系市民団体	○	○	○	-	-	-	-	-	-
河川系市民団体	○	○	△	-	-	-	○	-	○

○関心が高い　△どちらともいえない　×関心が低い　- 言及なし

（3）適応策推進に向けて

適応策への認知不足を解決するためには、ステークホルダー間での科学的事実の共有が重要であり、まずは国や研究機関が、気候変動影響のリスクや予測について地域レベルにダウンスケーリングした科学的事実を示し、計画立案の

根拠を与える必要がある。この意味ではニューヨーク市の専門家パネルやステークホルダータスクフォースの事例は参考になる。気候変動政策＝温室効果ガス削減というロックイン状態の解消には、英国環境食糧農林省の Climate Change Communication Strategy などを参考にしつつ、適応策と緩和策の関係性を正確に伝えるコミュニケーション戦略が必要である。

　また、防災・減災政策と適応策との統合について、日本では部局横断的なプラットフォームが存在しない困難さを抱えている。これについても、ニューヨーク市の首長直下で、外部から招聘したメンバー構成による部局横断的組織が構成され、ステークホルダー間の調整や専門家パネルの知見を取り入れながら、順応的リスク管理の概念を行政計画に導入していった事例が参考になる。日本でも国の適応計画が策定され、いくつかの先行的な自治体では、部局横断的な庁内検討が実施されつつある。本コラムで紹介したようなステークホルダーの利害関心に基づく庁内や地域社会での調整を基に、行政計画にリスク管理手法を導入するなどの計画立案のあり方を変えたりしていく試みが今後は求められるだろう。

3.2.2　水防災・減災行動のためのリスク・コミュニケーションと合意形成

　災害分野におけるリスク・コミュニケーションとは、災害科学の専門家と市民、政策決定者、企業などの関係者間で共有し、問題についての理解を深め、お互いによりよい決定ができるように相互に意思疎通を図ることであり、合意形成のひとつと捉えられている（例えば、吉川（2006））。

　防災・減災には様々な分野に関わる統合的な取り組みが必要とされている。学術の分野では、自然科学、工学、社会科学、人文科学など、分野を超えた科学・技術の知の共有と統合化が重要で、これを学際的（inter-disciplinary）な取り組みという。またこれらの科学的知見が社会と共有され、防災・減災に関わる意思決定や行動が行われるよう、社会と科学・技術コミュニティとの協働が進められなければならない。これを超学際的（trans-disciplinary）な取り組みという。リスク・コミュニケーションは、主として超学際的な取り組みとして用いられるが、その前提に学際的な取り組みにおけるリスク・コミュニケーションが必要である。

　2013 年 9 月にまとめられた気候変動の政府間パネル（IPCC）の第 5 次評価報告

の第1作業部会報告では、「気候システムの温暖化には疑う余地がない」と、2007年2月に公表されたIPCC第4次評価報告と全く同じ表現が用いられた（気象庁（2007）、気象庁（2013））。さらにその変化の原因は、第5次では「人為起源の温室効果ガス濃度の観測された増加によってもたらされた可能性が極めて高い」と記され、第4次に用いられた「可能性が非常に高い」を上回る確度で表現されている。また大雨の頻度、強度、降水量の増加については、「ほとんどの地域で可能性が非常に高い」という第4次の表現が、第5次では「中緯度の大陸のほとんどと湿潤な熱帯域で可能性が非常に高い」となっており、地域をより明確に特定している。なお第4次評価報告と並行してまとめられた『気候変動の経済学』（ニコラス・スターン（2007））では、気候変動を考慮しない施策を採用した場合、2度の世界大戦や20世紀の世界経済恐慌と匹敵する影響によって、経済発展が著しく阻害されるリスクがあるとした。地球物理学的な知見の確度が増すと同時に、経済学的な知の集積も進み、人類の意思決定に大きく貢献したといってよかろう。

　ヨハン・ロックストロームらによって提示された「地球の境界」（planetary boundaries）という新しい概念（Rockström et al.（2009））は、地球環境科学のあり方に大きな波紋を投げかけた。彼らは、気候変化、海洋の酸性化、成層圏オゾンの減少、窒素およびリンの生物地球化学的循環の変化、地球規模での淡水利用、土地利用変化、生物多様性の減少、エアロゾルの負荷、化学物質による汚染という9つのプロセスを取り上げ、これらの変化が既に「地球の境界」を越えていることを示したのである。この提示は、統合的な理解を得るために分野間連携が必須であり、問題の解決に学際的かつ超学際的な取り組みが不可欠という地球環境科学の方向転換に大きな影響を与え、新たな地球環境科学の枠組みとしてフューチャーアースが始まった。ここでは、取り組みの計画、実施、成果を共有する全ての過程において、社会と科学・技術コミュニティとの協働が必要条件となっている。フューチャーアースは、リスク・コミュニケーションの活性化に貢献する地球環境科学のチャレンジと捉えることができよう。

　以上のように、気候変動に関わる科学の知の統合化と、学際的、超学際的な取り組みは始められているが、先進国、途上国を問わず、深刻で巨大な災害が多発しており、多くの犠牲と甚大な経済的被害が生じている。被害の軽減には、ラスト1マイルと言われる市民一人ひとりの防災・減災の行動が必要であり、地域の取り組みとして合意が必要となる。

知識と行動には乖離があるといわれており、「知識があるからといって行動できるわけではない」という考え方が示されている。小池ら（2003）は、問題となる対象を知っている「知識」の段階と、実際に問題解決に取り組む「行動」の段階の間には、問題に対して関心を有している「関心」の段階、問題に対して何らかの関わりを持ちたいと考える「動機」の段階、機会さえあれば具体的な行動する意図が形成される「行動意図」の段階があるという考えを示している。

　また、広瀬ら（1995）は、目標意図を形成する段階と、行動意図を形成する段階の 2 つの段階があり、目標意図が形成されても行動意図が喚起されないと行動には至らないとしている。また、前者には危機感、責任感、有効感が、後者には実行可能性、費用便益、社会規範の評価が、それぞれを規定する要因であるとしている。

　三阪ら（2006）は、これら 2 つのモデルを統合化し、小池らの「関心」、「動機」の段階に広瀬らの危機感、責任感、有効感が規定因として関与しており、「行動意図」と「行動」の段階に実行可能性や費用便益の評価が関与しているとする心理過程モデルを提案している。その上で、河川流域全体で比較的近年に洪水被害経験を有しているものの、下流の支川合流地域は毎年のように水害が発生する地区を抱える河川流域を対象にモデルを適用し、水害に対する防災・減災行動および水環境保全行動と心理過程の関係について調査を実施している。

　その結果、水防災・減災行動と水環境保全行動のいずれにおいても、「知識」、「関心」、「動機」、「行動意図」がある、もしくはどちらかといえばあるとの傾向であったが、「行動」はできていないという回答で、分かってはいても行動できていないという傾向は明確であった。また両者ともに、「知識」-「関心」、「関心」-「動機」、「動機」-「行動意図」、「行動意図」-「行動」の相関が強く、これらの段階が順を追って形成されていくことを示唆している。ただし、水防災・減災行動においては、以下の 3 点が水環境保全行動と異なることが示された。

① 　危機感が「関心」に大きな影響を与えている。
② 　「知識」-「行動」の相関が高い。
③ 　「知識」と「関心」の段階における地区間の差が大きく、その差は各地区の被災経験の回数の差と同様の傾向がある。

以上から、水防災・減災行動の特徴として、被災経験の積み重ねによる危機感の醸成が「関心」を高め、同時に習得される「知識」と相互に関連して「行動」が促

されているという特徴が理解される。これは、水防災・減災行動を促すためのリスク・コミュニケーションの基本的な要件を考えるうえで重要な示唆を与えている。つまり、基本的には「知識」から「行動」へ至る段階を踏んだリスク・コミュニケーションを進めつつ、現実感のある疑似的な被災経験を繰り返すことにより、水防災・減災行動の基盤が形成されうる。

　地域における水防災・減災対策や河川環境整備の施策について合意を形成するには、地域の人々が空間に対してどのような心象を持っているかが重要と考えられている。リンチ（1968）は、地域で多くの人々に共有される心理空間に投影された空間の心象をパブリックイメージとよんでいる。小池ら（1988）はそれを構造的に捉え、抽象的で主観的に捉えられる性質が上位に位置し、より具体的で客観的に表現可能な空間の捉え方が複数集まって上位の捉え方の性質を形成している、という考え方に基づいて空間の評価構造モデルを提案している。これは、客観的で具体的に「外的環境を一時的に感じ取る部分」が最下位に位置し、それを組み合わせて河川空間に対する「判断」が行われ、さらに様々な判断をもとに主観的で抽象的な「評価」がなされるというものである。

　この評価構造が流域内で異なっていれば、互いの評価構造と相いれない河川計画に対して合意を形成することは困難である。例えば流域内の水害常習地域では、堤防が低いという客観的で具体的な事項があれば、水害対策は不十分だと判断することにより危険だと評価して、それゆえに好ましくないという総合的な評価が優勢となろう。一方、例えば水質が良好で生物相も豊かであれば、自然に触れ合える場が多いと判断され、親しみが持てると評価されることによって、好ましいという総合的な評価となろう。また、地域の歴史的、文化的なつながりが深く、伝統的行事や日常の社会的活動を通して交流が深い場合も、河川と関わりなく、親しみが持てて好ましいと評価されるであろう。このような状況下では、良好な河川環境に大きな影響を及ぼす河道の整備や、つながりの深い地域コミュニティを分断するような河川構造物の建設計画についての合意を形成することは困難となる。

　三阪ら（2006）は小池らの評価構造モデルにおける「評価」のさらに上位に「総合的な評価」を加えたモデルに拡張し、水害危険度においても河川環境においても多様性を有する河川流域に適用している。その結果を、上流と下流、本川と支川、さらに河川から離れた地域に5分類し、それぞれの間の評価構造の共通性と

差異を分析し、下記の 3 項目を明らかにしている。
① 最も主観的で抽象的な「好ましい」という総合的評価は、因子分析の結果取りまとめられた「安全である」と「親しみが持てる」という 2 つの評価項目から構成されており、総合的評価 - 評価の構造は全ての地域区分で共通である。
② 最も客観的で具体的な「外的環境を一時的に感じ取る部分」と上位の河川空間に対する「判断」との関係は、地域区分間で差異が明瞭である。なお「判断」は因子分析の結果、社会的な親水活動、水質対策、季節感などの情緒性、治水機能、治水効果、水害の程度の 6 項目に区分されている。
③ 治水や安全性に関する評価構造と比較して、史跡や川の広場、水辺のイベントの有無が社会的な親水活動の活性度の判断に影響を与え、それが「親しみが持てる」という評価を通して「好ましい」という総合評価につながる構造は、いずれの地区でも最も明瞭であり、流域内で共通のパスである。

以上の分析によれば、より抽象的な評価構造、また流域全体で共通で明瞭である評価構造を抽出し、これらを基に包括的な合意を形成することが、第一段階として重要であることが理解される。基本的な考え方の整理やマスタープラン作りが先行する所以である。その上で、協働体験を重ねつつ、より具体的で個別性の高い課題に関する熟議を重ね、合意を得る努力をすることが望ましい。

以上のように、災害分野においては学際的な取り組みによる統合的な科学の知と心理過程の理解が重要であり、合意の形成には空間の評価構造の共通性や違いの理解が必要である。

コラム 3.3　リスク・コミュニケーション事例とその評価（事例 1）

　土砂災害に関する避難情報は、その現象としての不確実性から実効性を確保することが難しいという側面を有する。そもそも災害情報が避難に結びつくためには、当事者意識に直結する危険箇所の特定と、時間的な切迫性の両面を備えることが必要であり、それが困難な土砂災害においては避難に直結する情報を発信することが極めて難しい。この対策として、行政が発信する災害情報の分かりやすさや精度の向上などの議論が多く見られるが、それらを改善することには技術的課題も多く、根本的な解決策とはなり得ない。

一方、我が国の災害時避難においては、多くの住民が行政からの情報に依存しているにもかかわらず、仮に情報を取得したとしても、その情報に基づいた適切な行動をとっていないという問題もある。こうしたことから、災害時の避難の実効性を高めるためには、住民に当事者意識を与え、周辺状況の変化や行政からの情報をもとに、主体的に考え避難する意識を醸成することが必要となる。そこで、こうした住民の主体性を引き出すことを目指したコミュニケーション・デザインによって、土砂災害の前兆現象を活用した住民主導型避難体制を確立した事例について紹介する（片田ら（2010））。設定した4つの段階的目標と、それぞれの具体的な内容については、以下のとおりである。

①地域の災害リスク特性への理解を促す

　行政が作成した土砂災害警戒区域図を懇談会参加住民に提示し、地域の災害リスク特性を理解してもらうとともに、土砂災害の現象やメカニズムに関する知識、また避難に関する知識等の情報もあわせて提供し、地域の土砂災害リスク特性への理解を促す。そして、そのような特性があるがゆえに、行政によるハード対策だけでは土砂災害の発生を完全に防ぐことには限界があること、また行政からの災害情報、避難情報の適切な運用にも限界があることへの理解を促す。

②対策の実行への主体性を促す

　住民自らが対応することこそが、自らの安全を確保するために必要であることを理解させ、主体的な態度の形成を促す。そして、具体的な土砂災害避難対策として、地域に生じる土砂災害の前兆現象に着目し、これらの知恵を地域住民間で共有し、それを活用した避難ルールを作成することによって、地域住民主導型の自主避難体制を確立することを促す。

③対策の実行を促す

　地域の土砂災害に関する前兆現象や過去の災害発生箇所などを懇談会参加者から聞き取り、地図にまとめる作業を行う。また、災害発生危険時に地図にまとめた情報を活用した住民主導型の自主避難ルールや地域の避難困難者への支援方法などを検討し、地域の自主避難体制を構築する。

④対策の継続を促す

　地域の災害危険箇所や前兆現象などを記した地図や地域自主避難体制をまとめたリーフレットを作成し、地域の全世帯に配布したり、懇談会で作

成した自主避難ルールに沿った避難訓練を定期的に実施したりして、地域住民全員に自主避難体制を周知し、その体制が地域に継続していく仕組みをつくる。

　対話形式（送り手が発した情報のそれぞれに対する受け手の様々な反応を見ながらのリスク・コミュニケーション）で、上記の手順に沿って取り組むことで、土砂災害対策に対する主体的な態度の形成を効果的に促すことができるが、対話形式であるがゆえに話題が発散したり、過剰な行政批判がなされたりすることで、逆に時間を要することとなる。講演形式では、情報の送り手が発した個々のメッセージに対して、その受け手が不満や反対意見を表明することはないため、送り手はコミュニケーション過程で受け手の個々の反応に対する補足説明や追加説明をすることができない。しかしながら、講演形式の特徴を逆に利用し、情報の送り手は受け手が不満や反発を抱かないようなメッセージ内容やシナリオを構築することで、円滑かつ効率的なリスク・コミュニケーションを図ることができる。また、送り手が受け手に伝えたいメッセージだけでなく、そのメッセージに対して住民が抱くであろう反応も提示し、その反応に対して理解を示すことは、講演形式においても信頼関係を構築する上で有効である。

　紹介した取り組みよって、取り組み終了後も住民が自主的に懇談会を継続し、自主避難訓練を住民自らで企画・実施している地域もある。さらには、周辺地区も同様の取り組みを始めるという波及効果も確認されている。リスク・コミュニケーションで目指すべき到達点は、受け手の意識を改めさせ、「自分の命は自分で守る」という意識のもとで社会が一丸となって時に荒ぶる自然に主体的に向かい合い議論すべき姿勢を醸成することにあることを、原点に立ち返り今一度見直すべきである。

コラム 3.4　リスク・コミュニケーション事例とその評価（事例2）

広域ゼロメートル市街地：東京都葛飾区新小岩北地区のチャレンジ

　この街は、海抜ゼロメートル地帯に位置する広域・低層・高密市街地である。荒川が破堤した場合、全域が浸水すると想定される。ハザードマップにおいても、区内の最大浸水深は2階以上となり、ほぼ全域が浸水するとされている。避

難先は区東部の僅かな非浸水地域、あるいは、都県境界を越えた千葉県とされている。しかも避難者数は区内だけで約27万人にのぼる。避難距離は10km以上と、超遠距離避難を余儀なくされている。さらに海抜ゼロメートル地帯のため、排水するまでに非常に長い期間を要する。このように膨大な浸水家屋と避難者、非浸水空間の決定的な不足、都県を越える広域避難等、日本社会が経験したことのない事態が想定されている。

この地域では、上記のような現段階では受け入れ可能な解決策がないとも言える状況においても、大規模水害リスクを正しく理解した上で、主体的、かつ、多様な活動が繰り広げられている。住民と行政の関係が対立構造となる事例が多い中で、行政も地域社会の一員として課題を共有し、皆で一緒に考え、一緒に実践するという姿勢で取り組んでいる。

平成18（2006）年頃から始まった活動は、その輪を拡げて発展し、現在に至っている。現在、町会、NPO、研究者グループを含む地域社会の多様な担い手が参加する「輪中会議」という名の会議が機能している。その意味は2つである。木曽三川の地域文化にちなんだ「水害に強い文化」を創ることを目指した会議、地域社会の誰しも「輪の中に入っていく」会議である。現在、関心を持つ様々な主体が輪中会議の場を通して、それぞれの経験・工夫を共有しながら、それぞれの立場で次の活動につなげている。なお、平成26（2014）年度には防災まちづくり大賞総務大臣賞を受賞している。

一般に、一見対応できない大きなハザードを市民に提示することは、住民を脅し、混乱させるだけであり、やる気の喚起よりもむしろ「あきらめ感」を醸成させるのではないかと危惧することが多い。しかし、この地域では、以下に示すリスクの一連のとらえ方がコミュニケーションの基盤となっている。

第一に「幸せに暮らす方法は2つある。「知らない幸せ」と「知っている幸せ」」である。災害リスクを知らなければ幸せだが、知っていても幸せに暮らすことができるという意味である。当然、多くの人は後者を志向する。一定のリスクを生活の中に織り込みつつ、確実に備えていける暮らしを築こうという意味である。ただし、リスクを当面の暮らしの中に織り込むことは難しい。それを実現するための重要な鍵は、「対策の時間軸」と「非日常の日常化」である。

外水氾濫の発生は気候変動の影響だとすれば、当面は大丈夫である。しかし20年、30年後には、確実にリスクは高まる。そう理解し、「明日に備える」とい

う短期的視点を持ちつつ、一方で「安全な未来像を考える」という長期的視点をも対策検討の枠組みに埋め込んでいる。そうすることによって、安全が確保された将来像と、そこに至る過程で着実にリスクが低減していくことがイメージされ、結果として当面のリスクの許容につながっていると解釈できる。

さらに「浸水と親水」という駄洒落のような重要な言葉がある。元々は市民から発せられた言葉である。川からの脅威に曝されるだけではなく川の恵みを積極的に獲得することで、つまり、非日常のマイナスを日常のプラスで補うことで、心理的なバランスをとろうとしたことが背景にある。しかしその後の調査では、親水性の高い暮らしをしている人は浸水リスクに対する意識も高いことが明らかとなり、親水性を高めるためのいろいろな活動が大規模水害に対する取り組みの中に位置づけられた。例えばボート訓練、すなわち川で遊びつつ水害に対する意識を高めるといった相乗効果の高い活動に結びついている。日常の親水性の高い活動と非日常への備えである防災対策がリンクし、楽しみながらリスクを理解できる雰囲気が醸成されている。

以上は、平成18（2006）年からの活動を通して、実践的、発見的に培われていったリスク認識の基本構造である。振り返ると、重要なポイントはその始まりにある。最初のリスク・コミュニケーションでは、①災害像をハザードマップのような漠然としたものとして示すのではなく、その地域の具体的な情報に基づいたリアリティのある、かつ、科学的な裏づけのある像として明確に提示し、その上で、②住民自らの能動的な行為によって理解するところから始まっている。

図Aは、最初のワークショップから2年半が経過したころに開催された町会主催のワークショップのものである。当初は専門家がリスク情報を説明したが、この会では、70代の町会長が自らシミュレーションシステム（筆者の研究室が提供）を用いて各戸が見えるスケールで大規模水害時の状況を住民に説明した。説明では、与えられたシミュレーション結果を示すだけではなく、「この家は誰々さんのお宅で」と言った地域の中にしかないアナログ情報をシミュレーション結果に重ねて説明することによって、参加者に具体的に想像することを喚起した。

「災害リスク認識は、外から与えられた客観情報だけに頼るべきものではない。加えて、自ら主体的・主観的に創り出すべきものでもある。」と言えるのではないだろうか。

活動においては、その活動の中に地域社会の主体性が育まれている。その重要なポイントは、①行政、専門家を含めて誰もまだ正解を持ちあわせていないという前提に立ち、②議論では専門用語を排し、③全ての関係者がフラットな関係のもと、一緒に解答を見出そうとする経験の蓄積が図られていることである。この型は、活動の始まりから一貫している。その結果として、自助・共助を主軸とし、それを公助が支援するという本来の理想である「自助・共助・公助」の型が創り出されている。この地域の活動は、今もなお、自律発展的に成長している。

図A　町会長自らが水害シミュレーションシステムを操作して、住民に対して想定される水害の状況を説明する（平成21（2009）年4月19日：取り組み開始約2年半後）

3.2.3　社会実装の記録および評価

　適応策を実社会に実装していく取り組みは極めて長期間にわたって続けていく必要がある。そのためには多様な主体の参画による連携体制が重要な役割を果たす。この連携体制の機能を向上させていくためには社会実装の記録や評価が基本であると思われる。

(1) 記録の活用
1) 現在の立ち位置の確認

　適応策の社会実装には多種多様な活動が含まれる。これを多数の参画者で分担して実施していくことになると、それぞれ目先の活動遂行に目を奪われ、活動の全体像を見失いがちとなる。これに対し、過去の活動時における課題やこれに対応して講じた施策の効果について記述された記録があれば、全体像の把握や次の施策展開の検討に際して貴重な情報となる。すなわち、記録は過去を振り返り、現在の立ち位置を認識するための重要な手段である。

2）施策立案の裏書き

また、新たな施策や制度を導入する必要が生じた場合、記録は重要なエビデンスとなる。施策や制度の必要性を裏書きする資料として活用できるため、机上で考えた抽象論を廃し、実態に基づいた施策立案に寄与することが期待できる。

3）他地域との情報交換・意見交換

活動に没頭すると課題や問題点を客観的に見出すことが難しくなる場合がある。自らの取り組みを自ら評価することはそもそも難しい。これに対処する方策の一つは、同様の取り組みを実施している他の主体との情報交換や意見交換を行うことである。他の活動と対比することで自らの取り組みの課題や問題点を発見することが容易となる。ここでも記録が重要な役割を果たすことになる。

4）人事異動への対処

この他、連携体制参画者の人事異動への対処方策としても効果が期待される。例えば「東海ネーデルランド高潮・洪水地域協議会」では協議会や作業部会を開催するたびにニュースレターをホームページ上で発行・公開しているが、これは全体で数頁と短く、会議の様子などが分かる写真も添付されている。一般向けの情報提供を意図したものと思われるが、一方で、新たに参加した担当者が全体的な動きを容易に理解する手段ともなり得る。

(2) 評価の構成

連携体制による活動状況の評価は次の施策展開の検討に欠かせない。評価は、その対象によって3種類に区分されるように思われる。

なお、連携体制自らによる評価では必ずしも課題や問題点を的確に把握できるとは限らない。下記に例示したものの中には第三者による評価が適切と思われるものも多い。活動に直接参加していない第三者による評価の導入を検討することが望まれる。

1）連携体制の取り組み状況に関する評価

1つ目は、当該取り組みがどのような段階やレベルにあるかという点に関する評価である。自然外力やそれによって生ずる被害を関係機関で共有する段階なの

か、その結果に基づいて関係機関がそれぞれの組織内での取り組みを進めている段階なのか、関係機関組織内に留まらず社会や経済への働きかけを行っている段階なのか。あるいは、対象とする自然外力の規模が発生頻度の比較的高いものなのか、想定される最大規模のものなのか。さらには、避難・救助を念頭に置いているのか、被災後の復旧・復興を考えているのか、被災前のいわゆる事前復興まで視野に入れているのか。といった、いわば外形的にも容易に評価できるものである。

2）社会・経済のレジリエンスの状況に関する評価

2つ目は、社会や経済の側の認識や対応の状況に関する評価である。社会実装の効果に関する評価と言ってもいい。例えば、住民や企業の意識が防災・減災を自らの課題として捉えているかどうか、そのための具体的な取り組みを行っているかどうか、その取り組み内容は十分な水準に達しているかどうか、土地利用の変更による対処に対する気運が高まっているかどうか、といったものである。これらは別途の調査などが必要となるかもしれない。

3）社会・経済の全般的な状況に関する評価

3つ目は、防災・減災とは直接関係しない広範な社会経済環境に関する評価である。人口や高齢化の推移はどうか、雇用を支える産業の動向はどうか、これらの対象地域内における差異はどうか。こうした推移や動向が防災・減災のために進められている取り組みとどのように関係してくるのか、反対に、進めている防災・減災の取り組みが社会経済にどのような影響を与えているのか、といったものである。これらは別途の情報収集を行う必要があると思われる。

防災・減災は地域の持続可能性と深く関わっていることから、3）の評価は重要である。しかし、現状では、2）の評価も含めて、そのための資金や人材などのリソースや担当者の意識が十分とは言えない。意識やリソースは取り組みを進めていく中で高めていくことが現実的である。数多くの地域で適応策社会実装の取り組みを進めていくことが期待される。

（3）情報交換・意見交換の促進に向けて

　連携体制の活動状況を評価し、その機能を常にレベルアップしていくためには、取り組みを進める各地域間の意見交換や情報交換が欠かせない。それには、他の地域の連携体制の取り組み状況等に関する基礎的な情報を入手することが前提となる。このため、以下に示すようなフォーマットに沿った情報の集積と公開が必要になると思われる。

フォーマット例

取り組み状況と課題および問題点

名称	○○地域協議会
作成日時	2016年○月○日

1）取り組み状況

①対象地域	○○川流域：○○県○○市、△△町、・・・
②対象とする自然災害	洪水、高潮
③自然外力の規模	L2相当
④対象とする場面	避難、救助、復旧・復興事前準備
⑤中核的組織構成	○○機関：○○地方整備局、・・・
⑥記録および評価の体制	記録：○○地方整備局河川部 評価：（未定）
⑦前年の活動結果および当該年の活動方針	2015年：○○の策定 2016年：○○の試行運用開始

2）課題および問題点
①取り組みの具体内容に関する将来展望

取り組みの中心者	情報共有本部の設置、広域避難計画の策定を目指す。
委員会等参加者	さらに実効性のある計画へと発展させる。
委員会等参加者	住民や企業の行動等を引き出す仕組みづくりが必要。

②現時点の重要課題および問題点

取り組みの中心者	参加機関により施策等の優先度が異なること。
委員会等参加者	域外への広域避難の具体化。
委員会等参加者	住民や企業が行動できるようになる仕組みづくり。

③「長続きする連携体制づくり」に関する課題および問題点

取り組みの中心者	担当者の異動が課題。
委員会等参加者	・・・
委員会等参加者	・・・

④「活動記録およびその評価」の体制整備等に関する課題および問題点

取り組みの中心者	評価する体制がないことが課題。
委員会等参加者	・・・
委員会等参加者	・・・

3.3 適応策社会実装の基盤

3.3.1 自然外力の想定および評価

　自然外力を想定することは、防災施設の整備、警戒避難体制の整備、被害想定等の防災・減災対策の基本である。また、気候変動下にあっては、その想定結果を不断に評価し、必要に応じて見直していくことが求められる。

　以下、平成 27(2015) 年 7 月に国土交通省水管理・国土保全局が作成した「浸水想定（洪水、内水）の作成等のための想定最大外力の設定方法」(以下、平成 27 年設定方法) に基づいて想定最大外力の設定方法のポイントと課題について記載した後、評価を含めた今後の方向性について述べる。なお、想定最大外力の設定に至る考え方や経緯等については、平成 27 年設定方法の序文および本書の 1.3.1 項「想定最大災害外力 (基本的概念)」を参照されたい。

(1) 平成 27 年設定方法のポイント

　気候変動予測に関する研究は進められているものの、現段階においては低頻度の現象に地球温暖化が及ぼす影響等についての研究は途上であり、気候変動予測の結果を直ちに想定最大外力の設定に組み込むことは難しい。

　このため、設定手法においては、想定最大外力のうち洪水について、現状の科学的な知見や研究成果を踏まえ、現時点において、ある程度の蓋然性をもって想定し得る最大規模のものを設定することとされている。その指標については、全国統一的な手法として設定するため、データの質や量を勘案し、降雨データを用

い、想定最大外力（洪水）を「想定最大規模降雨」として設定することを基本としている。

　想定最大規模降雨の降雨量については、降雨特性が類似する地域内で生じた降雨は、当該地域内のいずれの場所でも同じように発生すると考え、気象現象に関する既往の地域区分の事例を参考にするとともに、降雨データについてクラスター分析等を行い、日本を降雨の特性が似ている 15 の地域（図 3.3.1）に分け、それぞれの地域において観測された最大の降雨量（以下、地域ごとの最大降雨量）により設定することを基本としている。

　具体的には、15 の地域ごとに、全国各地に時間雨量の計測が可能な観測所が一定程度整備された昭和 30 年代前半以降の降雨データを解析することにより、降雨継続時間別、面積別の降雨量の最大値を整理し、包絡するよう直線で結び、図 3.3.2 のように地域ごとの最大降雨量の包絡線を作成する。

図 3.3.1　想定最大規模降雨に関する地域区分

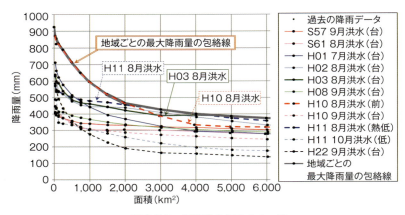

図 3.3.2　包絡線の作成イメージ

　河川ごとの想定最大規模降雨の降雨量は、これらを踏まえ、当該河川の流域面積と降雨継続時間より設定することを基本とすることとされている。
　ただし、全国的なバランスも踏まえ、これにより設定した降雨量が年超過確率1/1000程度の降雨量を大きく下回っている場合などにおいては、年超過確率1/1000程度の降雨量を目安として設定することも考えられる。なお、欧米等においては、低頻度または極端な事象への対応として、年超過確率1/500から1/10000の洪水を対象に浸水想定等を既に作成しており、その中でも、英国やドイツなど、年超過確率1/1000の洪水を対象としている場合が多い。
　降雨波形（降雨量の時間分布と空間分布）については、最悪の事態を想定するという観点から、河川整備基本方針の基本高水を検討する際に用いた複数の降雨波形や最近の主要な洪水の降雨波形等を引き伸ばしたもののうち、氾濫した際の被害が最大になると考えられるものから選定することを基本とすることとされている。なお、氾濫した際の被害が最大となるものは、氾濫域等の特性と洪水のピーク流量、氾濫ボリュームを考慮して選定する。なお、引き伸ばし後の1時間降雨量が220mmを上回るなど、短時間の降雨量が著しく大きくなる等、著しく不合理が生じる場合は、別の降雨波形を選定することや、降雨継続時間を見直すことが考えられる。
　想定最大外力等を踏まえた対策を検討・推進するに当たっては、この手法は現時点で利用可能な観測データから設定されたものであり、これを上回る規模の外

力が発生する可能性があることにも留意する必要がある。また、洪水、内水、高潮それぞれ単独に適応策を検討するだけでなく、例えば気候変動により非常に強い台風が増加する可能性があることも踏まえ、洪水と高潮の同時生起などの複合災害についても考慮することが望まれる。

(2) 平成 27 年設定方法の課題

　前述の想定最大外力の設定手法は、気候変動予測等を踏まえたものとなっていない。このため、最大降雨や気候変動予測等に関する研究等の知見を踏まえ、引き続き改善、高度化を図る必要がある。例えば、気候変動リスク情報創生プログラムにおいて、全世界および日本周辺領域について、それぞれ 60km、20km メッシュの高解像度大気モデルを使用した過去 6000 年分（日本周辺域は 3000 年分）、将来については 5400 年分のモデル実験が行われ、甚大な災害をもたらす極端気象の将来変化予測も含む高解像度大規模データベース「d4PDF」が作成されており、DIAS（Data Integration and Analysis System、データ統合・解析システム）が運営するサーバを経由してデータが提供される。このような多数の実験例（アンサンブル）を活用することで、台風や集中豪雨などの極端現象の将来変化を、確率的に、かつ高精度に評価することも期待される。

　なお、コラム 3.5 の (2) で紹介するように、空間解像度 1km オーダーのモデルには降水過程に雲の微物理過程が導入されているが、これは数 10km メッシュのモデルでは困難とされている。すなわち、1km オーダーのモデルでは局地的降水や大規模降水現象をダイレクトに取り扱うことが可能となっているという点にも留意が必要である。

(3) 評価を含めた今後の方向性

　一方、最大規模の外力の想定のみでなく、どのような頻度でどのような外力・災害が発生するのかという情報が必要となる。

　今後、気候変動の影響により、外力の発生頻度等が変化することが想定されるが、外力がどの程度増大するかについては、想定する温室効果ガス排出シナリオや使用する気候モデルによって異なる。例えば、環境省と気象庁の RCP シナリオを用いた予測では、将来気候での大雨による降水量の予測される増加量は、温室効果ガス排出シナリオの違いで平均 10.3%（RCP2.6）から平均 25.5%（RCP8.5）

第3章
適応策の基本と社会実装を支える技術

の幅を、また同じRCP8.5でも気候モデル(海面水温パターン、積雲対流スキーム)の違いで18.8～35.8%の幅をもつ。

このように不確実性が高い中で、自然外力の変化に機動的に適応していくためには、洪水であれば流域ごとに、降雨、流量、潮位等の観測データから変化の傾向を適切に読み取るとともに、その原因となっている気象・海象等の変化について分析することが不可欠である。

コラム3.5(1)の気象パターンに基づく分析や(3)の中小規模の観測データを用いた分析、コラム3.6の地形特性による降雨評価など、様々な着目点から分析・評価を試みることが望まれる。

このような観点から、早急に、必要なデータをモニタリングしていく体制、マニュアル等の整備を進める必要がある。

コラム3.5 海外研究者による自然外力評価事例

海外の先進諸国では、気候変動下における自然外力の変化の評価について、様々な着目点から精力的に研究が進められており、我が国においても参考とすべき着目点が多い。ここでは、Lavers et al.(2013)によるAtmospheric Riverと呼ばれる気象現象に着目した豪雨や洪水の将来変化に関する研究、Kendon et al.(2014)による時間スケールの雨量の将来変化の評価に関する研究、Sweet et al.(2014)による沿岸水位の超過確率の変化に関する研究について紹介する。

(1) 豪雨を引き起こす気象現象に着目

対流圏下層に形成される強い水蒸気フラックスの狭帯域(Atmospheric River、以下AR)は、川のように細長く北太平洋や北大西洋上を伸びて中緯度地域(北米西部、欧州東部等)に当たり、冬の洪水を伴う強く長い降雨をもたらす。英国においては、特に西部の高地の流域や東部の低平地の流域において、ARと洪水との関連性が高いとされている。このため、気候変動下の大規模な大気循環の特性変化によるARの発生頻度の変化は、将来の豪雨や洪水の発生頻度に影響を与えると考えられる。

Lavers et al.は、中緯度地域の冬の洪水に最も関連する大気の特徴としてARに着目し、北大西洋上におけるARの将来の特性変化について推定し、英国お

よび欧州北西部における洪水のリスクについて分析した。

CMIP5における5つのGCM（Global Climate Model、全球気候モデル）の予測結果を用いて北大西洋上の鉛直積算水蒸気フラックスを算出し、ARを検出し、その特性変化を分析している。その結果、温暖化による気温上昇に伴い飽和水蒸気圧が増加し、水蒸気輸送量が増加してARの強度が大きくなり、総降水量が増加して洪水リスクも増大することが示唆された。

なお、ARのような特異な気象現象ではなく、時点ごとの気象成分諸データを用いてこれを複数の気象類型に分類し、これらのうちで豪雨や渇水をもたらす気象類型の発生頻度動向等について分析するといった研究（例えばPrein et al.（2016）、Shaller et al.（2016））もなされている。このように気象類型と豪雨等を関連づけて得られた知見は、気候変動影響に対する認識を幅広く共有する上で有効であると思われる。

（2）急流河川や中小河川の洪水規模を支配する時間スケールの豪雨に着目

GCM（空間解像度60～300km）やRCM（Regional Climate Model、地域気候モデル）（空間解像度10～50km）は、他に方法が見当たらないために、降水過程に積雲パラメタリゼーションを用いて局地的降水現象（積乱雲等の局地的豪雨）を扱わざるを得ない。このような単純化はモデル誤差の原因となり、時間スケールの極値降水を表現することが難しくなる。一方で、短期気象予報で使用されるConvection-permittingモデル（以下、CPモデル）と呼ばれる空間解像度1kmオーダーのモデルは、降水過程に雲の微物理過程が導入されており、局地的降水や大規模降水現象をダイレクトに扱うことが可能である。

Kendon et al. は、英国を含む領域を対象に、空間解像度1.5kmのCPモデル（以下、1.5kmモデル）を用いて、連続的な気候変動予測計算を試みた。レーダー観測値との比較による1.5kmモデルのバイアス誤差は解像度12kmのモデル（以下、12kmモデル）よりも小さく、特に夏の降水量変化については、12kmモデルでは見られない時間降水量の増加が1.5kmモデルでは認められており、短期気象予報で使用されるモデルの活用は急流河川や中小河川の洪水に影響する降水量の将来変化を予測するために不可欠であるとしている。

なお、我が国の河川は、国際的に見れば、ほぼ全てが急流河川や中小河川に該当するという点に留意が必要である。

（3）中小規模の値に着目

極大値に関心が集まりやすいが、発生頻度の高い中小規模の値の方が明瞭に変動特性を示す場合がある。

Sweet *et al.* は海面水位が1年間に中小規模の高潮位閾値を超える日数に着目した。年平均海面水位が上昇しているために増大傾向にあることはもともと明らかであるが、縦軸に超過日数、横軸に西暦年、という単純で分かりやすいグラフによって、米国内各地点の閾値超過日数の増大傾向が明瞭に示された。また、例えばサンフランシスコでは年を追うごとに直線的に増大するのに対し、ニューヨークでは直線的な増大の後で最近になって加速度的な増加傾向を示しているという差異が検出された。

この原因については推測が述べられているにすぎないが、今後の検討の出発点としての意義は大きい。また、グラフによって変動傾向を可視化するという点で大きな価値があると思われる。

コラム 3.6 地形特性による降雨評価事例（北陸地方を例に）

山岳域が多く存在する我が国では、古くから降雨と地形との関係について気象学的・水文学的観点で数多く研究がなされ、日雨量や一雨雨量（ひとあめうりょう）の比較的長い時間スケールの降水量に対して、地形の影響が強いことや、風上側斜面や高標高域に長時間にわたって強い雨域が停滞する地形性降雨現象が起こりやすいことなどが明らかとなっている。

我が国における暖候期の大雨分布は、日本列島の大規模な地形と対流圏下部の卓越風向によって支配されている。特に北陸地方は、日本アルプス、越後山脈や両白山地など急峻な山岳地が多く、台風や前線性などの大規模擾乱による降雨現象では、山岳の風上側・風下側で降水量分布に差が現れ、その成因ごとに北陸のどの流域に強雨が降りやすいかは、地形特性が密接に関係している。

日本海に流れ出る北陸地方の一級河川の多くは、西北西～北側方向に流域が開けており、北アルプスなどの大きな山脈位置と関係して、斜面は北～西南西方向に卓越している。また、庄川、神通川、千曲川、阿賀川の各河川は、南側にも流域が開け、斜面は西向きと東向き斜面の両方が卓越している。一方、信濃

3.3 適応策社会実装の基盤

川下流、小矢部川、梯川は、低標高のなだらかな河川流域となっている。

これらの河川で、過去55年間（昭和31（1956）年～平成23（2011）年）に発生した出水上位10位の降雨要因を分類すると、59％が前線性で、残り41％が台風による降雨である。降雨の時期で見ると、梅雨期に発生頻度が高い河川は荒川、常願寺川、ついで姫川、黒部川で、信濃川下流、阿賀野川は、梅雨期およびその後の夏場も頻度が高い河川である。また、阿賀川、千曲川、信濃川中流、庄川の各河川は、9月中旬から下旬に台風が原因で大出水となっている。梅雨期は西北西～北側方向からの風向となる前線性降雨が多いため、その方向に卓越した斜面を持つ姫川・黒部川・常願寺川では70％以上が前線性降雨により出水となる。一方、台風期は南南東～東南東からの風向となるため、流域が太平洋側にも開け西側に高い山がある庄川、千曲川（含む犀川）、阿賀川流域で雨が降りやすく、70％以上が台風性降雨による出水となっている。

近年、数値計算気象モデル（空間解像度2km）を用いたシミュレーション結果は、風向による地形性降雨の発達地域の解明に十分な精度を有していることから、北陸地方の各河川を対象に16風向別に15m/sと30m/sの2風速、32ケースの降雨シミュレーションを実施し、大雨要因として重要な地形効果について実降雨現象と検証し評価を行った。以下にその結果の一例を紹介する。

事例として、北アルプスの影響を大きく受ける富山地域と近年豪雨災害が多く発生している新潟地域のシミュレーション結果（図A（b）（e））を示す。比較検証したのは、平成23（2011）年7月の新潟・福島豪雨時の降雨状況（図A（c）（f））である。富山地域では、標高が高く西向き斜面を有する常願寺川・黒部川流域の上流で雨域が顕著に発達しており、実際の降雨でも同様の傾向を示している。また、新潟地域では、新潟・福島県境や群馬県境付近で発達した雨雲が山地に行くほど発達している。実際、佐渡島の風下側の海岸部から平地部にかけて水平方向の暖かく湿った気流が収束し、五十嵐川の谷筋に向かって流れ込み、上流に向かって山地斜面の間で収束しながら上昇気流が強まり豪雨となっており、平地から山地にかけて雨域が発達する状況は実際の降雨と類似している。

今回、平成23（2011）年新潟・福島豪雨の事例で紹介したように、河川流域の降雨特性を知るには、過去の大洪水時の降雨状況をもとに地形特性による各流域の降雨特性を調べ、数値計算気象モデルを用いて再現し検証することが効果的である。

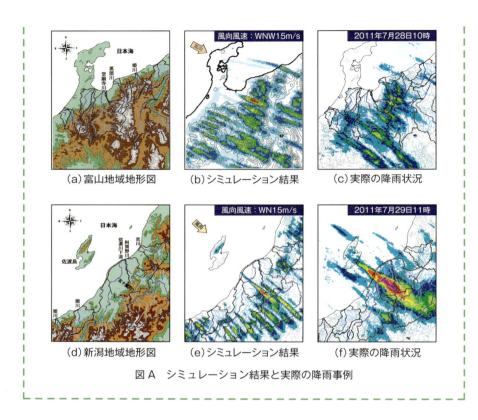

図A　シミュレーション結果と実際の降雨事例

3.3.2 防災施設等の整備・管理および評価

（1）整備に関する現状と課題

　時間雨量50mmを超える短時間強雨や総雨量が数百mmから千mmを超えるような大雨が発生し、全国各地で毎年のように甚大な水害が発生している。地球温暖化に伴う気候変動の影響により、今後さらに、大雨や短時間強雨の発生頻度、大雨による降水量が増大することが予測されている。これにより、施設の能力を上回る外力による水災害が頻発するとともに、発生頻度は比較的低いが施設の能力を大幅に上回る外力により極めて大規模な水災害が発生する懸念が高まっている。

　施設の能力を大幅に上回る外力への備えについては、我が国の地震対策・津波対策の場合、比較的発生頻度の高い外力（レベル1）に加え、最大クラスの外力

（レベル2）を設定し、防災・減災対策が進められている。地震対策においては、施設の供用期間中に発生する確率が高い地震動（レベル1）に対して、施設としての健全性を損なわない性能を求めることに加え、対象地点において現在から将来にわたって考えられる最大級の強さを持つ地震動（レベル2）に対して、施設としての機能の回復が速やかに行い得る性能等を求めている。また、津波対策については、比較的発生頻度の高い津波（数十年から百数十年に一度程度）（レベル1）に対して、施設の整備による対応を基本として人命、財産等を守ることを目指すことに加え、最大クラスの津波（レベル2）に対して、ハード・ソフト施策の適切な組み合わせにより、人命への被害を極力生じさせないことを目指すこととされている。

水災害分野においても、諸外国の一部においては、既に気候変動により増大する外力を踏まえた施設計画や設計における対策が進められている。さらに、低頻度または極端な洪水に対する浸水想定等を行っている。

一方、我が国の水害対策については、比較的発生頻度の高い外力に対し、施設の整備等により災害の発生を防止することを目指している。水害対策では、一級水系は原則として年超過確率1/100〜1/200の規模の外力を対象に長期的な河川整備の方針を定め、施設の整備を進めている。しかし、施設の整備水準は、例えば河川については、大河川において年超過確率1/30〜1/40程度の規模の外力に対して約6割程度の整備率に留まっている。また、比較的発生頻度の高い外力を超える規模の外力を対象とした対策はほとんど行われていない。さらに、施設計画や設計段階において気候変動による外力の増大についての具体的な考慮もほとんどなされていない。

(2) 整備・管理に関する基本的考え方

気候変動による外力（災害の原因となる豪雨、洪水、高潮等の自然現象）の増大とそれにともなう水災害の激甚化や発生頻度の増加、局地的かつ短時間の大雨による水災害、さらには極めて大きな外力による大規模な水災害など、様々な事象を想定し対策を進めていくことが必要である。

まず、比較的発生頻度の高い外力に対しては、これまで進めてきている堤防や洪水調節施設、等の整備を引き続き着実に進めることが重要である。特に、我が国の大都市は、大河川の氾濫域に都市の中枢機能が集積するとともに、ゼロメー

トル地帯等の特に危険な地域を抱えており、これら地域の水没により、我が国の社会経済の中枢機能が麻痺するおそれがある。
具体的には、
- 日本の大都市では、地下の高度な利用が進んでおり、その地下に電源設備等の社会経済活動を支える施設が設置されている場合が多いことから、地下鉄、地下街、ビルの地下等の地下施設の浸水によって都市機能が麻痺すること。
- 電力が停止すると他のライフラインも停止するなど、ライフライン間に依存関係が存在している。また、ライフラインの停止により、災害時の応急活動、事業継続等が困難となること。
- 現代の企業活動の中枢であるサーバー等の電子機器も浸水被害に対しては非常に脆弱であり、それらが浸水して機能を停止することにより、顧客、商品、受発注等に関わる重要な企業データの消失や、通信ネットワークの寸断が生じる。このことにより、金融取引の停止や企業間取引の途絶等の経済被害が全国、さらには世界へ波及すること。

などが挙げられる。減災対策のみでこれらの被害を全て回避することは不可能であることは明らかであり、施設整備による対策は極めて重要である。

また、防災施設の機能を確実に発揮させるよう適切に維持管理・更新を行うことも必要である。これらにより、水災害の発生を着実に防止することができる。またその際には、諸外国の施策も参考にして、気候変動による将来の外力の増大の可能性も考慮し、できるだけ手戻りがなく追加の対策を講ずることができる順応的な整備・維持管理等を進めることが重要である。

さらに、気候変動に伴う非定常性の下で、河道のような防災施設等をどのようにマネジメントしていくのか、という管理に関する課題もある。例えばコラム3.7で紹介するようなダム湖内や河道内に堆積した大量の土砂をマネジメントするための技術等を積み重ね、これらを体系的に確立・整理していくことが、今後、強く求められる。単なる維持管理・更新だけが管理ではない。

(3) 危機管理型ハード対策

一方で、施設が整備途上である場合はもちろんのこと、財政上の制約等から最大規模の外力まで施設の整備により対応することは現実的には不可能であること

を踏まえると、整備完了後であっても、常にその能力を上回る外力が発生する危険性があり、このような外力に対しては、できる限り被害を軽減する対策に取り組む必要がある。

このためには、河川管理者等はもとより、地方公共団体、地域社会、住民、企業等が、その意識を「水害は施設整備によって発生を防止するもの」から「施設の能力には限界があり、施設では防ぎきれない大洪水は必ず発生するもの」へと変革し、氾濫が発生することを前提として、社会全体で常にこれに備える「水防災意識社会」を再構築しなければならない。

具体的には、
- 行政や住民、企業等の各主体が、水害リスクに関する十分な知識と心構えを共有し、避難や水防等の危機管理に関する具体的な事前の計画や適切な体制等が備えられているとともに、
- 施設の能力を上回る洪水が発生した場合においても、浸水面積や浸水継続時間等の減少等を図り、避難等のソフト対策を活かすための施設による対応が準備されている

社会を目指す必要がある。このためには、
① 施設の能力を上回る様々な外力に対する浸水想定等に基づき被害を想定することにより、流域における水害リスクを適切に評価し、
② ハザードマップ等のソフト対策により、当該水害リスク情報を社会全体で共有し、
③ 河川管理者、地方公共団体、住民、企業等が連携・協力し、必要に応じて一体的な対策を実施すること等により、より一層効率的・効果的な減災に関する対策を実施していく

ための施策を強力に展開していく必要がある。

その際、河川整備については、施設の能力の限界を再認識し、従来からの「洪水を河川内で安全に流す」ためのハード対策に加え、
- 施設の能力を上回る洪水による水害リスクも考慮して、氾濫が発生した場合においても被害の軽減を図るための整備手順の工夫や、
- 越水等が発生した場合においても決壊までの時間を少しでも引き延ばすための堤防構造の工夫(図 3.3.3)や氾濫水を速やかに排水したりするための排水施設の強化等

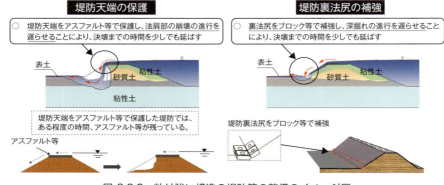

図 3.3.3　粘り強い構造の堤防等の整備のイメージ図

ソフト対策を活かし、人的被害や社会経済被害を軽減するための施設による対応（危機管理型ハード対策）を導入し、これらにより、想定しうる最大規模の洪水までを考慮した流域の水害リスクの低減を図る河川整備へと転換を図る必要がある。

(4) 危機管理型ハード対策とソフト対策の一体性・計画性の確保
1) ハード・ソフトの一体的・計画的な推進のための仕組みの整備

　これまでは、防災はハード対策で、減災はソフト対策で行うことを基本として、それぞれの取り組みが個別に進められてきたが、今後は、想定しうる最大規模の洪水が発生した場合における減災に関する目標を設定し、当該目標を達成するための危機管理型ハード対策とソフト対策を一体的に計画し、実施するための仕組みを構築する必要がある。

　例えば、想定しうる最大規模の洪水が発生した場合における浸水継続時間に関する目標を、河川管理者と水防管理者等が共同して設定し、河川管理者が行う氾濫水を排除するための樋門等の排水施設の強化と、きめ細かい排水を行うための水防管理者による排水ポンプの整備等を、一体的かつ計画的に行うこと等が考えられる。

2) 減災も対象とした河川整備計画への見直し

　施設の能力を上回る洪水の発生頻度が増大することを考慮すると、河川整備計画について、目標とする洪水流量を安全に流下させることに主眼を置いた従来の計画から、

- 「氾濫を防止すること」だけでなく、「氾濫が発生した場合においても被害の軽減を図ること」も目的として追加し、
- 流域における施設の能力を上回る洪水による水害リスクを考慮した危機管理型ハード対策を組み込んだ

計画へと見直しを図る必要がある。

具体的には、氾濫ブロックごとに想定しうる最大規模の洪水までの水害リスクを評価した上で、上下流バランス等を確保しつつ、できるだけ流域全体の水害リスクを低下させる計画とすること（図 3.3.4）等が考えられる。

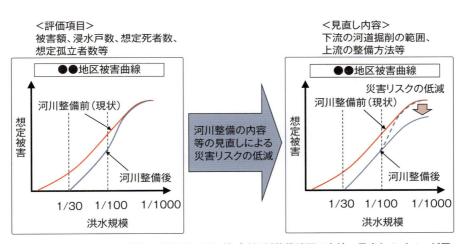

図 3.3.4　様々な外力に対する災害リスクに基づく河川整備計画の点検・見直しのイメージ図

このような対応を図るためには、これまでの安全に流下させることができる流量だけでなく、氾濫した場合の氾濫ボリューム等も明らかにする必要があり、これにより堤防等の現状および整備後の防災だけでなく減災までも含めた能力を適切に評価することが可能となる。

3）既設ダムにおける危機管理型運用方法の確立

既設ダムの機能を最大限活用することにより、下流の被害を軽減し、また避難時間ができる限り確保されるよう、計画規模を超える洪水等もダムに可能な限り貯留し、洪水のピークを低減させる、あるいは遅らせることなどを検討する必要

第3章
適応策の基本と社会実装を支える技術

がある。また、異常洪水時防災操作（計画規模を超える洪水時の操作）の開始水位の見直しなど、ダムの洪水調節機能を最大限活用するための操作の方法についてあらかじめ検討し（図3.3.5）、個々の技術者の技量に依拠したものにならないよう、操作規則等を必要に応じて見直すとともに、個別のダムだけでなく、複数ダムが連携した運用についても検討する必要がある。

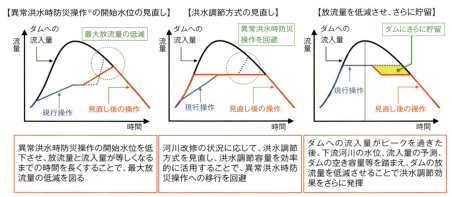

※異常洪水時防災操作：大きな出水によりダムの洪水調節容量を使い切る可能性が生じたため、放流量を徐々に増加させ、流入量と同じ流量を放流する操作

図3.3.5　ダムの洪水調節能力を最大限活用するための操作方法の例

以上、防災施設等の整備・管理について述べた。適応策はリスクマネジメントの取り組みであり、マネジメントのための技術とともに、リスクの評価が基礎となる。しかし、我が国の適応策は緒に就いたばかりで施策展開を急いでいる段階にあり、適応策の基盤をなす防災施設等に関する評価は発展途上にある。困難な課題ではあるが、今後、こうした課題に関する検討が進展していくものと思われる。

コラム3.7　マネジメントのための技術事例（耳川総合土砂管理を例に）

　　宮崎県耳川水系では、平成17（2005）年の台風14号により山間部で総雨量1300mmを超える記録的大雨となり、流域では多数の斜面崩壊や浸水災害により、県全体の被害額は1300億円と過去最大の災害となった。斜面崩壊により、

3.3 適応策社会実装の基盤

〔山須原ダム〕

【現状】

【ダム改造後（イメージ）】

既設ラジアルゲート8門のうち、中央2門を撤去後、越流天端を約9m切り下げてラジアルゲート1門を設置

〔西郷ダム〕

【現状】

【ダム改造後（イメージ）】

既設ローラーゲート8門のうち、中央4門を撤去後、越流天端を約4m切り下げてローラーゲート2門を設置

図A　ダム改造イメージ

流域で累計1060万m³の土砂が河川に流入し、その約半分に相当する520万m³が九州電力（株）が管理する7ダムの貯水池に堆積し、今後、累計2640万m³もの土砂流入が危惧される状況にある。

特に諸塚村では、河川やダム貯水池に大量の土砂が流れ込んだことが洪水氾濫被害の一因となっていたため、宮崎県が河道掘削、築堤、護岸、宅地かさ上げによる治水対策を進めるとともに、土砂を堆積させない対策として、九州電力（株）の山須原、西郷ダムの通砂機能を付加した改造（図A）や大内原ダムの操作変更が計画された。

総合土砂管理の実施に当たっては、関係者間の合意形成が重要であることから、山地、ダム・河道、河口・海岸の3領域ごとに地域の関係者を含むワーキンググループが設置され、その議論を踏まえて、耳川をいい川にするため、流域共通の目標である「基本的な考え方」と、役割分担を明確にした「行動計画」で構成された「耳川水系総合土砂管理計画」が平成23（2011）年に策定された。

その中心的な役割を担うダム通砂は、台風出水時にダム水位を一時的に低下させ、貯水池内の水の流れを本来の自然の川の状態に近づけることにより、上流から流れ込む土砂をダム下流に流下させるもので（図B上）、洪水時に十分な

第3章
適応策の基本と社会実装を支える技術

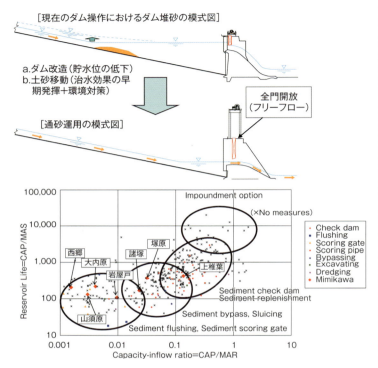

図B　ダム通砂運用のイメージ（上）と各ダムにおける土砂管理方策選定（下）

水位低下を実現させるためのクレストゲート改造工事が現在進められている。

なお、ダム通砂の妥当性に関しては、図B下に示すCAP/MAR＝（総貯水容量／年平均総流入量）およびCAP/MAS＝（総貯水容量／年平均土砂流入量）をパラメータとした堆砂対策手法の分類図が活用された。これを耳川水系の7ダムについて行った結果、上椎葉、塚原ダムなどに対して、山須原、西郷、大内原ダムは、CAP/MASが小さく堆砂対策の必要性が高く、貯水池回転率が大きく（CAP/MARが小さく）、ダム通砂が合理的であることが客観的に示された。

一方、ダムの通砂効果を十分に発揮させるためには、ダムのクレストゲートの改造（ハード対策）と、これを運用する通砂操作ルールの策定（ソフト対策）が重要である。耳川水系のダム群改造では、流入土砂の長期的変化を考慮した1次元河床変動計算と、ダム改造効果を検証するための2次元河床変動計算と水

理模型実験が実施された。これらの結果、ダム通砂運用によって貯水池上流の土砂が下流に引き込まれることで、貯水池上流の河床は現行運用よりも低下し、浸水リスクが軽減されることが示されている。また、これまでダムで留まっていた砂礫がダム下流へ供給されることにより、下流河道や沿岸域では、河床低下や海岸侵食の抑制、河床材料の多様化などによる生態系を含む水域環境の健全化につながることが期待されている。

耳川水系の総合土砂管理のユニークな点は、このようなダム通砂運用のみならず、山地、ダム・河道、河口・海岸の各領域の関係者が情報共有しながら事業を進めていることにある。総合土砂管理には、年ごとや将来にわたる土砂流入量の変化や、通砂された土砂の下流河道や河口・海岸への流下や堆積による治水・利水・環境への影響など、様々な不確実性やリスクが存在する。これらを事前に予測し尽くすことは到底困難であり、実施モニタリング結果に即した改善（PDCA サイクル）を行いながら順応的な土砂のマネジメントを行う必要がある。そのためには、関係者間で基礎となるシミュレーション結果を理解し、これをもとにした信頼関係が構築されていることが極めて重要である。

3.3.3 被害想定および経済影響評価

(1) 水害リスクの現状

1) 浸水想定の現状

近年、世界的に大規模な水害が多発しており、我が国においても、想定を上回るような水害が発生している。また、地球温暖化による集中豪雨の頻発・激甚化から、治水施設の能力の相対的な低下が懸念される状況にあり、洪水時の被害を最小限にするためには、平時より水害リスクを認識した上で、氾濫時の危険箇所や避難場所についての正確な情報を把握することが重要である。現在、水害リスクを伝えるツールとして最も普及しているのはハザードマップであり、その作成の基となるのは浸水想定区域図である。

浸水想定区域図およびハザードマップについて経緯を振り返ってみる。国土交通省および都道府県では、平成 13（2001）年の水防法改正以降、洪水予報河川および水位周知河川に指定した河川について、洪水時の円滑かつ迅速な避難を確保し、又は浸水を防止することにより、水害による被害の軽減を図るため、基本高

水の設定の前提となる降雨により当該河川が氾濫した場合に浸水が想定される区域を浸水想定区域として指定し、指定の区域および浸水した場合に想定される水深を示した浸水想定区域図を作成してきた。平成26（2014）年度末現在の洪水浸水想定区域図の作成状況は、洪水予報河川または水位周知河川に指定されている1988河川の内、1932河川（約97％の河川）で作成されている。

　また、洪水浸水想定区域における円滑かつ迅速な避難の確保および浸水の防止を図るため、浸水想定区域の関係市町村は、市町村地域防災計画において、少なくとも当該洪水浸水想定区域ごとに、洪水予報等の伝達方法、避難場所その他洪水時の円滑かつ迅速な避難の確保を図るために必要な事項、洪水時の円滑かつ迅速な避難の確保又は洪水時の浸水の防止を図る必要がある地下街等、要配慮者利用施設、大規模工場等の名称および所在地、を定めるものとされている。また洪水時の浸水想定区域をその区域に含む市町村は、住民に周知するため、洪水浸水想定区域図にこれらの事項等を記載した洪水ハザードマップを作成し、住民に提供することとされている。市町村は、「洪水ハザードマップ作成の手引き」等を参考に洪水ハザードマップを作成している。平成26（2014）年度末現在では、対象となる1311自治体の内、1284自治体（約98％の自治体）で作成されている。

　一方、高潮については、平成27（2015）年度に水防法が改正されるまで、都道府県が浸水想定区域図を、市町村がハザードマップを作成する制度はなかったが、高潮被害を受けた市町村を中心に、浸水被害を軽減するためのハザードマップが作成されていた。平成26（2014）年度末現在では、対象となる645自治体の内、121自治体（約19％の自治体）で高潮ハザードマップが作成されている。

　近年は、現在の想定を超える浸水被害が多発している。そのため、平成27（2015）年5月に水防法等の一部が改正され、現行の洪水に関わる浸水想定区域について、対象とする降雨が、基本高水の設定の前提となる降雨から、想定し得る最大規模の降雨に拡充された。これを踏まえて国土交通省の関係室は「洪水浸水想定区域図作成マニュアル」を平成27（2015）年7月に改訂し、洪水浸水想定区域、その前提となる降雨、浸水した場合に想定される水深、洪水時家屋倒壊危険ゾーンおよび浸水継続時間等を表示した洪水浸水想定区域図を策定することとした。今後は、想定最大規模の降雨を対象に浸水想定区域図を作成し、それを基にハザードマップを作成していくことになる。また、高潮についても、水防法の改正により、想定最大規模の高潮が発生した場合の高潮浸水想定区域図を作成す

ることになったため、平成27（2015）年7月に国土交通省および農林水産省の関係課室は「高潮浸水想定区域図作成の手引き」をとりまとめた。これを参考に都道府県が作成する高潮浸水想定区域図を基に、市町村が高潮ハザードマップを作成していくこととなる。

　国土交通省では平成27（2015）年12月に「水害ハザードマップ検討委員会」を設置し、洪水、高潮等の水害ハザードマップをより効果的な避難行動に直結する利用者目線に立ったものとするために、検討を進めてきた。委員会では、地域により発生する水害の要因やタイミング・頻度・組み合わせは様々に異なることから、市町村において事前に「地域における水害特性」等を十分に分析することや、利活用シチュエーションに応じた「住民目線」の水害ハザードマップとなるよう「災害発生前にしっかり勉強する場面」・「災害時に緊急的に確認する場面」を想定して作成すること、「早期に立退き避難すべき区域」を検討しこれを水害ハザードマップに明示することなどが議論され、これらを「水害ハザードマップ作成の手引き」（仮称）に記載することとされた。

2）治水経済調査の現状

　現在の治水事業の経済評価は、堤防やダム等の治水施設の整備によってもたらされる経済的な便益や費用対効果を計測することを目的として「治水経済調査マニュアル（案）」（平成17（2005）年4月 国土交通省河川局）を用いて実施されている。治水施設の整備による便益は、水害によって生じる人命被害の軽減、直接的又は間接的な資産被害を軽減することによって生じる可処分所得の増加、水害が減少することによる土地の生産性向上に伴う便益、治水安全度の向上に伴う精神的な安心感などがある。しかし、治水施設は道路などの利便性を向上させる他の社会資本と異なり、社会経済活動を支える安全基盤として重要なものであるが、治水施設整備による便益は経済的に計測困難なものが多い。

　現在計上している便益は、治水事業の様々な効果のうち貨幣換算が可能な項目を被害軽減額として算出したものであり、家屋や家庭用品等の一般資産被害や公共土木施設等の被害等、治水事業の効果の一部の計上に留まっている。

　この被害軽減額の算定に当たっては、治水経済調査マニュアル（案）ではいくつかの想定を用いている。

　1つ目は、氾濫区域内の資産の設定である。将来の資産の想定は重要な要素で

あるが、それを具体的かつ合理的に設定することは現時点での知見では困難であるため、基本的には現状の資産の状況は将来も変わらないと想定している。

2つ目は、水害から通常の社会経済活動に戻るまでの時間である。水害から通常の社会経済活動に戻るために要する時間に関するデータは存在しないため、直接的な資産被害額については瞬時に回復し、事業所の営業停止被害等の間接的被害についても物理的に最低限必要な日数で通常の社会経済活動が行えるようになると想定している。

3つ目は、破堤地点などの想定である。堤防は歴史的治水対策の産物であり、堤体内の構成材料を特定することは困難であるため、破堤地点を想定している。

4つ目は、水害の原因となる洪水の規模である。洪水は自然現象であるため、既往最大の洪水に対する経済的な分析を行うだけでは不十分であり、他の河川との比較や目標整備水準の妥当性に対する経済的な評価を行うためには、対象とする洪水の規模をその生起確率から設定している。

5つ目は、資産等の基礎数量や被害率等である。水害によって被害を受ける地域の資産等の状況や被害の態様は様々であるが、被害額の算定に当たっては全国平均や都道府県別の基礎数量や被害率の数値を用いて算定している。

被害防止便益は、このような想定の下に算定される仮想の便益である。

3）水害の被害指標分析の現状

近年は大規模な水害が相次いで発生している。平成16（2004）年の豊岡水害、平成27（2015）年の関東・東北豪雨災害等で甚大な被害が発生している。また、海外においても2005年の米国ハリケーン・カトリーナ水害、2011年のタイ・チャオプラヤ川水害等の大規模な水害が近年相次いで発生している。これらの水害においては1000名を超える死者・行方不明者や、100万人を超える避難者、電力等のライフラインの長期間にわたる供給停止被害等が発生したこともあった。

今後の治水事業をより効果的・効率的に進めるためには、貨幣換算が可能な項目だけを評価の対象とするのではなく、貨幣換算の困難さ、便益の重複計上といった課題のゆえに、現時点で便益への計上を行っていない評価項目についても定量的に推計し、総合的に評価を行うことが求められている。国土交通省水管理・国土保全局は平成25（2013）年に、重要と考えられる評価項目のうち、定量化が可能な項目（人的被害、社会機能低下被害、波及被害等の一部の評価項目）

について推計手法をまとめた「水害の被害指標分析の手引き（H25 試行版）」を作成した。この手引きを活用することで、流域のリスクを分かりやすく表現できることから、各河川の流域特性、氾濫形態等に応じたリスクの評価が可能となる。リスク評価結果を活用することで、警戒避難体制の整備、水害発生時の応急対策活動計画の策定、住まい方の誘導、防災教育・防災訓練等、リスクに応じた危機管理対策の検討を行うことが可能となる。しかし、営業停止被害、応急対策費用等の稼働被害、リスクプレミアム、経済波及被害等の被害については、定量的な評価ができていないため、引き続き検討していくことが必要である。

（2）治水経済調査の精度向上に向けた取り組み

　大規模水害等による被害を防止・軽減するためには、発生する被害の予測精度をあげることが重要である。そのために必要なことの1つ目はデータの蓄積である。被害軽減額の算出に用いるパラメータの一部は過去の水害被害実態調査や水害に関するアンケート調査等から設定しているが、蓄積されているデータ数は少ない。そのため、国土技術政策総合研究所等において、大規模な水害が発生した際に被害実態調査を実施している。平成 23（2011）年の東北地方太平洋沖地震による津波被害、平成 25（2013）年台風 18 号による鴨川の出水による浸水被害など、甚大な水害が発生した際には、現地に赴き家屋被害、家庭用品被害、事業所被害、農漁家被害等について現地調査・ヒアリングを実施している。また記憶に新しい平成 27（2015）年関東・東北豪雨においても、人的被害、家屋被害、ライフライン等の被害の他、浸水痕跡調査等を実施している。今後も引き続きこれらのデータを蓄積していき、より精度の高いリスク情報を提供することが必要である。

　2つ目は評価項目の追加である。過去の大規模な水害においては、浸水に伴い甚大な波及被害が生じている。2005 年のハリケーン・カトリーナによる災害では、15 基の火力発電所のうち 5 基が、また変電所 263 箇所が浸水被害を受け、最大 300 万世帯が停電した。電力と通信の途絶により、現金引き出しや、キャッシュカード等の取扱いができなかったため、水、食料、ガソリン等が買えない状況となった。また、停電に伴い水道も機能しなくなり、トイレの水も流れなくなった。2011 年のタイの洪水では、チャオプラヤ川の氾濫により、2ヶ月以上にわたり浸水が継続し、7 工業団地で浸水被害が発生して世界中のサプライチェーンに大きな影響が及んだ。例えば TOYOTA では、部品調達難により国内外の工場で

生産調整を余儀なくされ、部品不足の影響は、米国、カナダ、インドネシア、フィリピン、ベトナム、パキスタン、マレーシア、南アフリカの各工場に広がった。

　このようにライフラインの波及被害、サプライチェーンの寸断等による影響は大きく、その被害想定を示すことで社会全体の自主的な浸水対策の促進が期待される。しかし、被害波及の全体像の把握には、多大な労力を要するのに加え、計算に当たりバックアップ・システムを考慮した複数の条件設定が必要になる。また、企業の情報秘匿性により詳細な状況把握が困難である。そのため、企業等が水害対策について自主的に取り組む環境づくりを進め、水害対策に必要となる情報を社会で共有することが必要と考える。

> **コラム 3.8　微地形による浸水深への影響と実洪水検証事例**
>
> **（1）微地形による氾濫現象への影響と氾濫解析モデルの構築**
> 　有明海湾奥部に広がる佐賀平野（約700km²）は、我が国有数の穀倉地帯であり、筑後川や嘉瀬川、六角川などの河川からの土砂供給に加え、古くからの干拓により形成されてきた広大な低平地である（図A）。佐賀平野は、干満差の大きい有明海と脊振山地に囲まれた低平地であるため、洪水や高潮による外水氾濫や、豪雨による内水氾濫などの水害を受けやすい。
>
>
>
> 図A　佐賀平野の鳥瞰図（東から西を望む）
>
> 　当該地区における水害の特徴として、氾濫域が広大な低平地であることから、道路などの線状微高地のわずかな高さの違いにより、氾濫流の挙動が決定される。このことが氾濫域や浸水状況に影響を与えることに加え、クリークと称される水路網が発達しているため、この水路網を伝播し、離散的に浸水が発生するといった複雑な浸水状況を呈することが挙げられる。さらに、これらの水路網には堰や水門などの水利施設が数多く存在するため、水利施設の操作状況が

氾濫現象にも影響しうる。

このため、佐賀平野内外水氾濫モデルでは、佐賀平野における道路や水路網などの微地形による浸水状況への影響に着目し、地形モデルとして道路盛土をモデル化し、水路網による氾濫流の伝播を表現する水路モデル、水利施設等の施設操作を反映できる施設モデルを組み込んだ氾濫解析モデルを構築した（図B）。

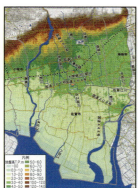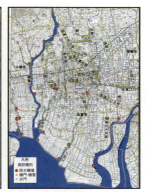

図B 解析モデルの部分拡大図（左から地形モデル、水路モデル、施設モデル）

（2）実洪水（内水氾濫）による検証

佐賀平野内外水氾濫モデルは、河川、下水道、農業や道路事業などの進捗を反映している。平成24（2012）年7月に発生した九州北部豪雨では、佐賀平野でも大規模な内水氾濫が発生した。本モデルを適用して実洪水（内水氾濫）の検証を実施した佐賀市の事例では、国、県の水位観測地点だけでなく、佐賀市で観測している市内水路の簡易水位計データを基に小水路の水位挙動の検証を実施し、モデルの妥当性を確認した（図C）。さらに、本モデルによる解析結果としての時系列浸水深図（図D）を基に、佐賀市低平地の全区長にヒアリング調査を実施した。その結果、その再現性を改めて確認することができた。

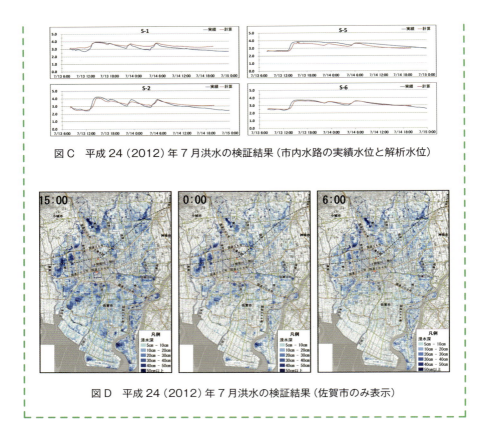

図C　平成24（2012）年7月洪水の検証結果（市内水路の実績水位と解析水位）

図D　平成24（2012）年7月洪水の検証結果（佐賀市のみ表示）

3.4　人命喪失の回避

3.4.1　避難・救助計画

　災害時の避難・救助は人命を守る上で最も重要である。そのために何を考え、何を準備するのか。これらは経験者に学ぶことが基本である。

　本項は、平成16（2004）年に円山川の破堤氾濫に遭遇した中貝豊岡市長ご自身の経験に基づく教訓とノウハウである。市区町村のトップや職員はもちろんのこと、広範な立場の防災関係者にとって大いに参考になるものと思われる。（編集者追記）

（1）市区町村のトップと職員が心得ておくべきこと
1）人は逃げない
　災害時の避難のあり方を考える際に何よりもまず頭に入れておくべきことは、「人は逃げない」ということである。

　人間の心には、自分に迫りくる危険を「自分は大丈夫」「まだ大丈夫」などと過小に評価して心の平穏を保とうとする強い働きがある。「正常化の偏見」または「正常性バイアス」と呼ばれるこの心の働きによって、世界中の災害で人は逃げ遅れていることが指摘されている（広瀬（2004））[1]。

　防災担当者はそのことを肝に銘じ、ではどうすればうまく人を逃がすことができるのかを考えなければならない。

2）最後は個々人の判断
　個々人の置かれている状況は、千差万別である。行政は、個々人に応じた情報提供や避難勧告を行うことは不可能である。個々人に応じた状況判断は、個々人がするほかはない。

　避難勧告も避難指示も、違反しても罰則があるわけではない。その意味では、実質は「逃げることを勧める」というに過ぎない。逃げるか逃げないか、いつどのように逃げるかは、そもそも個々人の判断、個々人の責任に属している。行政は、それらのことを日頃から勇気をもって率直に住民に伝え、「自分の命は自分自身の判断で守る」覚悟を持つよう求めなければならない。

　もちろん、行政は、住民の判断に役立つよう、災害情報を的確に収集・分析し、適切なタイミングと適切な表現で伝えなければならない。また、そのレベルを絶えず上げる努力を怠ってはならない。同時に、住民自身が災害対応能力を高めることができるよう、支援を行う必要がある。

3）追い込まれてからでは遅い
　最も重要なことは、いざというときどうすべきかを平時から思考訓練し、実践訓練を積むことである。目の前に危険が現実化すると、人はうろたえ、判断に迷

---

[1] 平成16（2004）年台風23号で、旧豊岡市は約4万3000人に対して避難勧告を発令したが、市が設置した避難所への避難者は約3800人に過ぎなかった。

い、ときとして判断を先送りしたがる。いざというとき、人は平時訓練していないことは、できない。追い込まれてからでは遅い。

　これらは、私たち自身の苦い教訓でもある。

(2) 平成16(2004)年台風23号災害

　平成16(2004)年10月20日夕刻、降り続く激しい雨で、豊岡市内中央部を流れる円山川が急激に増水。午後6時5分、避難勧告を発令。午後7時13分、避難指示へと切り替え。午後7時半前、担当課長が「市長、排水機を止めてもいいか」と判断を求めてきた。これ以上内水を円山川本流にかい出すと、本流の水位がさらに上昇して堤防が決壊する可能性がある。国土交通省が排水機の管理者である市に停止を求めてきたのである。堤防の決壊は、死者が出る可能性を意味する。財産よりも人命が最優先である。私は排水機の停止を指示し、まちは内水によって水浸しになった。

　それでも雨は降りやまない。ついに午後11時過ぎ、円山川の堤防が決壊。暗闇の中を濁流が市民を襲った。市民の悲鳴が聞こえるような気がした。

　合併後の豊岡市全体で、死者7名、全壊・大規模半壊・半壊・床上浸水約5500世帯[2]。その数字の背後に、市民の途方もない苦しみが横たわっていた。

(3) 避難に関する課題と対応
1) 水害サミット

　毎年のようにどこかで大災害が発生している。しかし多くの場合、個々の都道府県ではたまに、個々の市区町村ではまれにしか大災害は発生しない。職員や住民にとっては、初めての経験か久しぶりの経験である。任期が限られている市区町村長に至っては、ほとんどの場合、職務上初めての経験である。そして、毎年のように、失敗と批判が繰り返されている。

　その繰り返しを断ち切りたいという願いから、平成16(2004)年に大水害を経験した新潟県三条市、新潟県見附市、福井県福井市、兵庫県豊岡市の4市の首長が発起人となって、平成17(2005)年、第1回水害サミットが開催された。大水害を経験した市区町村のトップが一堂に会し、経験から得られた教訓を共有し、

2　合併後の豊岡市全体の数字。被災は合併前。

その後の取り組みについて情報交換してレベルアップを図るとともに、その情報を発信することを目的としている。以来、国土交通省幹部同席のもと、毎年開催されている。

2）ノウハウ集の出版

　平成19（2007）年、水害サミット実行委員会が主体となって、被災自治体へのアンケートをもとに、水害対策のノウハウを時系列でまとめたノウハウ集『水害現場でできたこと、できなかったこと　被災地からおくる防災・減災・復旧ノウハウ』が出版された。この本は、平成26（2014）年に『新改訂　防災・減災・復旧　被災地からおくるノウハウ集』に改訂され、最新の取り組みも紹介されている。

　この中に、災害時の避難に関する事柄も、細々したノウハウとともにまとめられている。以下に、その要点と豊岡市の工夫を記載する（詳しくは、同書参照のこと）。

3）避難（救助）に関する課題と対応

① 気象情報等の収集

　　国土交通省や都道府県のホームページを通じて、ダム情報、河川水位情報、雨量情報等を入手し、備えること。気象台とのホットラインを活用し、今後の気象状況を確認すること。普段から連携を密にしておくこと。民間の気象会社と契約を結び、ピンポイントの情報を取得することも有効である。

　　上流側の現況と予測についても、必ず把握しておくこと。

② 防災・災害情報の収集

　　国、都道府県、気象台、民間気象会社（委託契約等）の予測情報のほか、警察・消防、消防団等からの局地的な情報も避難に関する判断に有効である。

　　被災（可能性）現場からの情報は、言葉だけでは緊迫感が伝わりにくいので、スマートフォン等による映像・画像情報が有効である。

③ 気象情報等の住民への伝達

　　いきなり避難勧告を出しても人は逃げない。水位や雨量情報、消防団を緊急配備したこと等、危険と災害対策本部の緊張が急速に高まりつつあることが伝わるように、住民に対し刻々と変化する状況を随時伝えること。

避難勧告が出ていなくても、「危険を感じたら逃げてください」と自主避難を促すことも大切である。夜間暴風雨の中での避難所への移動は危険を伴うので、明るいうちの自主避難を促すこと。
④　避難勧告等の意思決定

　　　何よりもまず、命を守ることを最優先し、避難勧告等避難情報の発令を躊躇してはならない。空振りを恐れてはならない。

　　　避難勧告等の意思決定の負担を和らげるため、あらかじめ河川の水位等とリンクさせた明確な判断基準を定めておくこと。また、たとえ空振りになるとしても、人命優先で基準に従って発令する旨、平時および危険が迫る前に住民に繰り返し伝え、理解を求めておくこと。あらかじめ伝えておくことで、対応がしやすくなる。

　　　避難準備情報、避難勧告、避難指示の意味を平時および危険が迫る前に繰り返し住民に知らせておくこと。

　　　人命最優先で、たとえ地域が水浸しになるとしても排水機を停止させることがある旨、平時から住民に伝え、理解を求めておくこと。
⑤　特別監視地区の設定

　　　他地区よりも早く冠水が始まることが知られている地区については、「特別監視地区」として一般的な避難勧告等判断基準とは別に判断基準を設けるとよい。地区民がよく知っている場所を判断基準地とし、「1時間後に〇〇交差点まで水位が上昇し、その後さらに上昇する恐れがあるので、速やかに避難をしてください」などと伝達すると、危機をイメージしやすい。
⑥　避難勧告等避難情報の伝達

　　　緊急放送時には、サイレンをまず鳴らし、その後に「緊急放送、緊急放送」と付け加え、重要な事項であることを予告すること。放送は、緊迫感を持った声で行うこと。サイレンだけでも危険情報として伝わる。

　　　一刻を争う事態がしばしばある。事前に予定原稿を用意しておくこと。
⑦　水平避難と垂直避難

　　　避難とは、今の場所より安全な場所に行くことであり、避難所に逃げる水平避難と、自宅等の2階以上で山から最も離れた場所に逃げる垂直避難がある。垂直避難の考えは、夜間暴風雨の中の水平避難中に多くの人命が

失われた兵庫県佐用町の災害を機に導入された。水平避難と垂直避難があること、どちらを選ぶかは住民自身で判断すべきことを日頃から住民に伝えておくこと。

　土砂災害で亡くなった方の9割は、1階で被災している（環境防災総合政策研究機構（2012））。垂直避難でも、助かる確率は上がる。

⑧　避難所の設置

　避難勧告等の避難情報を発令する前に、避難所を開設し、開設した旨住民に伝えること。

　暗くなってからの水平避難は危険を伴うため、明るいうちに自主避難所を開設し、自主避難を促すことも有効である。

⑨　平時の対応が最も大切

　最も大切なことは平時にある。危機に際し、避難行動は住民自身で判断すべきこと、行政はその判断のための情報を提供できるだけであることを率直に伝えておくこと。住民の災害対応能力を高めるため、いざというときのワンポイントアドバイスなどを様々な機会に伝えること。

4）救助に関して

　危機が切迫する中の救助は、消防、警察、自衛隊などの専門家にゆだねるほかはない。ある程度自然の脅威が落ち着き、安全を確保できるときは、消防団、市区町村職員による救助も視野に入れてよい。

　冠水に備えた救助用ボートの配備は有意義。分散して配備すること。

5）避難勧告は誰が責任を負うべきか

　毎年のように避難に関して繰り返される市区町村の失敗に、いっそのこと避難勧告などは国か都道府県に任せたらどうかという意見が出てくる。

　しかし、危機の状況は同じ市区町村の中でも千差万別で、しかも刻一刻と変化する。したがって、災害対応は、現場かそれに近いところで行うのが鉄則である。国や都道府県職員は、多くの場合現場にいない。現場に必ずいるのは、市区町村長とその職員たちである。何よりも、そのまちを最も愛しているのは、国や都道府県職員よりも、当該市区町村のトップと職員たちである。

　市区町村のトップと職員は、覚悟を決めて、自らの腕を磨くほかはない。国や

第3章
適応策の基本と社会実装を支える技術

都道府県は、その意思決定が適切に行われるよう、適切な情報提供やアドバイスを行う仕組みを作るべきである。

> **コラム 3.9　2度の水害と三条市の防災対策**
>
> **（1）平成16（2004）年7月新潟・福島豪雨の発生**
>
> 　古くから「金物のまち」として知られる三条市は、人口約10万1千人で、新潟県の中央に位置し、市内を五十嵐川が横断する形で流れ、日本一の大河・信濃川に合流している。
>
> 　平成16（2004）年7月13日、新潟県中越地区を中心に大規模な集中豪雨が襲った。三条市では、総降水量491mmの記録的な豪雨となり、五十嵐川のほか6河川11か所が破堤し、市街地の浸水やがけ崩れが多発、死者9名、被害世帯7511世帯と甚大な被害となった（図A）。このとき、市の災害対策本部は経験のない大災害で混乱し、避難情報の伝達体制の不備により市民に避難情報を迅速に伝えることができなかったことなど、様々な課題が浮き彫りとなった。
>
>
>
> 図A
>
> **（2）水害後の防災対策**
>
> 　市は、この災害を教訓に国・県が実施した河川改修と併せてソフト対策を行ってきた。市内180か所の屋外スピーカーおよび自治会長、民生委員宅に戸別受信機を設置し、地元のコミュニティFM局への緊急割込み放送の機能を備えた「同報系防災行政無線システム」を構築した。併せて、避難情報のメール配信、緊急速報メールの活用、テレビ局の文字情報の発信など、情報伝達手段の複線

化を図った。

　水害対応体制については、市の組織体制、対応業務を明確化するとともに、避難情報の発令基準を定めた水害対応マニュアルを作成した。市職員用のマニュアルのほか、自助、共助における災害時の基本的役割を示した市民編や自治会編等も併せて作成した（図B）。

　災害時要援護者対策では、支援活動の基となる名簿を作成し、自治会、自主防災組織、民生委員、消防団および介護保険サービス事業所の共助を主体とした支援体制を構築した。名簿の作成に当たっては、当初、本人の同意による名簿登載であったが、生命を守ることを最優先とする考えから、不同意の意思表示があった者以外は全て登載する「逆手上げ方式」に変更した。

　避難のあり方では、これまでの避難所へ避難する水平避難一律の考えから、自宅の2階以上へ避難する垂直避難を取り入れた『三条市豪雨災害対応ガイドブック』（図C）を作成し、市民に周知を図った。

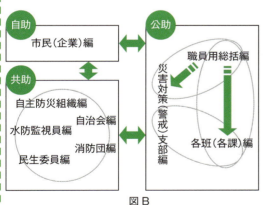
図B
水害対応マニュアルの全体構成イメージ

図C
『三条市豪雨災害対応ガイドブック』

（3）再び発生した災害による対策の検証

　平成23（2011）年、三条市は再び豪雨災害に見舞われ、累計降雨量が959mmと前回の約2倍となった。山間部では河川、道路等で甚大な被害となったが、市全体では、被害面積も被災者の数も最小限に抑えられた。

　群馬大学が、平成16（2004）年および平成23（2011）年の水害後、市民アン

> ケートを実施している。避難情報を得た人の割合では、平成16（2004）年時が21.9％に対し、平成23（2011）年時には93.3％となった。避難行動では、多くの人が自宅に留まり、その理由の72.9％が、自宅が安全だと判断しており、この垂直避難の行動を記した『三条市豪雨災害対応ガイドブック』に、81.8％の方が目を通し、そのうちの65.1％の方々がすぐに分かる場所に保管してあるとの回答となった。このアンケート結果からも、平成16（2004）年の水害後に実施したハード、ソフト両面の対策が功を奏したと考えている。

3.4.2 仮設住宅等

自然災害によって大規模な被害が発生した場合には仮設住宅等の整備や運営が重要となる。その課題や問題点は地域によって、また時代によって、さらには制度的な背景によって異なるかもしれないが、具体事例から学ぶことは多い。

以下は、平成7（1995）年の阪神・淡路大震災時の対応を経験した神戸市の記録である。この時の対応は仮設住宅等の整備や運営に関するいわば原点とも言える。コラム3.10で紹介する東日本大震災後の岩沼市の対応を見ても、この時の教訓が活かされていることが理解される。（編集者追記）

平成7（1995）年1月17日早朝、震度7の大都市直下型地震が兵庫県南部地域を襲った。神戸市では死者4500人超、建物の倒壊・焼失は13万棟にも及び、最大23万人もの市民が避難所へ避難した。そこから約600か所の避難所で避難生活が始まり、同時に仮の住まいである応急仮設住宅の供給準備も開始された。

（1）建設

応急仮設住宅の建設は、災害救助法により兵庫県が行うことになっていたが、単独での事務実施が困難であったため、市が用地の選定・確保、配置計画および入居・管理事務を行い、発注・建設は県が行うという役割分担となった。

大量かつ早期に建設するため、用地選定に当たっては上下水道その他の基盤が整っていることやある程度の規模（1000m^{2}以上）が必要であった。さらに管理が長期化することが予想されたため、基本的には市街地等の公有地で対応する方針となった。庁舎も被災し資料もない中で適切な用地を探すのは困難を極め、用地

3.4 人命喪失の回避

図 3.4.1　六甲アイランドの仮設住宅（神戸市東灘区）

不足は深刻であった。また、避難者からもできるだけ従前居住地の近くを望む声が高まり、市街地で小規模の公園・事業用地等も対象に加えながら何とか用地確保を進め、最終的に約半数は被害が大きかった東灘区から垂水区に建設することができた。

　設計・工事期間の短縮と効率化を図るため、当初 6 畳・4 畳・バストイレ・キッチンの「2K タイプ」（約 26m²）のプレハブ住宅に限定して建設されることになったが、追加建設では用地不足や多様なニーズに対応するため、一般向け 2 階建て「寮タイプ」や小規模の「1K タイプ」（約 20m²）も新たに認められた。また、避難所での生活が特に困難な高齢者・障害者といった要援護者対策が必要となったことから、厚生省に要望し、トイレ・キッチン・洗面所共用の 2 階建ての「高齢者・障害者向け地域型仮設住宅」が認められ、1500 室を整備した。バリアフリー等の仕様とともに、生活援助員（概ね 50 室に 1 人）による各種相談・安否確認・緊急時対応、ホームヘルプ・入浴サービス等の在宅福祉サービス等を導入した。こうして、同年 8 月には神戸市分として市内 2 万 9178 戸、市外 3168 戸、合計 313 団地・3 万 2346 戸の住宅を確保することができた。

(2) 入居決定

　入居者募集については、県との協議により、募集戸数の 8 割を応募者全体で抽選し、残り 2 割を落選者のうち高齢者・障害者・母子家庭のみで行うことで決定していた。しかし、寒い避難所に多数の高齢者等がおられることから、人道的に要援護者を優先すべきであると厚生省・建設省から強い指示があったため、全面的に優先順位による「弱者優先方式」に変更せざるを得なくなった。申込は 6 万

件近くにのぼり、高齢者ばかりが入居する結果に若年層からの不満を多数残すこととなり、また、高齢者など弱者ばかりの団地ができるなど入居者に偏りが出て、その後の地域コミュニティづくりに課題を残した。

(3) 管理

　住宅地以外の用地からの転用であったり、多数のメーカーが手掛けたために仮設住宅そのものに質的差異などがあったことから、入居者からは設備や住環境の改善についての対応を強く要望された。仮設住宅の管理については、災害救助法に直接の規定がないため、県・市いずれが責任を持って対応していくのかが議論になったが、次々に入居が進む仮設住宅を管理する必要があったため、市住宅供給公社に仮設住宅の管理部門を新設し、管理業務を委託した。

　具体的な改善内容としては、玄関側のひさしの設置や外灯の設置、ぬかるみ対策としての通路の砂利敷きを順次進めたほか、床下や通路の水溜り防止のための排水管・溝の設置、通路の簡易舗装等の工事を行った。また、仮設住宅の構造から冷暖房設備の設置が必要と判断し、国と協議した結果、国は要援護者（65歳以上の高齢者、障害者手帳1級から4級等）のうち希望する世帯のみの設置を認めた。しかし、神戸市では全世帯に必要と判断、阪神・淡路大震災復興基金を活用して全戸にエアコンを設置した。さらに安全対策としては、全仮設住宅団地に消火器を2戸に1個の割合で設置するとともに、軽量で風に弱いことから、必要な住宅にトラロープ張りができるようにした。翌年には木製の基礎杭の腐食が判明したため、腐食が著しい基礎杭には補強を行った。

(4) 入居者支援

　仮設住宅入居者は市内各地の被災地から集まり、しかも入居期間の長期化が予想されたため、コミュニティづくりの活動拠点が必要であったが、当時は災害救助法上の仮設住宅に集会所は予定されていなかった。そこで、復興基金を活用して、概ね50戸以上の仮設住宅に仮設のプレハブ平屋建の集会所である「ふれあいセンター」を整備し、入居者やボランティア団体等で構成する運営協議会によって自主的に管理・運営を行う事業を平成7（1995）年7月に創設した。

　センターは、食事会やお茶会など住民の交流の場として、閉じこもりの防止やコミュニティづくりに成果を上げるとともに、ボランティアや地域住民も加わる

3.4 人命喪失の回避

図 3.4.2　仮設住宅における保健所の午後の集い（神戸市垂水区）

ふれあいの場として利用され、入居者の自立への足掛かりとして役立った。一方で補助金をめぐる住民間のトラブルが多発したことや、センター運営に関する運営協議会への支援が不十分であったことなどが課題として残った。

　また、民生委員・児童委員をはじめ、ボランティア・婦人会・自治会等が仮設住宅での安否確認や友愛訪問活動などを行うとともに、仮設住宅入居者の中から「ふれあい推進員」を委嘱し、入居者相互の見守り活動の推進役や外部支援者とのパイプ役として活躍してもらった。さらに、入居者の健康を守るため、保健所による健康調査・健康相談等の実施や巡回健康体操・健康づくりイベントなどを実施した。

　平成8（1996）年2月の仮設住宅入居者調査で、高齢者世帯や医療機関利用世帯が半数近いことなどが判明したことから、県は恒久住宅への移転支援を視野に入れた新たな支援員制度について国と協議、8月に「生活支援アドバイザー」を創設した。ふれあいセンターを拠点に日々の訪問相談活動を行いながら、入居者と信頼関係を築き、ニーズを吸い上げることにより、要援護者のケア、住宅の適正管理など、入居者の自立と恒久住宅確保への大きな力となった。

　また、この震災をきっかけに仮設住宅等での「孤独死」の問題もクローズアップされるようになった。このため、行政やボランティア、地域コミュニティが手を携えて手厚い見守り体制をとってきたが、プライバシーの問題もあり完全な対応は困難であった。しかし、その教訓は超高齢化が進む復興住宅等での高齢者見守りの取り組みに生かされている。

第3章
適応策の基本と社会実装を支える技術

コラム 3.10 仮設住宅と防災集団移転に関する事例

　東日本大震災による被災から早期に復興の歩みを進める宮城県岩沼市の事例は注目に値する。以下は、仮設住宅と集団移転に関する岩沼市総務部復興創生課の記録である。（編集者追記）

（1）岩沼市の概要と被害状況

　岩沼市は宮城県南部、仙台市の南約17kmに位置し、東は太平洋、南は阿武隈川と接して、山、川、平野、海といった豊かな四季を生む自然と、過ごしやすく穏やかな気候に恵まれた人口約4万4000人の市である。古くから鵜ケ崎城の城下町、奥州街道の宿場町、竹駒神社の門前町として栄え、近年は、パルプ・ゴム・鉄工などを主体とした工業都市として、また仙台市のベッドタウンとして発展してきた。

　平成23（2011）年3月11日の東日本大震災では、震度6弱の大きな揺れと大津波により、死者181名、住居被害は全壊736戸を含む5428戸という過去に例を見ない極めて甚大な被害が生じた。また、避難所には、最大約6700人が避難し、民間借上を含む700戸以上の仮設住宅が必要となった。

（2）避難所から仮設住宅へ

　そのような状況の中、岩沼市においては、阪神・淡路大震災の教訓からコミュニティの大切さを認識し、それを維持できるよう、集落の代表の方々の協力の下、避難所への避難時から集落ごとの入所とした。また、集落の代表者と市による話合いを毎日行い、困っていることや必要なことを取りまとめた意見を出していただくとともに、市の情報を提供し、代表者から集落の方々に伝えていただいた。この話合いの中で、仮設住宅への入居についても集落ごととすることとなった。通常、仮設住宅への入居は高齢者等を優先するものであるが、初めは良くても、その後の生活や住宅の再建などを考えるとき、やはり顔見知りが近くにいることの安心感とこれまでと変わらない相互の協力関係が大事であり、その後の集団移転に大きく影響したのではないかと考えている。

（3）集団移転

　集団移転については、平成23（2011）年の夏までに特に被害の大きかった沿

岸部の6つの集落から要望が上がった。当時はまだ、復興特別区域法はなく、国の防災集団移転促進事業の詳細も分からず、手探りの状態ではあったが、6地区の代表者等と市との懇談会を通じ、集団移転事業を行うことや移転先を東部地区中心部の既存宅地に隣接する農地（玉浦西）とすることなどを話合いにより決定した（図A）。その後、国の制度が明確にされ、被災地ではいち早く事業の認可を受け、平成24（2012）年8月に造成工事着工、平成25（2013）年12月第1期宅地引渡し、個人住宅建設開始、平成26（2014）年4月災害公営住宅着工、平成27（2015）年7月まち開きと着々と進行していく。

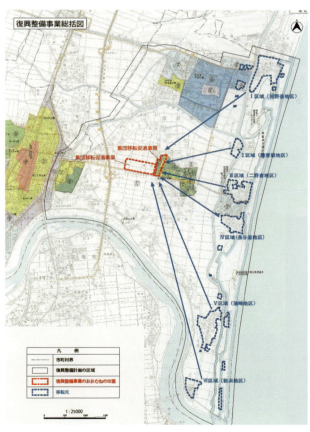

図A　復興整備事業総括図

(4) 玉浦西地区のまちづくり

平成24 (2012) 年8月の造成工事着工と並行して玉浦西地区のまちづくりを検討するため、移転する各地区から町内会長、女性代表、40歳以下の若者代表を選出していただき、これに隣接する地区の住民や学識経験者を加えた玉浦西地区まちづくり検討委員会を立ち上げた。まちづくりの基本方針や公共施設等の配置方針に加え、6つの集落の配置や個人住宅の区画まで、抽選ではなく、全て話合いにより決定した。

また、平成26 (2014) 年1月には、検討委員会を引き継ぐ形で、移転する住民による玉浦西まちづくり住民協議会が発足し、新しいまちを愛着の持てる住みよいまちとするため、植樹や公園の芝生化など独自の活動を継続して行っている。

災害公営住宅を含む集団移転がスピード感を持って円滑に進むことができたのは、地域に強い結びつきがあったことが大きな要因であり、このコミュニティを維持していくことが、今後の復興まちづくりにとって非常に重要なポイントである。

3.4.3 健康と暮らし(生活)を守る医療・保健

(1) 保健・医療に関する諸課題

人間が生活している社会を襲う大規模災害は、多くの人々の生命・健康・暮らしを脅かすものである。その影響は災害直後だけではなく、中・長期的な被害をもたらす。伝統的には災害が発生するとその国の様々な医療チームや消防団が救命救護に駆け付け、人命救助と傷病者への手当てがされていたが、多くは発災直後の救護に限定していて、人々の健康や暮らしへの影響と対策については体制が整っていなかった。例えば、平成6 (1994) 年に横浜で策定された "Yokohama Strategy and Plan of Action for a Safe World" には "human suffering" への関心は示されているものの、「健康や暮らし・生活」については全く言及されておらず、先進国での対応は想定されていない。しかし、翌年の平成7 (1995) 年1月17日に阪神・淡路大震災が日本に発災し、これを契機に被災地の人々の生命・健康や暮らしに目が向けられるようになり、平成17 (2005) 年に採択された「兵庫行動枠組」では「健康」の課題と対策が組込まれている。さらに平成23 (2011) 年に発災した東日本大震災の経験を経て、第3回国連防災会議から発表された「仙台防災枠組」

（平成 27（2015）年）には「健康と暮らし」に注目が当てられている。大規模災害が及ぼす「人命・健康・暮らし」への影響の体系的な研究や対策の歴史はここ 20 年ばかりのことであり、多くの課題を残しながら新たな脅威に曝されている。

(2) 災害が健康や生活へもたらす影響

災害による健康・生活面の課題は多様であり、災害の種類、規模、場所、時期だけでなく、社会・健康・経済状況や地域人口特性、緊急支援体制とその対応などによって異なり、間接被害も多い。一方で類似している部分を認識することで、効果的な初動対応や備えに結びつけることができる。表 3.4.1 は世界保健機関汎アメリカ事務局（WHO/PAHO）が、これまでに発生した災害の種類によって見られた一般的な健康課題の様相を分類したものである。

表 3.4.1　主な災害の短期的な影響

	地震	強風	高潮/突発性洪水	遅発性洪水	地すべり	火山噴火/土石流
死亡*	多い	少ない	多い	少ない	多い	多い
搬送治療が必要な重度の外傷	多い	中度	少ない	少ない	少ない	少ない
感染症リスクの増加	全ての大災害で潜在的リスクがある（過密人口や衛生状態の悪化で可能性が高くなる）					
保健医療施設の被害	厳しい（建物と設備）	厳しい	厳しいが限局している	厳しい（設備のみ）	厳しいが限局している	厳しい（建物と設備）
給水システムの被害	厳しい	軽い	厳しい	軽い	厳しいが限局している	厳しい
食料不足	まれ（ロジスティックや経済的な問題でおこるかも）	よくある	よくある	まれ	まれ	
住民の大量移動	まれ（都市部が被災するとおこるかも）	よくある（通常は限られている）				

＊予防がなかった場合の潜在的な致死への影響
(WHO/PAHO : Short-term effects of major disasters ; Natural Disasters : Protecting the Public's Health, 2000. を筆者訳)

第3章
適応策の基本と社会実装を支える技術

災害の種類と健康被害の関係は特に発災直後に明確な違いがあり、例えば地震では外傷が多く、津波などでは少ない。避難生活による急激な人口密度の増加や生活環境の悪化は災害そのものによるリスクではないが、発災直後に避けがたいものである。さらには、災害に起因する食糧や避難場所、プライマリヘルスケアのニーズには差があり、救援の受け方によって回復状況は変わってくる。また、長い時間を経て、健康被害の症状が出てくることもある。復興期の人々の健康観は不変なものではなく、例えば、職業、教育、生活の質、ソーシャルサポートなどの要因に反応して変化する。

（3）健康と生活を守る体制

以下に災害時に活動する保健医療福祉に関わる主な組織を挙げる。これらは業務命令による派遣と、職場の仕事を調整して向かうボランティアとでは、活動を開始する時期や期間も大きく違う。また被災地外からの支援は到着に時間を要する。保健行政は被災地または近隣のコミュニティの関係組織と共に、災害発生前の日常の計画段階から各組織の特徴を踏まえた連携を検討するとともに、被災直後の対応の準備、また復旧・復興を想定した準備を行う必要がある。

1）被災者の救命・救護の初期対応

発災直後の救命・救護の公的な体制としては下記の4つが挙げられる。

① DMAT（Disaster Medical Association Team、災害派遣医療チーム）
　　医師、看護師、業務調整員で構成され、大規模災害や多傷病者が発生した事故などの現場で、おおむね48時間から72時間以内でトリアージや応急処置などを行う専門的なチームである。

② 医療救護班
　　DMATと同時期やDMATの活動後に、JMAT（Japan Medical Association Team、日本医師会災害医療チーム）をはじめ、大学病院、日本赤十字社、国立病院機構、日本病院会、全日本病院協会などから派遣される。

③ 災害拠点病院
　　地震等自然災害の発生時に災害医療を行う医療機関を支援する病院のことである。基幹災害医療センターは各都道府県に原則1カ所以上、地域災害医療センターは二次医療圏ごとに原則1カ所以上整備されている。

④ 都道府県災害医療コーディネーター（地域災害医療コーディネーター）
都道府県知事等により委嘱・任命され、災害時に災害医療関係者によるミーティングの開催、多機関との調整などの業務を担う。

2）被災者・避難者の健康・生活支援

① 災害支援ナース
被災者が健康レベルを維持できるように、被災地で適切な医療・看護を提供するとともに被災者の心身の負担を軽減し支える看護職のボランティアのことで、都道府県看護協会に登録されている。

② 自治体保健師
発災直後から中長期間にわたり、地域における避難所および仮設住宅、恒久住宅および在宅の人々の健康・生活支援、二次災害の予防、健康状態の調査等の保健活動や、行政とNPOなどのボランティア、多職種との調整も行う。被災地域外の自治体保健師が派遣されることも多い。

③ DPAT（Disaster Psychiatric Assistance Team、災害派遣精神医療チーム）
被災地域の心のケアニーズの把握や他の保健医療体制との連携等、専門性の高い精神科医療と保健活動を行うために都道府県等によって組織されている。

④ JDA-DAT（Japan Dietetic Association-Disaster Assistance Team、日本栄養士会災害支援チーム）
日本栄養士会が、被災地内の医療・福祉・行政の栄養部門等と協力して、緊急栄養補給物資等の支援ならびに多種多様な状況に対応している。

⑤ DMORT（Disaster Mortuary Operational Response Team、災害死亡者家族支援チーム）
アメリカではDMORTが災害現場や死体安置所に急行し、遺体の識別や修復、遺族への連絡等を行なっており、日本でも「日本DMORT研究会」が活動を始めている。

その他、日本災害看護学会は、災害看護のエキスパートが発災直後に現地の看護ニーズの発掘や現地の看護職と後方の看護職をつなぐ役割を果たしている。他にも様々な団体・学会および個人がボランティアとして被災直後から中長期的な健康・生活支援活動に関わるが、災害・復興状況によって地域格差も生じる。

（4）今後に向けた対応の方向性
1）多様化する災害に対する多様な支援体制の発展
　東日本大震災後の教訓から、第17回日本集団災害医学会総会（平成24（2012）年2月）で、「東日本大震災・大規模津波災害の教訓と提案」という緊急アピールや、厚生労働省「災害医療等のあり方に関する検討会」報告書などが出され、情報集約・共有体制の確立、迅速アセスメントの実施態勢の整備、継続的な被災住民健康支援体制の確立などの必要性が示された。また、公衆衛生的な課題に対応するためDHEAT（Disaster Health Emergency Assistance Team、災害時健康危機管理支援チーム）の構築が進められている。

2）被災地の消防団、保健医療職員等への支援
　当然のように支援を期待される地元の消防団や保健医療職も、他の地域住民と同じく災害に遭い生活を取り戻さなければいけない対象である。心のケアとともに、就労条件を緩和するなどの対策も重要である。

3）災害に強い保健医療福祉の専門家の育成
　大規模災害に備える人材の育成が重要であり、既に学会や職能団体等において自助努力的な研修制度も行われ、資格授与もされている。しかし、これからの大規模災害を想定すると、保健医療福祉分野における専門家全員に対する災害関連の基礎教育およびこの分野の高度な専門家育成が求められている。

（5）国等の防災関係機関への要望等
　平成27（2015）年に発表された「持続可能な開発目標」や「仙台防災枠組」では、それぞれのゴールの達成に向けたターゲットが設定されているが、これまでの様々な分野を一つに集約する理論的基礎の多くは自然科学的なものが中心である。今後は人間の健康と生活が捉えられる方法論と専門家が必要である。また、国境を越えて様々な関係性をより横断的・包括的に捉えるための制度化や財源的支援が期待される。特に、国内外における災害時の保健医療はこれまで緊急対応とその備えが主であった。今後は、気候変動を含め予期されている人口動態や社会構造を見据え、急性期キュアだけで解決する問題と長期的ケアが必要な課題、個に対する課題と地域集団で解決すべき課題などを予測的・包括的にとらえたリ

スク分析や、災害時の瞬時の状況を見極めて資源を最大限に活用した活動など、日本の最先端の防災技術との協働によって、最新の知見を共有し効果的で持続可能な減災戦略が可能となるような取り組みに期待したい。

コラム 3.11 災害看護の現場から

（1）阪神・淡路大震災から託された教訓

阪神・淡路大震災（平成7（1995）年）では、一定の計画に沿った行政サービスやシステムの対応を補うべく様々な組織や個人が多様な支援を行ったことから、「自助・共助・公助」という考え方やボランティア元年と呼ばれるほどの活動が生まれた。筆者は、復興していく神戸のまちで人々の生活再建を見て、支援活動に関わりながら学生生活を過ごした。地域の外国人に対して健康相談のボランティアを経験したが、当時のラジオによる安否情報や支援に関する知らせの日本語が難しくて理解できないだけでなく、日頃の健康管理や文化の違いから出てくる課題も多かった。一つの象徴的な経験である。他にも、高齢者やこども、慢性疾患をもつ方など、従来の計画にはなかった「災害支援」の個別性への配慮が認識された。後に保健医療や災害後支援の見直しにつながり、平成16（2004）年の新潟県中越地震、平成19（2007）年3月の能登半島地震、新潟県中越沖地震などでのさらなる対応から、実践を通じた災害への備えが進められてきた。

（2）東日本大震災：個人のニーズから潜在的な集団のリスクの視点まで

筆者は、卒業後も兵庫で、阪神・淡路大震災の教訓から南裕子氏（高知県立大学学長）や故黒田裕子氏等が「災害看護」という新しい分野を立ち上げている傍で仕事をすることになった。地域では、ボランティアによって仮設住宅の見守りや就労生活支援が行われたり、日本看護協会によって復興住宅での健康相談が「まちの保健室」という事業として継続されていた。また、日本災害看護学会や世界災害看護学会が設立され、学問として実践と研究が蓄積されるようになっていた。そして、平成23（2011）年3月11日の東日本大震災が起こったのである。

東日本大震災は、阪神・淡路大震災より被災地域が広範囲であり、さらなる

多様な支援活動が求められた。筆者は、宮城県災害保健医療支援室（以下支援室）による避難所の公衆衛生活動に加わった。地域では、個人の災害による外傷や慢性疾患の悪化、生活環境の変化による症状の出現など、いわゆる集団の多様な「個別」ニーズには対応がなされていたが、一方で、人々の安全を脅かす潜在的な「集団」のリスクに対するアプローチが必要になっていた。

　支援室は宮城県災害保健医療アドバイザーだった故上原鳴夫氏が設立して集めた人脈だったことから、国際保健・公衆衛生で活動してきた方々の経験が多く生かされた。支援室の活動は給水、排泄、生活空間、食糧（栄養）、衛生管理、保健医療サービスなどBasic Human Needs（人間の基本的な欲求）の概念に近いもので、平時の日本なら当然のように保障されてきた事柄だった。例えば3ヶ月以上が過ぎた梅雨入り前には、人口密度の高い避難所で、これまで使い続けた支援物資も含めたカビ・害虫の衛生対策が不可欠となったため、集団としての避難所のリスクを分析し、解決策を考え、関連団体に連絡して必要な人や物資をできる限り集めた。しかし、支援物資の日用品を用いて対策を行うのに際し、環境が全く違う避難所では防虫剤などの効果と健康被害予測が難しく、チーム内でしばしば議論になった。交換した毛布等の廃棄を行政に頼むと、救援物資を捨てたと批判が来た例もあるといって引き取ってもらえなかったり、短期参加のボランティアでは居住スペースへ立ち入れなかったり、支援の一つ一つに課題があった。

　同じくして、災害発生直後からの紙面を含む膨大な情報、人的不足などの理由から被害状況のデータ収集が遅れ、十分なアセスメントができず、様々な人的・物的支援を十分に分配ができなかった教訓があちこちで聞かれた。しかし、実際には緊急対応に追われて、人々の細やかで流動的なニーズを把握することは不可能だった。保健医療システムの隙間のフレキシブルな予防的アプローチは認識され難く、ニーズ自体が上がらず、見逃したものも多くあったと思う。

（3）俯瞰的長期的視点への転換

　これらの教訓をもとに、避難地点の迅速衛生・生活情報アセスメントと各方面の活動への連携を目指した情報共有ツールの共同開発に取り組んでいる。南海トラフ地震を想定して高知県などで実証実験も行ったが、広範囲をタイムリーに網羅するにはまだ遠く、様々な壁にぶつかっている。しかし、災害時の情

報対策や科学技術は急激に進化し、これまでの課題を打破する可能性を秘めている。減災という一つの枠組みの中の協働によって、産官学民がそれぞれの立場からデータを活用し、リーズナブルで迅速なモニタリングによって効果的な保健医療が提供できるような学際的な取り組みも必要だろう。

　世界防災白書（2002）の冒頭で国連アナン事務総長は「脚光を浴びやすい緊急支援に比べ、予防は、将来にわたって被害が起こらないようにという地味な形でしか結果が現れないため、各国の関心が薄い」と述べているが、10年以上経ってもなお解決していない今後の課題と言える。

3.5　社会経済の持続可能性向上

3.5.1　事業継続計画

（1）事業継続計画（BCP）とは

　事業継続計画（BCP）は、企業や公的組織が災害、大事故等の危機事象による大きな被害にあっても、その重要業務を継続または早期復旧するための計画であり、風水害、土砂災害の備えとしても必要かつ有効である。我が国でも政府が平成17（2005）年に事業継続ガイドラインを策定し普及に着手し、BCPを策定している企業・組織の数は着実に増えてきている。

　事業継続の概念を示したのが、図3.5.1である。企業・組織は、重要業務ごとに操業度の復旧の時間的な許容限界を認識し、それより前に操業度を復旧できるよう、復旧曲線を左向きの矢印のように前方に移動させるよう努力する。また、操業度の最低限の許容限界も認識し、それより操業度が下がらないよう、復旧曲線を上向きの矢印のように上方に移動させる努力も行う。

　BCPにおける具体的な戦略・対策としては、①各企業・組織が、経営存続や社会的責任のため優先して継続・復旧すべき重要業務を選定すること、②取引先や社会から求められる重要業務の「復旧時間」と「操業度レベル」の許容限界を意識し、それを達成する目標（目標復旧時間、目標復旧レベル）を持つこと、③この目標を達成できるよう、重要業務の実施に不可欠な経営資源（ヒト、モノ、カネ、情報その他）が被災しても確保できるよう事前対策を実施すること、④災害等が発

第3章
適応策の基本と社会実装を支える技術

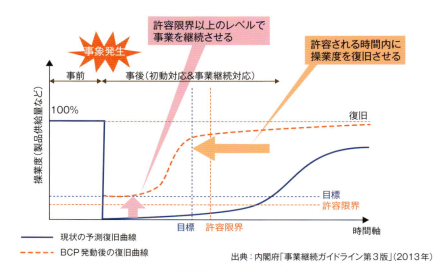

図 3.5.1　事業継続の概念（突発事象）

生した場合に、迅速に行動ができるよう対応体制および対応手順を定めておくことなどが含まれる。さらに、このBCPの維持・管理として、平時から計画的に事前対策を着実に実施し、また、教育訓練や継続的改善も行って事業継続力の劣化を防ぎ、少しずつでも改善していくことが必要である。このような取り組みの全体を事業継続マネジメント（BCM）と呼ぶ。

BCPの普及は、平成28（2016）年公表の内閣府調査によれば、大企業ではかなり進んできた。平成27（2015）年度において、大企業の60.4％が策定済みである。しかし、中堅企業では策定中を含めても半数に満たず、中小企業は全貌の調査自体が困難であるが、策定企業は明らかに少数に留まっている。

なお、BCP文書は、完璧なものが不可欠なわけではない。経営者や幹部が危機事象への備えが必要という意識を持ち続け、従業員も行うべきことを理解しているなら、簡易なものでも効果が大きい。

（2）企業・組織の防災と事業継続のポイント比較

図3.5.2は、企業・組織の防災とBCPのポイントを比較したものである。人員の生命・身体の安全は、企業・組織における防災、事業継続の両方にまず第一に

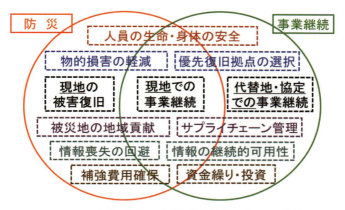

図 3.5.2　企業・組織の防災と事業継続のポイント比較

重要である。物的損害の軽減は防災の視点であり、防災には拠点に優先順位をつける発想はあまりない。一方、事業継続では、継続しなくてはならない拠点を優先させて復旧させるという選択の発想がある。さらに、防災は、被害を受けた現拠点を復旧させることを考えるので、代替地の確保や同業他社との協定による事業継続といった発想は出てこない。

また、企業・組織における防災では地域での助け合いが重要視されるが、事業継続では地域外を含むサプライチェーン管理を重視する。情報喪失の回避は防災でも考慮されるが、継続的可用性は事業継続で着目される。防災対策では現拠点を補強するのに費用をかけるが、事業継続では、自らの事業展開の中に事業継続に有用な投資を位置付けることが推奨される。

このような違いから、事業継続には、社内横断的に経営企画、調達、営業、財務の部門も主体的に参画しなければならないことが分かる。

(3) 有効なBCPのポイント
1) 経営者の被災直後の行動と平常時からの意識

事業継続の対応事例を見ると、企業が早期復旧を達成するには、被災直後から、供給先から取引を切られないよう、あるいは社会的な供給責任を果たすため、迅速に事業を再開するには何をすべきかを考え、必要となった代替拠点の確保や材料の調達を早く実現することが重要である。そこで、BCPを策定する余裕

のない企業でも、経営者が危機に直面する可能性を意識し、事業継続における自社の弱みを把握し、克服方法を考え、従業員と意識を共有しつつチャンスがあればそれを実現する心構えを持つことが重要であろう。

2）複数の段階の被害想定を持つこと

BCP の策定企業でも、現地復旧しか考えず、かつ想定を上回る大被害を受ければ、BCP に記載された対応ではなすすべがない。図 3.5.3 のように、平常時の拠点が使用不能となるような大きな被害を受ける確率は低いが、その発生を考慮して代替戦略を持たないと「想定外」が生じてしまう。

ただし、それほど大きくない被害の方が発生確率はより高いので、それに適した現地復旧戦略も持たず、代替戦略だけというのは効率的でない。つまり、複数段階の被害を想定し、複数の戦略を持って当たるべきである。その際には、災害の種類ではなく、不可欠な経営資源への被害程度で区分する考え方を持つとよい。

3）代替戦略による拠点、人、調達先等の準備の有効性

2）で必要性を述べた代替戦略とは、事業拠点では代替拠点を持つこと、人材の

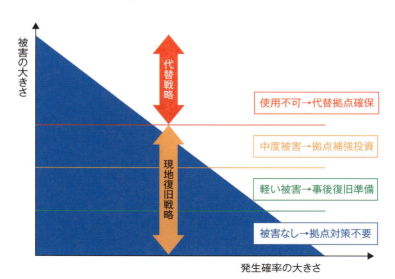

図 3.5.3　被害の大きさに応じた代替戦略と現地復旧戦略

3.5 社会経済の持続可能性向上

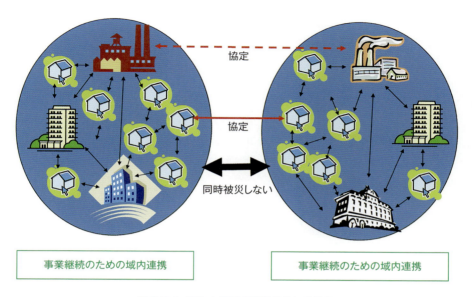

図3.5.4　離れた場所の同業他社との協定

面では代わりを務める人材の確保やクロストレーニングを行うこと、物資面では原料・部品・サービスの代替供給者を確保することなどを含む。そして、代替戦略は、災害の種類にかかわらず有効に機能するという特長がある。

とはいえ、代替拠点の確保は、高額な施設・設備が必要な業種では容易ではない。そこで、①社員や重要関係先と連絡がとれる場所に「代替連絡拠点」を確保する方法、②代替生産拠点の場所だけを決めておき、設備の立上げ方法を計画、仮想訓練を行っておく方法、③同一の災害で同時被災しない遠隔地の同業他社と代替供給で協力する方法（図3.5.4）なども考えるべきであろう。

4）サプライチェーンの途絶対策

自組織には直接の被害は受けないものの、重要事業に不可欠な原料・部品・サービスの供給中断に直面する例も多い。このようなサプライチェーンの途絶に直面した場合、①被災した企業の復旧を支援する方法、②入手不能となった原料・部品・サービスの代替調達先を確保する方法、そして、③入手不能となった原料・部品を使用しないで済むスペックに見直す方法などがとられるが、平常時から、

第3章
適応策の基本と社会実装を支える技術

調達先の二重化に努めることや供給元に事業継続力を高める要請をするなどの対応も必要である。

(5) おわりに

　我が国で多発する風水害や土砂災害が、重要企業が多く立地する地域で発生した場合には、その企業とサプライチェーンでつながっている全国の企業に被害が波及する懸念がある。また、災害対応の前線に立つ地方公共団体の庁舎の機能停止は、被災者にとって大きな打撃となる。したがって、企業・公的組織ともに、BCP の策定および改善を推進していくことが今後とも必要である。

コラム 3.12　事業継続計画策定後の改善検討事例

　BCP を策定した企業は、訓練や点検を行い、その結果を踏まえて見直し・改善を行うことが不可欠である。個々の組織にとって災害、大事故等の危機事象にはめったに遭遇しないが、実際に危機事象が発生した場合に機能するよう、まずは読み合わせの役割分担の確認から、可能な限り実働訓練なども行って、BCP の有効性をしっかりと確認することが必要となる。

　さらに、災害で大きな被害を実際に受けた場合には、ほとんどの企業・組織が被災とその対応を教訓として BCP を改定する。筆者がこれまで行ってきた東日本大震災の被災地での被災企業ヒアリングにおいても、BCP 策定企業はほぼ例外なく BCP を見直していた。

　内閣府の「事業継続ガイドライン第三版」(平成 25 (2013) 年 8 月改定)では、「経営者は、BCM の見直しを、自社の事業戦略や次年度予算を検討する機会と連動して、定期的(年に 1 回以上)に行う必要がある。加えて、自社事業、内部または外部環境に大きな変化があったときにも見直しを行うべきであり、さらに、自社が BCP を発動した場合もその反省を踏まえて BCM の見直しを実施すべきである。」と記述されている。また、見直し・改善は、事業継続の取り組みの流れの基本的な要素であることも認識する必要がある(図 A)。

　被災企業が BCP の見直し・改善を行う理由は、もちろん、企業・組織が教訓を活かそうとする自発的な部分も大きい。その一方で、見直し・改善を行うべきといった圧力によることもあり得る。供給中断で迷惑をかけた製品・サービ

3.5 社会経済の持続可能性向上

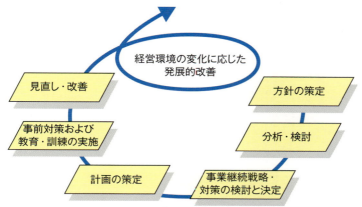

出典：内閣府「事業継続ガイドライン第三版」（2013年8月公表）
図A　事業継続の取り組みの流れ

スの販売先の企業から、供給中断を再度起こさないよう対応努力を求められることが多いからであり、復旧に向けて多大な支援を販売先企業から受けた場合には、その要請には特に誠実に応えざるを得ない。

　以下は、実際に大きな被災を受けた企業が、その後に公表した事業継続力の向上のための改善事項である。

①新潟県中越沖地震で被害を受けた自動車部品企業の改善事項
・建物の耐震化や設備の固定
・従業員にメールを一斉配信する安否確認システムの導入
・目標復旧時間の明確な設定
・被災状況の確認および取引先への迅速な連絡のルール化
・設備の復旧手順の明確化（検査機器の準備を含む）
・グループ企業を含めた代替生産の仕組みづくり
・製品工程の短縮化による被災対応の容易化
・訓練の強化

②東日本大震災で被害を受けた自動車部品企業の改善事項
・国内工場の耐震性能の向上、設備の耐震固定
・複数拠点での生産を可能とする生産拠点の分散や、外部工場による代替生産体制の拡充

- 顧客に応じた、一律でない在庫管理体制の実施
- 被災経験を活かした早期復旧手段の準備
- 在庫情報や代替品を選ぶための情報など、顧客への情報開示、情報共有
- 二次の供給元も見据えた複数調達の推進

　これらの企業は部品製造業であり、生産拠点の二重化には相当多額の設備投資が必要と考えられるが、海外での生産にまでも影響が出た事例であったため、二重化の圧力は大きく、再発防止のために積極的に取り組んだものと推察される。そして、これらの改善内容は、迷惑をかけた販売先企業と綿密に協議し、改善努力が評価されるまで進めることになるであろう。

3.5.2　復旧・復興事前準備

　被災後の迅速な復旧・復興は社会・経済の持続可能性を高めるが、これを成し遂げるためには周到な事前準備が重要になると思われる。以下は、復旧・復興事前準備に着手している国土交通省中部地方整備局の事例である。（編集者追記）

（1）中部地方整備局の取り組みの現状と課題（濃尾平野での水害を例に）

　濃尾平野は我が国最大のゼロメートル地帯であり、ひとたび水害が発生した場合には、その浸水被害が長期にわたることも考えられる。水害には、高潮、洪水、津波による浸水が想定されるが、それぞれの自然外力に対して事前のハード対策が重要であるとともに、計画規模以上の外力が発生し、堤防決壊等の大きな被害が発生した場合の速やかな復旧対策の準備も必要である。

　ハード対策としては、戦後最大規模の洪水を安全に流下させるための河川整備や、高潮の越波に耐える三面張りの高潮堤防の整備、レベル2地震動による液状化で堤防が沈下した場合でも、その後来襲する津波より低くならないための耐震対策を推進中である。

　一方、濃尾平野においては、30年以内に約70％程度の発生確率といわれている南海トラフ地震が発生した場合には、堤防地盤の液状化や津波により多数の箇所で大規模な堤防決壊が発生し、250km^{2}以上にも及ぶ浸水被害が発生することも予測される。このため、中部地方整備局では、復旧対策の準備の一つの取り組みとして、濃尾平野で大規模な浸水が発生した場合の排水計画を策定しており、

現在引き続きその実効性を高める検討を進めているところである。以下、その検討の主な項目と課題を例示する。

① 事前の堤防復旧計画の立案

　　満潮時においても海水が進入しないような仮堤防の復旧が第一に急がれる。また、浸水面積が広大であるため、進入路の確保、復旧活動拠点の整備等、極めて悪条件の中での復旧作業計画の立案が課題である。

② 堤防復旧作業の優先度の設定

　　復旧作業の容易さだけでなく、被害状況や被災地域の今後の復興の見通し等を踏まえ、優先度を付けて実施することが重要である。

③ 堤防復旧に関わる資機材調達、実施体制の確保

　　土、矢板等の資材確保、建設機械等の確保計画の策定が必要である。また、地震は道路や港湾、その他の様々なインフラの被害も同時に発生させることから、限られた建設業者による有効な復旧体制の確立が課題である。

④ 円滑な排水計画の立案、排水ポンプ車等の調達

　　有効な排水が実施されるよう、災害時での固定式の排水機場の稼動を確保するとともに、移動式の排水ポンプ車等の配置計画等の準備が重要である。

(2) 防災関係機関が今後実施すべき取り組み

　大規模水害が発生した場合に、先行して救命・救助活動が行われるとともに、浸水に関わる復旧活動は道路や港湾その他の施設の応急対策活動等と同時に行われ、輻輳することとなる。特に地震が伴った場合には、一層その度合いが強くなる。このため、それぞれの施設管理者や防災関係者と連携して、災害時に発生しうる事象とその速やかな対応について共通認識を持ち、事前にそれぞれの役割を果たすための準備を行うことが重要である。中部地方整備局においては、排水計画と別に、早期復旧支援ルート確保手順として道路啓開の「中部版くしの歯作戦」や航路啓開の「伊勢湾くまで作戦」が既に策定されている。今後これらの計画等の効率的・統合的な運用に向けた連携が重要となる。

　高潮、洪水による水害については、4.4節に記述する「東海ネーデルランド高潮・洪水地域協議会」において検討が進められており、南海トラフ地震等による

災害に対しては、「南海トラフ地震対策中部圏戦略会議」において、幅広い関係者での検討が進められている。

防災関係機関の間で具体に検討されるべきものとしては、①災害発生時のタイムラインの共通認識、②被害、復旧等の様々な情報収集・伝達の体制整備、③様々な災害に対する対応の優先度、④他地域からの支援体制の確立、などが挙げられる。

(3) 電力・鉄道等の公的役割を有する企業が今後実施すべきと思われる取り組み

電力・鉄道等のインフラは社会・経済活動のために必要不可欠であり、災害発生時には、堤防や道路等の施設と同様に早期復旧が求められる。このため、予測される災害の発生規模や状況、災害が発生した場合の排水計画等の復旧・復興計画等の見通しについて情報を共有しあうことで、企業独自のBCPの充実、大規模災害発生時の企業としての対応の検討の促進を図ることが重要である。このため、常日頃からの情報交換を行うとともに、災害発生時には防災関係部局等と一体となった円滑な行動が行えるような関係構築が必要である。

コラム 3.13 復旧・復興事前準備の検討事例

(1) 佐賀平野における復旧・復興の課題

有明海湾奥部に広がる佐賀平野は、筑後川や嘉瀬川、六角川などの河川からの土砂供給に加え、古くからの干拓により形成されてきた広大な低平地である（図A）。河川や海の外水位に対して堤内地は低く、計画高潮位 T.P. + 5.02m 以下の面積は $207km^2$ にも及ぶため、いったん外水氾濫が生じると、堤内地は長期に渡り広範囲の浸水被害が生じる危険性が高い。過去の浸水被害状況や、破堤を伴う外水氾濫を想定した氾濫解析の結果より、堤内地では広域かつ長期に浸水被害が発生する一方で、河川堤防や海岸堤防などの盛土構造物や高架道路などは冠水しない状況になることが想定される。

早期の復旧・復興には、災害直後から必要となる緊急輸送を円滑に行うため広域応援・緊急輸送ネットワークの確保が不可欠である。広大な低平地である佐賀平野では、大正13（1924）年高潮災害、昭和24（1949）年台風水害、昭和28（1953）年大水害などの過去の大規模浸水時にも、低平地において冠水の危

3.5 社会経済の持続可能性向上

図A　佐賀平野の断面模式図（東西方向）

図B　平成2（1990）年7月洪水（六角川）

険が低い河川堤防や旧海岸堤防が避難や復旧・復興に活かされてきた歴史がある。治水事業の進捗により、現在、水害の発生頻度は小さくなっているが、地形的な特徴や氾濫特性に大きな変化はない。したがって、現在においても、河川堤防は大規模浸水時に有効に活用しうる緊急輸送ネットワークとして期待される。このためには、高速自動車道、一般国道およびこれらを連結する幹線道路などから構成される緊急輸送道路ネットワークと河川堤防との連結が必要となる。

（2）地域高規格道路等と河川堤防の接続

　佐賀平野における大規模浸水時の被害最小化を目的とした「佐賀平野大規模浸水危機管理計画」では、地域高規格道路と河川堤防の接続を「広域応援・緊急輸送ネットワーク」のための重要な施策として位置づけている。嘉瀬川堤防・六角川堤防と佐賀福富道路との接続ポイントを検討し、嘉瀬川橋梁部では、嘉瀬川防災ステーションとの将来的な接続に向け、嘉瀬川堤防の拡幅、橋梁上部工の堤防天端への開口部が整備済である。地域高規格道路と河川堤防の接続により、洪水や高潮による大規模浸水時や地震災害時の広域応援・緊急輸送路ネットワークが強化され、迅速な避難誘導、食料等の物資の支援、早期の復旧作業が可能となる（図C）。

図C　佐賀平野における広域応援・緊急輸送路ネットワークと接続ポイント

3.6 適応策の深化に向けて

3.6.1 社会および自然環境・生態系のレジリエンス評価と指標化

（1）社会のレジリエンス評価の重要性

　持続可能な社会を語る際に「レジリエンス」というキーワードが注目されている。特に東日本大震災を経験した日本では、内閣官房国土強靱化推進室を中心に「ナショナル・レジリエンス（防災・減災）懇談会」での検討が国家政策として平成25（2013）年春から進められている。ただし、その根拠となる「国土強靱化基本法」という名称や「懇談会」での議論の経緯（内閣官房国土強靱化推進室（2014））が示すとおり、防災・減災が主たる関心となっている。

　このような動きはもちろん日本だけではなく、世界的な潮流であり、「レジリエントシティ」の概念として様々なものが提示されている。ただし国際的には、レジリエントシティは気候変動やエネルギー、生物多様性などの多様な論点と絡めて議論されているケースが少なくなく、国内での防災・減災に収斂した動きよりは、幅広い論点をカバーしている点に留意が必要である。

（2）レジリエンスを巡る概念と政策動向

　レジリエンスの概念については、様々な分野で様々な定義が存在している。表3.6.1にその一例を示す。表中にも示している国連国際防災戦略（UNISDR: United Nations International Strategy for Disaster Reduction）が2010年に開始したレジリエントシティ化キャンペーン（Making Cities Resilient Campaign）は、レジリエンスを巡る都市レベルの重要な政策動向の一つとして挙げられる（UNISDR（2012））。これは、平成17（2005）年に神戸で開催された第2回国連防災世界会議において採択された「兵庫行動枠組2005-2015」に基づいて、各国政府の取り組みが求められる脆弱性や災害リスクの低減をより確かなものとするため、各国政府や地方自治体に対して、災害リスクの低減やレジリエンスの向上、気候変動への政策プライオリティの向上への理解とコミットメントを強めることを目的としている。キャンペーンに参加する都市は、相互学習や技術的支援を通じてレジリエンスの向上が期待されている。

　さらに、平成27（2015）年3月14〜18日に仙台市において開催された第3回

表 3.6.1　レジリエンスの概念の一例

著者、発表年	対象分野	定義
Holling, 1973	生態系	**環境変化に対する生態システムの特質を表す概念**：システムの粘り強さの手段であり、変化や撹乱を吸収する能力、システムの構成要素の関係を一定に保つ能力。
Adger, 2000	地域社会	外部からのショックに対して**地域社会におけるインフラが持ちこたえる能力**。
Resilient Alliance, 2002	社会・生態システム	**生態系レジリエンス**：生態系が質的に異なる状態へ崩壊することなく撹乱を許容する能力。ショックに持ちこたえ、必要な時には再構成することのできる能力。 **社会システムのレジリエンス**：将来に備えて予測したり計画したりする人間の能力。レジリエンスとは、これらの社会生態システムがリンクされた3つの特質をもつ。①システムが被っても同じコントロールにより機能や構造を保つことのできる変化の総量、②システムが自己組織化できる度合い、③学習し、適応することのできる可能性を向上させる能力。
Godschalk, 2003	都市	**物理的なシステムと人間社会の持続可能なネットワーク**：極端現象を管理することのできる、つまり極端なストレス下でも存続し、機能できること。
UNISDR, 2005	都市	**潜在的に曝露されるハザードに対する適応能力**：機能や構造が受容可能なレベルを維持するために抵抗し、変化する能力。社会システムが過去の災害から学習してよりよい未来の防護やリスク低減手段の改善のために自己組織化することのできる度合いによって決定される。
Norris *et al*, 2008	地域社会	**災害に対処できる総合的な適応能力**：頑健性、冗長性、迅速性がストレス要因に対して反作用するときに発生し、ネットワーク化された適応能力の集合のこと。経済発展、情報通信、コミュニティの能力、社会関係資本のリンケージで構成される。

出典：各文献より作成

3.6 適応策の深化に向けて

国連防災世界会議では、「仙台防災枠組 2015-2030」が採択され、災害リスクを減らすため災害への備えの向上と国際協力に支持される「より良い復興」が必要であることや、より広範かつ人間中心の予防的アプローチを取るべきこと、そして防災での取り組みが気候変動適応に資することが明記されている（内閣府（2016））。

このように、レジリエンスについては自然災害への対応能力の文脈で議論されることが多い中で、これに加えて、エネルギー資源の不足への対応能力や気候変動に対する人為的活動の影響まで包含するものも散見される（例えば Resilient City.org（2014）、Newman *et al.*（2009））。

（3）レジリエンスの評価の枠組みと指標

レジリエンスとその関連施策の考え方は、図 3.6.1 のように整理され得る。まず、リスクの曝露量（環境変化の規模）が一定程度までは、都市システムは全く影響を受けず、それが持つ抵抗度や剛直性（防御能力）によりシステムは従前どおり維持される。しかし、リスクの曝露量が一定の値を超えると、都市システムへの影響が不連続に出始める。とはいえ、この段階までは、その許容度・柔軟性（適応・

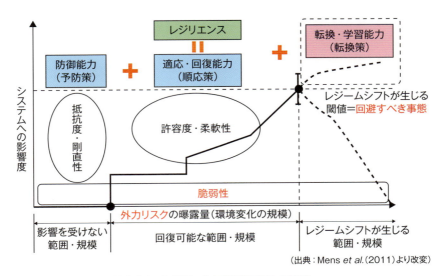

図 3.6.1　レジリエンス関連施策の3類型

第3章
適応策の基本と社会実装を支える技術

回復能力）により、都市システムはやはり従前どおりに維持される。ここまでに講じられ得る施策は、一般にリスクマネジメント論でいわれる次式のうち、環境リスク抑制のために回避したい出来事が起こる確率（生起確率）の最小化を図る「予防策」、その出来事が起こることで環境に与える被害の大きさ（程度）について最小化を図る「順応策」という整理が可能である。

リスク
　＝「環境保全のために回避したい出来事が起こる確率（生起確率）」×
　　「その出来事が起こることで環境に与えるであろう被害の大きさ（程度）」

また、リスクの曝露量が閾値を超えると、レジームシフト（ある種の革命的な事象）が発生し、都市システムの既存の枠組みが崩壊し、根本的に新しいシステムを創造する転換・学習能力が発揮されることになる。そのために超長期を見据えた転換策が必要となる。したがってレジリエンスを高めるには、予防策、順応策、転換策の組み合わせが必要と考えられる。

馬場・田中（2015）は、レジリエンスの評価の枠組みと計測指標を図3.6.2のように提案している。ここで政策モデルとは、政策立案過程の全体像を表す仮説的フローであり、ここでは、外力リスク、脆弱性、回避すべき事態という3つの大きな要素が、レジリエント施策の実施・準備状況を規定すると仮定している。これら各要素の状態を計測する指標として、都市指標、市民指標、行政指標の3種

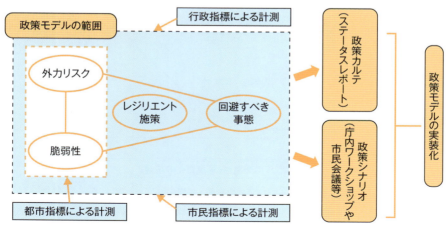

図3.6.2　レジリエントシティ政策モデルを巡る枠組み

3.6 適応策の深化に向けて

類を用意している。それぞれの意味合いは以下のとおりである。

- 都市指標

  自治体担当者と専門家が、都市の物理的なインフラや経済活動と環境要素などの状態に関わるレジリエンス性を把握・評価する。国勢調査や住宅・土地統計調査などの統計データを活用する。

- 市民指標

  ステークホルダーや市民と専門家が、知識・意識、学習・訓練、社会関係資本などの市民生活と環境要素の状態に関わるレジリエンス性を把握・評価する。市民質問紙調査データに加えてJGSS（Japanese General Social Surveys、日本版総合的社会調査）の統計データを補完的に活用する。

- 行政指標

  自治体担当者と専門家が、既往施策の有無や程度、進捗度をチェックし、都市のレジリエンス性の向上につながるか否かを把握・評価する。行政質問紙調査データに加えて、行政計画を補完的に活用する。

このようにして収集された専門知と現場知、生活知とを統合していくことが都市のレジリエンスを高めることは、各地で実践されているボトムアップ型の気候変動適応策 "Community Based Adaptation"（Allen（2006）、van Aalst *et al.*（2008））の発展形として捉える方向からも肯定される。設定した行政指標の一覧を表3.6.2に示す。なお、表3.6.2に示した指標は、いくつかの自治体における各政策領域の行政計画（総合計画、環境基本計画、地球温暖化対策推進計画、地域防災計画、震災復興計画など）を精査して整理した結果を基礎としている。

政策カルテとは、以上の指標による計測結果を集めて各都市のレジリエンス性を診断するものである。また、政策シナリオとは、このカルテを活用しながらシナリオ（将来像）を作り、実装化を図る庁内ワークショップや市民会議等の「場」を意味している。

（4）おわりに

本項で紹介したレジリエンスの指標を用いて、全国の地方自治体の政策担当者を対象とする質問紙調査データの分析により評価が行われている（行政指標）。その結果、多くの自治体が危機と想定している事象は、地震、人口減少や温室効果ガス排出増大などであり、実施・準備しているレジリエント施策は、予防策とし

表 3.6.2 (a) レジリエントシティ評価指標・行政指標一覧

既住施設で想定している自然的、社会的外力による危機的事象（リスク認知 41 指標）

1. 騒音・振動
2. 土壌汚染
3. 地盤沈下
4. 大気汚染・悪臭
5. 水質汚染
6. 渇水・水源地（水資源）枯渇
7. 酸性雨
8. 集中豪雨（ゲリラ豪雨）
9. 熱波・猛暑
10. 寒波・豪雪
11. 海洋汚染
12. 海面上昇
13. 高潮
14. 赤潮
15. 竜巻・突風
16. 台風
17. 土砂崩れ・土石流
18. 洪水
19. 地震
20. 津波
21. 火山噴火
22. 鳥獣害
23. 害虫
24. 侵略的外来種の増加
25. 生物多様性の減少・喪失
26. 森林破壊
27. 食料生産・農業生産力の低下
28. 感染症・ウィルス発生
29. 工場爆発・事故
30. 化学物質汚染・事故
31. 交通事故
32. エネルギーインフラの事故
33. 原子力関連施設の事故
34. 情報通信インフラの事故
35. 温室効果ガス排出増大
36. 人口急増
37. 人口減少・少子化
38. 高齢化
39. 貧困・生活格差
40. 財政破たん
41. 戦争・紛争・テロ

地域社会や庁内に内在する脆弱性（脆弱性評価 28 指標）

1. 低地・ゼロメートル地帯の存在
2. 急傾斜地の存在
3. 急流河川の存在
4. 浸食されやすい海岸の存在
5. 活火山の存在
6. 地震活動区域・活断層の存在
7. 利用可能な水資源の少なさ
8. 絶滅危惧種・希少種の存在
9. 単作的な農業
10. 貧弱なインフラ整備
11. 工業地帯の存在
12. 災害発生区域への住宅集中
13. 木造家屋の多さ・稠密さ
14. 空き家の多さ
15. オープンスペースの少なさ
16. 避難場所の少なさ
17. 医療サービスの少なさ
18. 低所得層の多さ・雇用状態の悪さ
19. 単身者世帯の多さ
20. 高齢化比率・過疎化率の高さ
21. コミュニティのつながりの希薄さ
22. 住民の転出入の多さ（定着しない）
23. 市民団体や NPO 等の活動の少なさ
24. 行政と市民とのつながりの希薄さ
25. 政治的な対立点の存在
26. 政策立案・推進のリソースの欠如
27. 庁内組織における保守性
28. 税収の少なさ

回避すべき想定事態（エンドポイント 24 指標）

1. 直接的な人命被害
2. 長期的な肉体・精神的健康被害
3. 食料・ライフラインの供給途絶
4. 長期的な食料事情の悪化
5. 長期的な水資源状況の悪化
6. 生活環境の悪化
7. 暮らしやすさ・快適性の喪失
8. 建築物の倒壊・半壊・損傷
9. 交通・通信機能の分断・途絶
10. 都市インフラの老朽化（経年劣化）
11. エネルギーの供給途絶
12. 長期的なエネルギー供給不安
13. 金融サービス機能の途絶
14. 産業活動・サプライチェーンの停止
15. 長期的な経済活動の低落
16. 行政活動の停止
17. 長期的な行政サービス水準の低下
18. 一時的な社会秩序の喪失
19. 慢性的な治安の悪化
20. 地域の文化・伝統の衰退
21. 急激・局所的な自然環境の悪化
22. 水辺地や里山、緑地等の減衰
23. 長期的な生態系への悪影響
24. 地球温暖化の進行

3.6 適応策の深化に向けて

表3.6.2(b) レジリンエントシティ評価指標・行政指標一覧（続）

A. 想定事態を発生させないための事前の予防策
（現状維持・既存システムの強化・モニタリング）の実施・準備状況（19指標）

1. 現行基準を遵守した建築物・インフラの整備
2. 現行基準を遵守した各種防災機能・施設の整備
3. 再生可能エネルギーの推進
4. 省エネルギーの推進
5. 自然保全・緑化の推進
6. 健康維持のための予防医療的措置
7. 行政活動停止への備え
8. 予防に関わる教育や普及啓発
9. 自助・共助やコミュニティ機能の活性化
10. リスク情報の周知徹底
11. 災害危険区域の拡充・見直し
12. 各種モニタリング機能の強化
13. 行政データの蓄積と政策との連携
14. 科学的予測情報の収双と活用
15. 予防に関わる各種規制の徹底・罰則の強化
16. 予防に関わる模範的取り組みの表彰・推奨
17. 予防に関わる専門家・アドバイザーの活用
18. 災害協定の締結
19. 伝統・文化の保存の推進

B. 想定事態が発生した場合に被害の拡大や深刻化を最小限にして乗り切るための
順応策の実施・準備状況（14指標）

1. ライフラインのバックアップ機能強化
2. 避難所・仮設住宅等の迅速な提供
3. 消防・救急医療機能の強化
4. 要支援者の保護
5. 交通・通信・エネルギー供給機能の迅速な復旧支援
6. 被害に関わる情報収集・提供方法の拡充
7. 行政データのバックアップシステムの稼働
8. 行政組織の緊急時体制への迅速な移行
9. 治安維持活動の迅速な実施
10. 災害時の住民の自助・共助の対応力の充実
11. 回復に関わる専門家・アドバイザーの活用
12. 支援受け入れ体制の迅速な整備
13. 二次被害拡大防止のための各種措置
14. 伝統的文化財の防護

C. 想定外の事態が発生した場合に対処するための
転換策の実施・準備状況（11指標）

1. ハイリスク区域からの住民移転
2. ハイリスク区域への建築規制・土地利用規制
3. 現行基準を上回る建築物・インフラ整備
4. 都市機能集約化（コンパクトシティ化）
5. 都市機能移転
6. 次世代情報通信インフラの整備・支援
7. 次世代エネルギーインフラの整備・支援
8. 地域エネルギー会社の設立・支援
9. 特区制度等による規制緩和
10. 次世代技術研究開発の実用化・支援
11. グリーンインフラの促進

ての再生可能エネルギーの推進や順応策としての被害に関わる情報収集・提供方法の拡充などであることが明らかとなった。また、これらの評価は企画、防災、環境の各部局により有意に異なることが示されている。同様に、全国9都市を対象とした一般市民への質問紙調査データの分析（市民指標）、政令指定都市を対象とした公開データを用いた統計分析も行われ、これらの結果を用いて、第3回国連防災世界会議において、仙台市民と専門家が参加するワークショップが開催されるなど、政策シナリオの「場」が設定されている。この場においても、一般市民が自助よりも公助、共助への期待が大きい傾向を示していたことに対応して、被災経験を持つ人を中心に自助の重要性について具体的なアクションに関する指摘があるなど、態度変容の可能性が示唆された。

　今後、この種の概念や指標が政策立案に用いられるという意味において、実装

化に向けて進めていく過程で重要な論点の1つとして考えられるのが、転換策が必要となるレジームシフトが起こる閾値をどのように計画的に明確に定められるのか、といったことである。これについては、どのような決定のあり方があり得るのか、検討を進めていく必要がある。

> **コラム 3.14　ガーナ北部の農村地域を対象としたレジリエンス評価と地元住民との対話**
>
> 　筆者が所属する国連大学では、気候・生態系変動への適応とレジリエンスに焦点を合わせた国際共同研究「アフリカ半乾燥地域における気候・生態系変動の予測・影響評価と統合的レジリエンス強化戦略の構築（CECAR-Africa）」を、地球規模課題対応国際科学技術協力プログラム（SATREPS）の一事業として平成21（2009）年より実施している。本事業では、ガーナ北部の黒ヴォルタ河流域を対象に、①気候・生態系変動が農業生態系にもたらす影響の予測評価、②異常気象のリスク評価と水資源管理手法の開発、それらを踏まえた③地域住民および技術者の能力開発を推進するプログラムの開発を行っている。このような取り組みを通じて、統合的なレジリエンス強化戦略を構築し、最終的には「ガーナモデル」としてアフリカ半乾燥地域全般へ応用することを目指している。
>
> 　特に気候変動分野の予測評価モデルを応用して、北部ガーナ地域における農業生産への影響を明らかにする意義は大きい。本事業では対象農村地域の住民の生計・社会経済調査に基づき、地域の歴史や伝統知を尊重した適応策の提案と地域開発、洪水や干ばつに対する地域のレジリエンス向上を試みている。
>
> 　具体的には、現地の研究者や政府関係者とともに、地域のレジリエンスを①生態学的（農業生態系の多様性、作付け品種の多様性など）、②工学的（気象情報の早期警戒システム、土壌管理、集水・貯水技術など）、③社会経済的（生業・収入源の多様化、災害システム、防災教育など）な側面から評価する指標群を提案した。指標群の提案に際しては、ストックホルム・レジリエンス・センターを中心とするレジリエンス研究の国際的な理論を踏まえつつ、北部ガーナの歴史・社会・経済的なコンテクストに沿うように、ガーナ側研究者、実務者、および日本側研究者が複数にわたって現地踏査とワークショップを行った。また、有効な指標を抽出するため、現地踏査から過去の洪水や干ばつへのレジリエンス能力に差が生じた集落を意図的に選択し、両者の比較を通じてレジリエンス

3.6 適応策の深化に向けて

図A　北部ガーナの農村集落における住民との対話ワークショップ（2014年8月）

能力にとって重要な因子の特定を試みた。この結果、生態的レジリエンス6指標、工学的レジリエンス7指標、社会経済的レジリエンス6指標の計19指標が提案された。指標群の詳細はAntwi *et al.*（2014）を参照されたい。

　2014年8月には、ガーナ北部10カ所の対象集落において研究成果を共有しつつ、今後の対策について議論するワークショップを開催した（図A）。一連のワークショップを通じ、研究成果が地域住民の生計や暮らしの向上や気候・生態系変動への適応にいかに役立つのか、地域の人々と共に考え、行動するためのパートナーシップ構築を進めている。

　2015年8月には、具体的な適応策や資源管理や能力開発の取り組みについて討議するために、民間セクター、地元のNPO、国際機関、行政関係者らとともに、科学と政策、地域社会の連携を強化するためのワークショップを開催した。このようなボトムアップでのパートナーシップ構築の取り組みは時間と労力を要するが、その一方でプロジェクト単独では想定しえなかった研究や社会実装への展開が促進されるほか、関係者が当事者意識を持って主体的に取り組むことが促され、それによってプロジェクトの諸活動の継続性がおのずと担保されるという大きなメリットがある（齊藤（2015））。今後はさらに、この地域の農村集落で伝統的な演劇（ドラマ）を、レジリエンス強化戦略について地元住民と共に考え、行動を促すための社会的装置として実施・展開することで住民主体での社会実装を促す予定である。

3.6.2 土地利用および事前復興計画

　土地利用計画を含んだ事前復興計画は、今後、自然外力の頻度や程度が高まるとともに、その重要性が急激に増大していくものと思われる。

　土地利用を考慮して防災・減災効果を高めるという考え方は、決して新しいものではない。かつての農村では水田よりも高い微高地に住宅が建てられていた例が多かった。江戸時代に佐賀・鍋島藩の成富兵庫が行った治水対策のように、「野越し」から水田地域に洪水を引き入れることで破堤を防ぎつつ市街地の安全度を高めたような例は、全国各地で散見される。江戸城下の洪水被害軽減などを目的に徳川家康が行った利根川の東遷は、土地利用を考慮した防災・減災効果向上策の一種と考えることができる。

　防災・減災に効果的な土地利用を目指した復興計画を被災前に作成しておくことは、復興の円滑化や復興に伴う諸課題の明確化という点で有効な施策とされている。事前復興計画に基づく土地利用の再編や関係事業が実施されれば、防災・減災上さらに望ましい結果をもたらす。

　しかし、被災もしていない状況で計画に対する広範な関係者の合意形成を図ることは困難を伴う。もともと住民一人一人が抱えている事情は異なり、価値観にも相違がある。行政関係者に切迫感がない場合やトップのリーダーシップが発揮されない場合などにはなかなか検討が進まない。土地利用の整序などを伴う事前復興計画の検討は阪神・淡路大震災を教訓として加速されたが、裏付ける法制度が十分には整備されないまま、危機感を持った限られた自治体が検討を進めたに過ぎなかった。

（1）東日本大震災以降の事前復興計画

　東日本大震災後の平成23（2011）年12月に「津波防災地域づくりに関する法律」が制定された。この法律に基づいて市町村が作成する「推進計画」は土地利用の計画を含む事前復興計画として捉えることができる。事前復興計画を位置づける画期的な法制度が制定されたのである。以降、数多くの自治体が「推進計画」の検討を進め、既に第1版などの形で計画を策定した自治体も多い。

　しかし、土地利用との関係では、例えば静岡県磐田市は「これまでと同じ土地利用の継続を目指す」としており（磐田市（2015））、宮崎県宮崎市も「現在の土地利用方針をベースに」としている（宮崎市（2015））。土地利用の計画的な変更には困難を伴うことが伺える。

3.6 適応策の深化に向けて

（2）水災害の3つのレベル区分

1.3.2項「レベル区分」で水災害の3つのレベル区分について述べた。このうちレベル3の事例としては、例えば、大幅な海面上昇に伴う高潮等の災害が考えられる。過去の地球環境の研究成果からの類推ではあるが、気温が産業革命以前から1.5～2℃上昇した場合の最終的な海水面は、将来の事象とはいえ、6m以上も上昇する可能性が高い（Dutton, A. et al.（2015））。こうした事態が生ずれば高潮などによる被災の頻度と程度のどちらもが通常の生活や経済活動を営むことのできる水準を遙かに超え、土地利用全体を再構築する必要に迫られる。

一方、レベル2の場合には被災の頻度と程度のいずれもが高いというわけではなく、土地利用の変更には困難を伴うことになる。

（3）基幹インフラの事前復興計画

こうした困難を克服するための方策の一つとして、土地利用計画の検討と併せて、生活や経済活動を支える基幹インフラの事前復興計画を検討し実行に移すことが有効と考えられる。

基幹インフラの機能を被災後速やかに復旧させることは早期の復興に大きく貢献し、地域全体のレジリエンスを高める。このため当該インフラの事前復興計画を作成することは極めて重要であるが、その際、土地利用の再編や整序を誘導するような計画とすることができれば効果はさらに大きくなる。インフラの老朽化が進む中で、単に更新するのではなく、基幹インフラが本来有する土地利用誘導機能を発揮させることが求められる。

同様の考え方はコンパクトシティを目指した都市再生特別措置法にも見られる。例えば、同法に基づく立地適正化計画の第1号となった大阪府箕面市の計画（箕面市（2016））では、居住誘導区域内に、病院や介護施設などの立地促進を図る都市機能誘導区域を設定した。

このように、需要追随ではなく、防災・減災を内部化した中・長期的な国土計画や都市計画などに基づいて計画的な整備を促進する必要性が高まっている。

（4）災害廃棄物対策インフラの整備

どの程度の期間で復興を成し遂げられるかは地域のレジリエンスと大きく関係するが、復興のスピードを左右するものの一つは災害廃棄物の対策である。

第3章
適応策の基本と社会実装を支える技術

　中小規模の災害であっても災害廃棄物の対策は大問題となるが、これが超巨大災害となった場合には事前準備なしに対応することは不可能である。被災後にどこで処理しようかと考えているようでは早期の復興は望めない。

　広域的な国家レベルの事前復興計画の一環として、大規模な災害廃棄物対策施設の検討を急ぐ必要がある。こうした施設整備は広く防災・減災に対する意識を高め、多くの市町村の事前復興計画検討を促進する効果もあると思われる。

> **コラム 3.15　被災後の防災性向上のための取り組み検討事例**
>
> 　昭和34（1959）年9月の伊勢湾台風による被災後、建築基準法第39条の災害危険区域の規定を用いて、名古屋市臨海部防災区域建築条例が昭和36（1961）年3月に制定・公布され、被災後2年に満たない同年6月から施行されている。
>
> 　臨海部防災区域を5地域に区分して指定し、それぞれの区域内における建築物の敷地および構造に関する規制を定めたもので、平成3（1991）年1月からは4区域区分とする改正条例が施行された。
>
>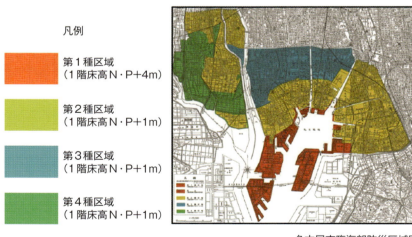
>
> 凡例
> - 第1種区域（1階床高N・P+4m）
> - 第2種区域（1階床高N・P+1m）
> - 第3種区域（1階床高N・P+1m）
> - 第4種区域（1階床高N・P+1m）
>
> 名古屋市臨海部防災区域図
> （平成19年8月種別区域一部変更）
>
> 図A
> 名古屋市住宅都市局：名古屋市臨海部防災区域建築条例の解説、平成20（2008）年9月

> 具体的には、臨海部防災区域内では1階部分の床高さや屋根への脱出口の設置などが規定されており、さらに第1種区域内においては建築の用途が制限されている。大都市部における防災・減災のための土地利用規制の先例と言える。
> 『1959 伊勢湾台風報告書』(中央防災会議 災害教訓の継承に関する専門調査会(2008))によれば、条例案の作成に当たって、名古屋市は建設省建築研究所と名城大学建築学教室に基礎調査を依頼し、これを基礎として検討を進め、市議会建設部会、建設省、名古屋市建築士会などと意見交換を行ったとされている。
> こうした土地利用規制は防災・減災の効果を高めるが、上記の専門調査会報告書にあるように、「伊勢湾台風の体験が風化しつつある現在、本条例の意義を如何にして住民に認識してもらうか」が、現在の津波対策とも関連して、今後の重要課題となっている。

3.6.3 物理的および制度的支援方策

社会や経済の側が自然災害に対するレジリエンスを高めることが求められている。このためには、理念を明らかにし、想定するリスクの明確化と共有を図り、計画的な対応を可能とする枠組を設定し、社会や経済の側のインセンティブを高めるような手段を講じ、直接的な支援施策を導入する、といった一連の過程が関係してくる。社会や経済の側が行動することを期待される局面では、行政が自ら実施する事業とは異なり、社会や経済の側のインセンティブを高めるための手段や直接的な支援施策が特に鍵となる。以下に、関連する最近の動向を見てみる。

平成23(2011)年3月11日の東日本大震災は、改めて自然の猛威に対する対応の在り方を根本から考え直すきっかけとなり、「あらゆる可能性を考慮した最大クラスの地震・津波」への対応を検討することが必要と認識された。平成23(2011)年12月には「津波防災地域づくりに関する法律」の制定、平成25(2013)年11月には「首都直下地震対策特別措置法」の制定および「南海トラフ地震に係る地震防災対策の推進に関する特別措置法」の改正(「東南海・南海地震に係る地震防災対策の推進に関する特別措置法」を改正)が行われ、制度の充実が図られた。

津波防災地域づくりに関する法律によって、土地区画整理事業の特例や津波からの避難に資する建築物の容積率の特例などが「津波防災地域づくりを総合的に

第3章
適応策の基本と社会実装を支える技術

推進するための計画」(以下、推進計画)の区域内において設けられるとともに、津波災害警戒区域や津波災害特別警戒区域を指定することができるようになった。平成23 (2011) 年12月には「津波防災地域づくりの推進に関する基本的な指針」を国土交通大臣が決定し、平成27 (2015) 年8月末現在、津波浸水想定[3]を23府県が設定しており、推進計画については4市町が作成し、津波防災地域づくりを推進する動きが全国に広がっている。

また、首都直下地震対策特別措置法や南海トラフ地震に係る地震防災対策の推進に関する特別措置法に基づき、平成26 (2014) 年3月に「首都直下地震緊急対策推進基本計画」および「南海トラフ地震防災対策推進基本計画」が策定された他、平成27 (2015) 年3月に「南海トラフ地震における具体的な応急対策活動に関する計画」が、平成28 (2016) 年3月に「首都直下地震における具体的な応急対策活動に関する計画」が策定され、地震対策の推進が図られている。

地震・津波に留まらない洪水・高潮、火山・土砂災害などを含む大規模自然災害等については、平成25 (2013) 年12月に「強くしなやかな国民生活の実現を図るための防災・減災等に資する国土強靱化基本法」(以下、国土強靱化基本法) が制定され、国土の全域にわたる強靱な国づくりが推進されている。翌平成26 (2014) 年6月には、国土強靱化基本法第10条に基づく「国土強靱化基本計画」が閣議決定された。

国土強靱化基本計画は、いかなる災害等が発生しようとも、
①人命の保護が最大限図られること
②国家および社会の重要な機能が致命的な障害を受けずに維持されること
③国民の財産および公共施設に係る被害の最小化
④迅速な復旧復興
を4つの基本目標として、「強さ」と「しなやかさ」を持った安全・安心な国土・地域・経済社会の構築に向けた「国土強靱化」(ナショナル・レジリエンス) を推進するものであり、国土強靱化基本計画以外の国土強靱化に係る国の計画等の指針となるべきものとして定められたものである。

気候変動については、第3章「国土強靱化の推進方針」の「(10) 国土保全」の項において「…等のハード対策を進めるとともに、…(中略)…等のソフト対策を効

3　津波により浸水するおそれがある土地の区域および浸水した場合に想定される水深。

率的・効果的に組み合わせた総合的な対策を、…（中略）…強力に推進する。これにより、気候変動等の影響も踏まえ、計画規模を上回る、あるいは整備途上で発生する災害に対しても被害を最小化する。」(傍点筆者)としているのをはじめ、「各プログラムの推進方針」においても「(1-4) 異常気象等による広域かつ長期的な市街地等の浸水」および「(6-5) 異常渇水等により用水の供給の途絶」に気候変動が明記され、その対応について記載されている。

また、地方公共団体の取り組みとしては、国土強靱化基本法第 13 条に基づく国土強靱化地域計画について、平成 28（2016）年 2 月 16 日現在、都道府県については策定済 18、策定中 27、市町村については策定済 10、策定中 25 となっており、これからも増加すると見込まれている。さらに、国土強靱化に資する民間の取り組みを促進するため、平成 28（2016）年 2 月に内閣官房国土強靱化推進室は「国土強靱化貢献団体の認証に関するガイドライン」を定め、国土強靱化の推進について協賛し、その促進のため、自助（事業継続）に積極的に取り組んでいる事業者を国土強靱化貢献団体として認証する要件等の考え方を示している。

こうした諸計画策定にあわせて、社会や経済の側のインセンティブを高めるための手段や直接的な支援施策に関する課題について更なる具体化が図られ、大規模自然災害等に備えた事前防災および減災や迅速な復旧復興、国際競争力の向上等に資する強靱な国づくりの取り組みを着実に推進していくことが期待されている。

コラム 3.16 米国の洪水保険制度の検討事例

　保険制度は被災後の重要な再建支援方策の一つである。米では早くから洪水保険制度（NFIP: National Flood Insurance Program）を設立・運用してきたが、最近になって保険料の値上げを伴う大きな制度改正を進めつつある。その過程で明確化された課題・問題点は貴重な教訓である。以下、法律に基づいて検討を依頼された米国科学アカデミーの 2 つのレポート（Affordability of National Flood Insurance Program Premiums — Report 1, Report 2（2015））から課題等を整理した。

　なお、2012 年の制度改正法である洪水保険改革法（BW2012: The Biggert-Waters Flood Insurance Reform Act）では、低所得者層の購入を可能にするための施

策検討が定められていたにもかかわらず、検討が進まないまま法を施行し、不満の声を受けて2014年に住宅所有者洪水保険負担法（HFIAA: Homeowner Flood Insurance Affordability Act of 2014）を制定したという経緯がある。

（1）最近の制度改正の背景と改正内容

NFIPは1920年以降、増え続ける洪水被害に対する連邦政府の財政負担を軽減するため、氾濫原に立地する土地・建物利用者を洪水保険へ加入させる制度として1968年に設立された。運営は連邦緊急事態管理庁（FEMA: Federal Emergency Management Agency）が行っている。

今回の保険料値上げの背景として、NFIPの運用が開始された際に既に氾濫原内にあった家屋や事業所の所有者に対しては通常より低率の保険料が適用された経緯がある。近年、ハリケーン・カトリーナやハリケーン・サンディ等の激甚な水災害を体験し、洪水による被害が増大し続ける中、NFIPの財政状況が大幅に悪化した。保険料に洪水のリスクをより適切に反映させ、保険料を引き上げて、制度を持続させることが求められたのである。

このため、低率の保険料適用者に対して段階的ではあるが保険料を引き上げることとし、また、年間の給付請求額が保険料収入を超過した場合に備えて2012年に創設された準備基金（Reserve Fund）に対する保険購入者負担分を値上げすることとされた。

（2）基本的な課題・問題点

そもそもNFIPは、災害復旧に対する連邦の財政負担を軽減するとともに、経済メカニズムを利用したリスク低減方策としても期待されてきた。すなわち、洪水リスクの高い土地・建物に対して保険料を課すことで、よりリスクの低い土地利用へ誘導や、保険料が割引になる浸水対策の実施を期するとともに、洪水被害を保険料で補償しようというのが当初の理念である。しかし実際の制度の運用には課題が多く、保険制度自体と水害リスクの低減を両立させようとすることの困難は、最近の制度改正の議論の中からも如実に見て取ることができる。

すなわち、保険制度の継続と氾濫原のリスク低減を両立させるためには、①氾濫原の利用に対するリスクを土地利用者に適切に負担させることにより潜在的な洪水リスクを低減させる一方、②全ての保険購入者の保険料を負担可能な

水準に抑えるとともに、③制度を継続するのに十分多くの保険購入者を確保し、④全ての洪水被害を補償するのに十分な保険料収入を得るという、相互に競合するところのある課題を、制度の中で解決する必要があるのである。

(3) 具体的に想定される課題・問題点

　保険料を実際の洪水リスクに基づくものにした場合、低所得者層の中には保険を負担しきれない世帯が想定される。そのため、HFIAA 法は FEMA に対し、正確な洪水リスク、財政的な支払い能力に応じた支援対象、被害軽減対策の実施、加入率増加によるインパクト等を考慮した支援制度案の準備も要求している。そのため、支援対象者、支援方法およびその程度、資金の負担者、制度の運営方法等を検討する必要が生じている。

　検討課題は多岐に渡る。制度設計に関わるものとして、例えば、資産所有者が洪水に対して被害軽減対策を実施することで保険料が割引になるが、現状では保険料がリスクに対して安価なので、被害軽減対策の実施に対するインセンティブが十分ではない。また、割引対象となる対策が、家屋の高床化など高コストのものに限られる傾向がある。より低コストの対策を割引対象とすることにより、効果的なリスク低減が図られることが期待されるが、それらの対策を制度に組み込むには、これらの対策にどの程度の効果があるのか、新たに評価が必要となる。

　支援の方法も課題となる。被害軽減対策に対する補助金またはローン、引換券（バウチャー）、高率保険料の控除等が世帯に対する直接的な財政的援助として考えられる。また、公的に被害低減策を実施し洪水リスクを下げることで結果的に保険料を下げる間接的な援助を組み合わせることで、世帯の保険購入を可能にすることも考えられる。

　一方で、もしカタストロフィックな洪水被害に対しては連邦が財政負担することが決定されれば、保険料、支援制度とも負担が軽減するものの、連邦政府にさらなる財政負担がのしかかることになる。特に気候変動の影響が増大する中では重大な課題である。

　また、NFIP の全加入者の約6割が特定の地域（フロリダ、テキサス、ルイジアナの3州）に集中しており、他の地域では加入率が高くない。保険料を適正なレベルに保つためには、保険購入者の加入率をさらに高めることも必要とされる。

（4）基本的なデータの欠如

　制度の検討には複数案の比較検討が不可欠である。しかし、FEMA は必要なデータを持っていないと厳しく指摘されている。例えば、建物の1階部分の床の高さが重要であるが、このデータが完備されていない。また、気候変動とともに従来の洪水保険対象範囲（1/100 浸水範囲）が拡大することが想定されるが、拡大エリア内の建築物に関するデータはまったくないのが現状である。さらに、保険購入者の資産額や年収などの数値も把握できていないケースが多い。

　こうした基本的なデータを整備した上で、世帯の保険料負担可能性、NFIP 制度全体の収入、連邦の歳入、保険加入率等、多様な要因を踏まえて制度内容が検討され、政策決定される必要があるとされている。

第3章 参考文献

3.1 適応策の基本

International Council for Science: A Science Plan for Integrated Research on Disaster Risk, 2008.

日本学術会議 地球惑星科学委員会・土木工学・建築学委員会合同 国土・社会と自然災害分科会：提言 地球環境の変化に伴う水災害への適応，2008．

日本学術会議 土木工学・建築学委員会 地球環境の変化に伴う風水害・土砂災害への対応分科会：提言 気候変動下の大規模災害に対する適応策の社会実装―持続性科学・技術の視点から―，2014．

国土交通省：新たなステージに対応した防災・減災の在り方，2015．

国土交通省社会資本整備審議会：大規模氾濫に対する減災のための治水対策のあり方について～社会意識の変革による「水防災意識社会」の構築に向けて～，2015．

3.2.1 連携体制

桑子敏雄：『社会的合意形成のプロジェクトマネジメント』，コロナ社，2016．

【コラム 3.2】水災害適応策に関するインタレスト分析事例

New York City : PlaNYC2030
http://www.nyc.gov/html/planyc2030/html/challenge/challenge.shtml

Department for Communities and Local Government: Climate Change Coomucation Strategy A West Sussex Case Study.
http://www.espace-pro-ject.org/part1/publications/reading/WSCCClimateCommunications%20Strategy.pdf

馬場健司，松浦正浩，篠田さやか，肱岡靖明，白井信雄，田中充：ステークホルダー分析に基づく防災・インフラ分野における気候変動適応策実装化への提案―東京都における都市型水害のケーススタディ，『土木学会論文集 G（環境）』Vol.68, No.6, pp.II_443-II_454, 2012．

3.2.2 水防災・減災行動のためのリスク・コミュニケーションと合意形成

Rockström et al.: Planetary boundaries―exploring the safe operating space for humanity, Ecology and Society, 14（2），32, 2009.

気象庁（訳）：IPCC 第 4 次評価報告第一作業部会報告書，2007．

気象庁訳（訳）：IPCC 第 5 次評価報告第一作業部会報告書，2013．

小池俊雄ほか：都市河川空間の評価構造に関する研究，『土木計画学研究論』，No.6, pp.155-112, 1988．

小池俊雄ほか：環境問題に対する心理プロセスモデルと行動に関する基礎的考察，『水工学論文集』，第 47 巻，pp.361-366, 2003．

第3章
適応策の基本と社会実装を支える技術

ケヴィン・リンチ:『都市のイメージ』, 岩波書店, 1968.
ニコラス・スターン(著), アジア太平洋統合モデリングチーム・国立環境研究所(訳):『気候変動の経済学』, 2007.
広瀬幸雄:『環境と消費の社会心理学』, 名古屋大学出版会, 1995.
三阪和弘・小池俊雄:水害対策行動と環境行動に至る心理プロセスと地域差の要因,『土木学会論文集B』, Vol.62 Np.1, pp.16-26, 2006.
三阪和弘・小池俊雄:河川環境の評価構造における流域共通性と地域差,『土木学会論文集B』, Vol.62 Np.1, pp.111-121, 2006.
吉川肇子:リスクコミュニケーション,『応用心理学辞典』, pp.564-565, 丸善出版, 2006.

【コラム 3.3】リスク・コミュニケーション事例とその評価(事例1)
片田敏孝, 金井昌信:土砂災害を対象とした住民主導型避難体制の確立のためのコミュニケーション・デザイン,『土木技術者実践論文集』, 第1巻, pp.106-121, 2010.

3.3.1 自然外力の想定および評価
環境省, 気象庁:日本国内における気候変動予測の不確実性を考慮した結果について(お知らせ), 2014.
中央環境審議会:日本における気候変動による影響の評価に関する報告と今後の課題について(意見具申), 2015.
社会資本整備審議会:水災害分野における気候変動適応策のあり方について〜災害リスク情報と危機感を共有し, 減災に取り組む社会へ〜答申, 2015.
国土交通省水管理・国土保全局:浸水想定(洪水, 内水)の作成等のための想定最大外力の設定手法, 2015.
国土交通省水管理・国土保全局海岸室等:高潮浸水想定区域図作成の手引き Ver.1.00, 2015.

【コラム 3.5】海外研究者による自然外力評価事例
Kendon, E. J., Roberts, N. M., Fowler, H. J., Roberts, M. J., Chan, S. C. and Senior, C. A.: Heavier summer downpours with climate change revealed by weather forecast resolution model, Nature Climate Change, 2014.
Lavers, D. A, Allan, R. P, Villarini, G., Lloyd-Hughes, B., Brayshaw, D. J. and Wade, A. J.: Future changes in atmospheric rivers and their implications for winter flooding in Britain, Environmental Research Letters, 2013.
Sweet, W. V. and Park, J.: From the extreme to the mean: Acceleration and tipping points of coastal inundation from sea level rise, Earth's Future, 2014.
Preln, A. F., Holland, G. J., Rasmussen, R. M., Clark, M. P. and Tye, M. R.: Running dry: The U.S. Southwest's drift into a drier climate state, Geophysical Research Letters, 2016.
Schaller, N., Kay, A. L., Lamb, R., Massey, N. R. ,van Oldenborgh, G. J., Otto, F. E. L., Sparrow, S. N., Vautard, R., Yiou, P., Ashpole, I., Bowery, A., M. C., Susan, Haustein, K., Huntingford, C., In-

gram, W. J., Jones, R. G., Legg, T., Miller, J., Skeggs, J., Wallom, D., Weisheimer, A., Wilson, S., Stott, P. A., and Allen M. R., : Human influence on climate in the 2014 southern England winter floods and their impacts, Nature Climate Change, 2016.

【コラム 3.7】マネジメントのための技術事例（耳川総合土砂管理を例に）
角 哲也，吉村 健，朝崎勝之ほか：耳川水系ダム群における通砂を目的とするダム改造と運用検討,『大ダム』No.234，ICOLD 第 25 回大会論文，2016.

【コラム 3.8】微地形による浸水深への影響と実洪水検証事例
佐賀市：佐賀市排水対策基本計画策定業務委託報告書，2013.

3.4.1 避難・救助計画
広瀬弘忠：『人はなぜ逃げおくれるのか―災害の心理学』，集英社，2004.
水害サミット実行委員会事務局（編）：『水害現場でできたこと、できなかったこと 被災地からおくる防災・減災・復旧ノウハウ』，ぎょうせい，2007.
水害サミット実行委員会（編）：『新改訂 防災・減災・復旧 被災地からおくるノウハウ集』，毎日新聞社，2014.
NPO 法人 環境防災総合政策研究機構：「防災ワンポイント」、p.219，2012.

3.4.2 仮設住宅等
神戸市生活再建本部：阪神・淡路大震災―神戸の生活再建・5 年の記録―、2000.
高橋正幸：被災者の住宅確保に係る課題と対策―応急仮設住宅を中心に―、都市政策 No.86、pp.20-36、1997.

3.4.3 健康と暮らし（生活）を守る医療・保健
DMAT とは？
　http://www.dmat.jp/DMAT.html
Natural Disasters : Protecting the Public's Health, Pan American Health Organization, 2000.
United Nations：Yokohama Strategy and Plan of Action for a Safe World, United Nations Office for Disaster Risk Reduction,1994.
United Nations：Sendai Framework for Disaster Risk Reduction 2015-2030, United Nations Office for Disaster Risk Reduction, 2015.
United Nations Office for Disaster Risk Reduction：Hyogo Framework for Action 2005-2015, 2007.
医療救護班の派遣要請と活動.
　http://www.pref.miyagi.jp/uploaded/attachment/206845.pdf
公益社団法人　日本栄養士会　東日本大震災への対応.
　http://dietitian.or.jp/eq/index.html
厚生労働省：災害医療等のあり方に関する検討会　報告書，2011.

国立精神・神経医療研究センター：DPAT 活動マニュアル，2015．
災害時健康危機管理支援チームについて（DHEAT: Disaster Health Emergency Assistance Team）．
　http://plaza.umin.ac.jp/~dheat/dheat.html
都道府県災害医療コーディネーター．
　http://www.fukushihoken.metro.tokyo.jp/iryo/kyuukyuu/syusankiiryo/syusanki_kyougikai/24kyo-ugikai1.files/shiryou7.pdf
日本集団災害医学会：『第17回 日本集団災害医学会総会・学術集会 プログラム・抄録集』，16（3），2011．
日本看護協会　東日本大震災復興支援事業　災害支援ナース．
　https://www.nurse.or.jp/home/reconstruction/2011/shiennurse.html
日本 DMORT 研究会．
　http://www.hyogo.jrc.or.jp/dmort/
東日本大震災から学ぶ保健師活動のあり方　被災地の市町村から．
　http://www.mhlw.go.jp/stf/shingi/2r985200000231cm-att/2r98520000023cg8.pdf
日本災害看護学会．
　http://www.jsdn.gr.jp/

3.5.1　事業継続計画
内閣府防災担当：事業継続ガイドライン第3版，2013．
　http://www.bousai.go.jp/kyoiku/kigyou/keizoku/pdf/guideline03.pdf
内閣府防災担当：事業継続ガイドライン第3版解説書，2014．
　http://www.bousai.go.jp/kyoiku/kigyou/pdf/guideline03_ex.pdf
富士通：『富士通ジャーナル』VOL.37 NO.5，2011 NO.338，2011．
　http://jp.fujitsu.com/journal/publication_number/338/journal338-solutions1.pdf
丸谷浩明：企業の事業継続計画と連携，『21世紀ひょうご』，18号，pp. 53-63，ひょうご震災祈念21世紀研究機構，2014．
丸谷浩明：企業の事業継続計画の復旧経過と課題～求められる事業継続マネジメントとしての展開と改善～，『都市住宅学』，No.88，pp. 25-28，都市住宅学会，2014．
丸谷浩明：『事業継続計画の意義と経済効果』，ぎょうせい，2008．

3.6.1　社会および自然環境・生態系のレジリエンス評価と指標化
内閣官房国土強靱化推進室：ナショナル・レジリエンス（防災・減災）懇談会 第1～7回資料および議事概要．
　http://www.cas.go.jp/jp/seisaku/resilience/（2014年4月30日閲覧）
Norris, F.H., Stevens, S. P., Pfefferbaum, B., Wyche, K. F. and Pfef-ferbaum, R. L. : Community resilience as a metaphor, theory, set of capacities, and strategy for disaster readiness, American Journal of Community Psychology, 41:127-150, 2008.
Resilient Alliance: Key concepts - Resilience, 2002.

http://www.resalliance.org/index.php/resilience（2014 年 4 月 30 日閲覧）

Holling, C. S.: Resilience and stability of ecological system, Annual review of Ecology and Systematics, Vol.4 pp.1-23, 1973.

Adger, W.: Social and ecological resilience: Are they related? , Pro-gress in Human Geography, Vol.24, pp.347-364, 2000.

Godschalk, D. Urban hazard mitigation: Creating resilient cities, Natural Hazards Review, Vol.4, pp.136-143.

UNSIDR: Hyogo Framework for 2005-2015: Building resilience of nations and communities to disaster risk reduction, 2005.
http://www.unisdr.org/files/1037_hyogoframeworkforactionenglish.pdf（2014 年 4 月 30 日閲覧）

UNISDR : How to make cities more resilient A handbook for local governments leaders, 2012.

Resilient City.org: Resilience,
http://www.resilientcity.org/index.cfm?id=11449（2014 年 4 月 30 日閲覧）．

Newman, P., Beatley, T. and Boyer, H.: Resilient Cities Responding to Peak Oil and Climate Change, Island Press, 2009.

Mens, M. J. P., Klijn, F. de Bruijn, K. M. van Beek, E.: The mean-ing of system robustness for flood risk management, Environmen-tal science & policy, Vol.14, pp. 1121-1131, 2011.

Bergamini, N., *et al.*: Indicators of Resilience in Socio-ecological Production Landscapes（SEPLs）, UNU-IAS Policy Report, 2013.

Allen, K. M.: Community-based preparedness and climate adaptation: Local capacity building in the Philippines, Disaster, Vol.30, No.1, pp.81-101, 2006.

van Aalst, M. K., Cannon, T. and Burton, I.: Community level adaptation to climate change: The potential role of participatory community risk assessment, Global Environmental Change, Vol.18, pp.165-179, 2008.

仙台防災枠組 2015-2030（骨子）
http://www.bousai.go.jp/kokusai/kaigi03/pdf/09sendai_kossi.pdf（2016.1.25 閲覧）．

馬場健司，田中充：レジリエントシティの概念構築と評価指標の提案，『都市計画論文集』Vol.50，No.1，pp.46-53，日本都市計画学会，2015．

【コラム 3.14】ガーナ北部の農村地域を対象としたレジリエンス評価と地元住民との対話

齊藤　修：アフリカ半乾燥地域におけるレジリエンス強化,『つな環』, Vol. 26, p.13, 2015.

Antwi, E.K., Otsuki, K., Saito, O., Obeng, F.K., Gyekye, K.A., Boakye-Danquah, J., Boafo, Y.A., Kusakari, Y., Yiran, G.A.B., Owusu, A.B., Asubonteng, K.O., Dzivenu, T., Avornyo, V.K., Abagale, F.K., Jasaw, G.S., Lolig, V., Ganiyu, S., Donkoh, S.A., Yeboah, R., Kranjac-Berisavljevic, G., Gyasi, E.A., Minia, Z., Ayuk, E.T., Matsuda, H., Ishikawa, H., Ito, O., Takeuchi, K.: Developing a Community-Based Resilience Assessment Model with reference to Northern Ghana, Journal of Integrated Disaster Risk Management, Vol.4, No.1, pp.73-92, 2014.

3.6.2 土地利用および事前復興計画

磐田市：磐田市 津波防災地域づくり推進計画，2015．

宮崎市：宮崎市 津波防災地域づくり推進計画 第1版，2015．

箕面市：箕面市 立地適正化計画，2016．

Dutton, A., Carlson, A.E., Long, A.J., Milne, G.A., Clark, P.U., DeConto, R., Horton, B.P., Rahmstorf, S., Raymo, M.E.: Sea-level rise due to polar ice-sheet mass loss during past warm periods, Science, Vol 349, p153, 2015.

【コラム 3.15】被災後の防災性向上のための取り組み検討事例

名古屋市住宅都市局：名古屋市臨海部防災区域建築条例の解説，2008．

中央防災会議 災害教訓の継承に関する専門調査会：『1959 伊勢湾台風報告書』，2008．

3.6.3 物理的および制度的支援方策

日本学術会議土木工学・建築学委員会地球環境の変化に伴う風水害・土砂災害への対応分科会：気候変動下の大規模災害に対する適応策の社会実装，2015．

【コラム 3.16】米国の洪水保険制度の検討事例

FEMA: How April 2015 Program Changes Will Affect Flood Insurance Premiums（Fact Sheet），2014.

FEMA: Biggert Waters Flood Insurance Reform Act of 2012, 2013.

FEMA: Homeowner Flood Insurance Affordability Act, 2014.

Committee on the Affordability of National Flood Insurance Program Premiums: Affordability of National Flood Insurance Program Premiums –Report1, Report2, 2015.

国土技術政策総合研究所：米国の洪水保険制度の概要（案），2015．

第4章
適応策の国内の動向・事例

第4章
適応策の国内の動向・事例

4.1 適応策の社会実装に向けて―実例からの教訓―

4.1.1 はじめに

　近年、地震、津波、洪水、土石流、火山噴火等による激甚な災害が相次いで発生している。防災・減災に向けた課題を解決するため、多くの制度や体制の改善が図られてきているが、避難等の災害応急対策が迅速に進まないことや、いわゆる想定外と呼ばれる災害に対しどのように事前の準備を進めるのか等、多くの課題を抱えている。さらに、堤防等の防災インフラの整備水準が低くて災害リスクが高い地域へ、十分な対策がなされないままに住宅や施設の立地が進められている状況や、都市中枢機能、エネルギーや情報基盤を担う基幹施設、地下街、地下の交通機関が浸水する等の新たな被害形態が拡大している。このような、災害リスクの高い地域での災害ポテンシャルの増大、想定外の災害、新たな被害形態の拡大等に対応し、これまで十分活用されてこなかったリスク評価、とりわけ最悪の状況を含むリスク評価とその社会的な共有を基本にした防災・減災対策の強化を進める必要がある。

　このため、これまでの災害現場における筆者の経験や米国ニューヨーク都市圏を襲ったハリケーン・サンディ調査団による緊急メッセージ（合同調査団（2013））等を踏まえ、①災害リスクに基づいた防災・減災対策を多様な主体によって進める「防災・減災の内部化」、②迅速な避難等の災害応急対策を目指す「防災・減災の機動化」、③このような対策の強化に向け、専門家や専門組織（以下専門家）とその役割と位置づけの明確化を目指す「防災・減災の専門家」の3つについて取りまとめ、防災・減災の強化に向けた提案を行う。

4.1.2 防災・減災の内部化

　防災・減災対策を強化する基本は、災害発生によりどのような状況が起こりうるかを可能な限り事前に知ったうえで準備し対応することであると考える。災害リスクを十分踏まえないで進められた準備や対策の効果は、現実に災害が発生した時には限定的で、想定外と呼ばれる災害を増やすことにもなりかねない。さらに、地域の住民、町内会、企業、地方公共団体等多様な主体の日常時の社会・経済活動は、多くの場合リスクと十分リンクしないか無関係になされている。ま

た、防災担当者ですら災害時に何が起きうるのか等の具体的なリスクを知らずに対策に当たっている可能性がある。このため、まず科学的な知見に基づく災害リスク評価を徹底するとともに、このリスク評価が多様な主体それぞれにきちんと伝わり、内容が理解される必要がある。そして、自らの具体的なリスクを知ったうえで、土地利用・建物構造等の選択や避難の可能性・困難性等を日頃から認識し、社会・経済活動を進めることが重要と考える。多様な主体が災害リスク評価を自らの社会・経済活動そのものに組み込んで進める「防災・減災の内部化」は防災・減災対策の基本的な役割を果たし、リスク評価を基本とした防災・減災の社会実装を担うと考える。

　日本の防災・減災対策における災害リスク評価の内部化の過程を、昭和55（1980）年の「総合治水に関する建設省事務次官通達」（1980）、平成12（2000）年の「土砂災害防止法」の制定、平成23（2011）年の「津波防災地域づくり法の制定」の3つの段階を通して整理し、表4.1.1に示す。

表4.1.1　災害リスク評価の内部化の過程

法制度等	総合治水 (事務次官通達)	土砂災害防止法		津波防災地域づくり法	
背景（時期）	都市水害の激化 (昭和55 (1980) 年)	平成11 (1999) 年の広島災害 (平成12 (2000) 年)		東日本大震災 (平成23 (2011) 年)	
基本指針等	事務次官通達	国土交通大臣		国土交通大臣	
対象外力	暫定目標の降雨 (年超過確率5から 10分の1)	急傾斜、地滑り、土石流		最大規模を含めた二段階の外力 （最大規模と発生頻度の 高い規模）	
地域区分・指定と土地利用等の誘導・規制	保水、遊水、低地区域 ・耐水性建築、 盛土高調整 (住民への働きかけ)	土砂災害警戒区域 ・危険の周知 ・警戒避難体制	土砂災害特別警戒区域 ・特定開発行為許可制 ・建築物の構造規制 ・建築物移転等勧告	津波災害警戒区域 ・警戒避難体制	津波災害特別警戒区域 ・特定開発行為の制限 ・特定建築行為の制限 ・住宅等の規制
災害リスク評価とその特徴	・暫定目標の降雨を対象にリスク評価 ・浸水想定区域図は行政内部資料 ・土地利用等の誘導は要請	・リスク評価に基づき危険な区域を対象 ・区域指定し警戒避難体制、土地利用、建築物の誘導・規制		・最大規模を含めた地域の津波リスク評価を基本 ・発生頻度の高い外力を対象にハード施設整備 ・ハード・ソフト施策による多重防御 ・区域指定し警戒避難体制、土地利用、建築物の誘導・規制	

　　　　　　　　　　　　　　　　　　　内部化へ　→

第4章
適応策の国内の動向・事例

　昭和33（1958）年の狩野川台風で本格化した都市水害（高橋（1971））は、昭和50年代以降さらに激化した。これは、堤防等の河川整備の水準が著しく低かったことに加え、高度成長期を通じて、都市の周辺に位置するもともと水害や土砂災害の危険性の高い地域で、住宅、工場、施設等の立地が進んだことが主な要因と考えられる。

　都市水害の頻発と拡大の中で、水害リスク評価を基にした安全な土地利用への誘導や堤防等治水施設整備を進める「総合治水」の考え方が示された。総合治水では、既往の浸水実績と当面の暫定的な目標の降雨（年超過確率5分の1から10分の1）を対象とした水害リスク評価に基づき、河川流域を地形や治水上の特性から保水、遊水、低地の3つに区分し、その特性に応じた土地利用の誘導や水害対策が検討され、ハード・ソフトからなる総合治水対策の計画が策定された。また、浸水実績図および初期の水害のハザードマップともいえる浸水想定区域図が作成された。しかし、リスク評価の基本となる浸水想定区域図は行政の内部資料とすることとされ、総合治水の初期段階では公表されず、社会的なリスク評価の共有には至らなかった。これは、水害リスク評価を公表した場合の地価等の下落を懸念した行政間や地域での議論を通じ、平常時の経済的な価値が優先された結果であり、多様な主体が地域や自らの有するリスク知り、これを基に防災・減災に取り組むことはまだ困難な状況にあった時代といえる。

　平成11（1999）年の広島豪雨では住宅地に激甚な土砂災害が発生した。砂防堰堤や流路工等の整備により土砂災害の危険性の高い地域の安全の確保が進められてきたが、それにもまして危険な区域に住宅等が立地・増加している土地利用の課題が社会的に明らかになった。この災害を受け、土砂災害の危険性を持つ地域に対しリスク評価を行い、これを社会的に共有したうえで警戒避難体制の整備や土地利用の誘導・規制を可能とする、日本の防災・減災制度にとって画期的な「土砂災害防止法」が整備された。

　さらに、東日本大震災を受け、全国の津波による危険性を持つ地域を対象として、津波による災害から国民の生命・身体および財産の保護を図ることを目的に、防災・減災と地域づくりを直接結び付けた「津波防災地域づくり法」が制定された。この法律は、総合治水で組み立てられた地域の災害リスク評価を基本に、ハード・ソフトによる多重防御を組み立てる防災・減災の考え方と、土砂災害防止法でのリスク評価を基にした土地利用等の誘導・規制を組み合わせた制度

として構築された。リスク評価に基づき防災・減災を組み立てる法的な制度設計が、日本で初めてなされたともいえる。国土交通大臣が基本指針を定め、これに基づき都道府県知事がリスク評価と浸水想定区域の設定を行い、市町村が推進計画を策定して、防災施設等のハード防災と避難等のソフト防災による多重防御を目指すという基本的な構造が組み立てられた。さらに、千年から500年に一度といわれる東日本大震災クラスの津波と発生頻度の比較的高い津波の2つをリスク評価の対象にしており、最悪を想定したリスク評価を基本とした初めての制度といえる。

総合治水、土砂災害防止法、そして津波防災地域づくり法の段階を経て、災害リスク評価と地域の社会・経済活動の結びつけを強めることにより防災・減災の仕組みが強化され、多様な主体が防災・減災に関わるようになってきたといえる。このように、多様な主体が自らの具体的な災害リスクを知ることは、防災・減災のための権利ともいえる性格に変わってきているのではないかと考えている。

津波防災地域づくり法で構築された、リスク評価とその社会的共有を基本に防災・減災を組み立てる仕組みは、災害の種類を問わず防災・減災対策の強化に向けた基本であると考える。リスク評価が社会的に共有されて、自らの選択や工夫とともに公的な支援や規制といった多様な手段が一体となって、効果的で有効な手段として機能することが期待される。

4.1.3 防災・減災の機動化

現実に災害が発生した場合に避難や避難に関わる判断・意思決定ができず、迅速な避難が行えないことが多い。特に、災害対策基本法に基づく避難指示等の公的な避難の判断・意思決定を担う市町村長は、困難な状況におかれている。「情報が入らず、状況把握も十分できず、何をどうしたらいいのか分からず大変だった」、「危ない危ないだけなら私でも言える」、「学問がほしい」等々被災した市町村長の発言に、その状況が示されている。さらに、発災時の避難だけでなく、災害の長期化に伴う中での社会・経済活動の再開等に向けた避難の解除に当たっての判断の難しさが語られている。

また、災害は事前の想定とは異なる状況で発生するだけでなく、発生後の状況やそのリスクはさらに変化していくことが一般的である。このため、事前の防災計画の策定やこれに基づく訓練等に加え、実際に発生した災害とその変化に対応

したリスク評価と、これに基づく機動的な意思決定と応急対策が必要である。さらに、情報化時代にもかかわらず、災害応急対策に必要な情報の収集・集約が困難な状況にある。このように、災害発生時の状況とリスクの変化に対応した迅速な意思決定と応急対策を可能にする「防災・減災の機動化」が必要である。

平成23（2011）年の紀伊半島大水害において、国土交通省から派遣されたTEC-FORCEに対して「住民の避難に必要な情報が不足し、さらに、危険の程度をどう把握したらいいのか苦慮していたところに、災害状況の全般が分かり、避難等の判断に必要な危険の程度を示す情報を提供していただき助かった」と評価する市町村長の言葉の中に、災害発生時に必要となる情報や機能が示されている。

災害発生時を対象とした防災・減災対策を強化するために、地域で何が起こりうるのかというリスク評価の徹底と社会的共有を進めるとともに、災害発生時の市町村長の意思決定に必要な情報を確実に収集・集約し、その情報に基づいた災害のリスク評価と応急対策の検討を具体的に支援できる体制の整備が求められている。

阪神・淡路大震災の検証に基づき、災害対策基本法が改正され、現地への権限移譲と迅速な意思決定等による災害応急対策の強化をめざした政府現地対策本部の設置が可能となった。平成12（2000）年の有珠山噴火において初めて政府の現地本部が設置され、地方公共団体の災害対策本部と一体となって、速やかな情報収集・集約とその共有化や、災害の状況変化に応じた迅速で効果的な避難の意思決定等で大きな効果を発揮したが、その後の大規模な災害ではこのような明確な体制はとられていない。平成23（2011）年の紀伊半島大水害では、被災した市町村の本部に国・県等の専門家や研究者が加わったミニ現地災害対策合同本部ともいえる連携した体制が組まれ、実効ある迅速な対応につながった。こうした例を踏まえ、政府が非常災害対策本部を設置するような規模の災害でなくとも、現地に合同組織を設置し迅速かつ実効ある意思決定を支援する体制や仕組みを設けることが必要である。

また、災害応急対策を迅速かつ効果的に行うためには、災害リスク評価に基づき災害時に必要となる事項を共通化、標準化するとともに、これを担う主体と責任を明確にしなければならない。その上で、役割分担に基づき事前の準備を連携して行い、災害発生に備えることが必要である。しかし、米国FEMA（Federal Emergency Management Agency、アメリカ合衆国連邦緊急事態管理庁）のESF

(Emergency Support Function、緊急支援機能）に相当する機能は、日本では制度上明確化・標準化されていない。各省庁等や都道府県・市町村等の総括的な役割分担は防災計画等で示されているが、災害発生に伴う具体的な役割分担は、発災後に調整し決めているのが一般的である。特に国と地方公共団体との役割分担を事前に決めるには制度上も難しい側面があり、迅速な対応が困難となっている。

現在、迅速かつ効果的な災害応急対策を目指し、国が管理する河川を中心に進められているタイムラインは、ニューヨーク都市圏に激甚な被害をもたらしたハリケーン・サンディに関する調査団による緊急メッセージ（合同調査団（2013））を契機に取り組みが始められた。

このタイムラインは、災害リスク評価に基づき災害時に必要な応急対応項目を共有化・標準化するとともに、項目毎の責任と役割分担を明らかにした上で時系列に沿った準備を行い、発災時の対応を強化することを目的としている。このように、タイムラインは災害発生時の意思決定を強化することを目的としており、事前の意思決定を促進するものともいえる。このため、タイムラインに取り組むに当たっては少なくとも下記の3つの条件を踏まえる必要がある。

① 最悪の状況を含めて災害時に何が起こりうるのかのリスク評価の実施
② リスク評価の社会的共有、少なくとも防災関係機関での共有
③ リスク評価に基づく災害時対応事項の責任・役割分担の明確化と時系列的な準備

こうしたリスク評価に基づくタイムラインへの取り組みにより、防災・防災減災の機動化が抱える課題が具体的な解決に結びつくことが期待される。

4.1.4 防災・減災の専門家

防災・減災の内部化や機動化には、専門家の役割が重要かつ不可欠である。特に、発災時の災害応急対策での専門家の役割や位置づけを明確にした体制の強化が必要と考える。阪神・淡路大震災の検証を行った行政改革会議の中間整理では、専門家の役割を明確にするとともに、意思決定者や事務局は平素から専門家とのネットワークを構築し、いざという時に備える必要があるとしている。これまでに、市町村長への助言の仕組みの強化等がなされているが、さらに、専門家の機能を十分発揮させるための体制の整備が必要である。

防災・減災の専門家は広範な分野を担っているが、これまで述べてきた内部化

と機動化の観点から、避難や救助等に関する機能・役割と、災害の原因となる自然現象の調査・観測ならびにその評価に関する機能・役割に分けて考える。まず、前者は、災害発生時に避難の支援や、住民の捜索・救助・救急等さらには資機材の輸送等を担う消防・警察・自衛隊・DMAT等の組織によって主として担われている。阪神・淡路大震災においては政府等の危機管理機能が欠けていたことと大規模災害における広域支援体制が脆弱であったことから、この機能強化に向けた組織の創設等がなされ、東日本大震災において大きな役割を果たした。後者は災害の原因となる自然現象の調査・研究に関わる者であり、河川・砂防等の防災施設の管理やリスク評価等を行う者も対象となると考える。

災害に関する研究の進展や観測体制の強化と情報化社会の進展により、現在は災害発生の予兆や発生した災害の状況の把握と、これらの情報を迅速に収集したうえでの災害応急対策が可能になっている。このため、災害発生後の対応に重点が置かれていた従来の災害応急対策の役割が、発生前の前兆から発生とその変化等の過程全体を通じた対応へと広がっており、災害発生の過程を通じた災害リスク評価とこれを担う専門家の役割と責任が大きくなっている。専門家の役割等に関する災害応急対策の仕組みを整備するとともに、災害発生時には時間等多くの制約がある中での対応になることを踏まえ、意思決定者と専門家の間の信頼関係や、専門的な知見に関する意思決定者の一定の理解を事前に準備しておくことも求められる。このため、事前のリスク評価や防災計画の策定、またハザードマップの作成等の過程から災害発生時を含めた一連の流れの中での信頼関係の構築を可能とする基盤づくりが求められる。

このような対応を可能とする体制を整備していくに当たり、市町村ごとの専門家の確保や体制の構築は、予算や専門家等の制約があり現実的でない。このため、災害応急対策で市町村長の評価を得ている国土交通省のTEC-FORCEのような、専門的・広域的な機能と役割を担う組織の強化や創設が必要と考える。

4.1.5 まとめ

相次ぐ激甚な災害の発生をうけ、抜本的な防災・減災対策の強化が求められている。このためには、災害の特性、地域の特性を踏まえた災害現場における具体的な課題を検証し、科学的・専門的な知見の基で改善・強化すべき事項を、制度や仕組みを通じて解決していく必要がある。また、何が起こりうるのかという最

悪の状況を含めた災害リスク評価の徹底と、その社会的共有を基本に防災・減災の強化を始める必要がある。さらに、多様な主体が自らのリスクを理解して土地利用や住まい方の選択・判断を行う防災・減災と公的な誘導や規制を組み合わせることで、効果的でかつ柔軟な対策につなげることができると考える。

また、タイムラインで取り組まれている災害発生時に必要となる事項の共通化・標準化と責任・役割分担を明らかにした事前の準備が、迅速かつ効率的な災害応急対策につながると考える。現在進められている水害を中心としたタイムラインの取り組みや、水防法改正による想定しうる最大規模の洪水・内水・高潮への対策の位置づけ等はこうした方向を目指した取り組みである。このようなリスク評価の徹底を基本とする取り組みは、災害の種類や地域の特性を超えて広く防災・減災の強化につながるものであり、発生が危惧される大規模災害に向け、一層の防災・減災対策の強化が進むことを期待するものである。

4.2 気候変動の地元学

気候変動への適応策の検討方法には、トップダウン・アプローチとボトムアップ・アプローチがある。トップダウン・アプローチは「将来予測結果という科学知」を起点とするのに対して、ボトムアップ・アプローチは「現在影響に関わる現場知」を起点とする。「気候変動の地元学」は、ボトムアップ・アプローチの方法の一つである。

気候変動の地元学では、地域で発生している気候変動の「影響事例調べ」を行い、その共有化を出発点にして、適応策を検討していく。水俣市の吉本哲郎氏が実践してきた「地元学」は、地域住民が主体となって、地域にあるものを調べ、それを地域に役立てる方法を考えていく地域づくりの方法である。一連のプロセスを通じた主体形成と主体間の関係形成を重視し、地域住民が中心となること、また地域住民（「土の人」）だけでなく、地域外の人（「風の人」）の視点や助言を得ていくことにもこだわりがある。この地元学の考え方を踏まえて、地域主体が、地域にあるものが気候変動の影響をどのように受けるかを調べ、適応策の考え方や気候変動の将来影響予測結果等の専門情報を活かして、気候変動時代の地域づくりを考える。こうした一連の実践課題解決型の学習プログラムを「気候変動の地

元学」と名づけている。

「気候変動の地元学」は、平成26（2014）年度に長野県飯田市で試行され、平成27（2015）年度には全国各地の地球温暖化防止活動推進員の研修等として実施されている。これらの実施は学習を狙いとしたものであるが、さらに発展させれば、ボトムアップで適応策を検討する、次のような一連の流れを組むことができる。

① 地域主体が感じている気候変動の影響事例調べを行い、それを地図や年表、因果連鎖図等にまとめるともに、現在顕在化している可能性がある気候変動の影響を網羅的にリストアップする。

② この際、影響事例だけでなく、個々の影響を顕在化させている社会経済的要因についても回答してもらい、その要因の改善に踏み込んだ適応策のメニューを整理する。

③ ①および②までのステップを、地域主体によって実施した後、専門家によって、地域主体が整理した影響事例および適応策の科学的な検証を行う。また、関連する将来予測情報の整理を行う。

④ ③の結果をもとに、地域主体と専門家が一緒になって、影響事例および適応策のメニューについて、科学的な根拠の有無や被害の深刻度、大きさ等を考慮して、優先順位づけを行う。整理したメニューについて、地域主体、専門家、地域行政等の役割を整理する。

「気候変動の地元学」によるボトムアップ・アプローチの利点として、次の3点がある。

第1に、地域主体でないと気付かない影響を掘り起こすことができる。影響は地域の自然条件や社会経済条件によって特殊性がある。例えば、飯田市は干し柿の産地であるが暖冬化によってカビが生えやすくなっている。このことは地元では当たり前であっても、外部の専門家には認知されていない。全国各地域に汎用性はないが、地域にとっては深刻な課題があり、それは地元学によって初めて抽出される。

第2に、気候変動の地域への影響を「自分事化」する地域主体の学習を促す効果が期待できる。影響実感は適応の必要性を促すだけでなく、緩和行動を促すことが示されている（白井ら（2014））。気候変動に関わる学習は、トップダウン・アプローチによっても促されるが、現在身の周りに生じている影響に自ら気づくことの方が、学習効果が高い可能性がある。この気づきは、住民個人の適応能力を

高める点で重要である。
　第3に、影響事例調べにおいて、影響を顕在化させる社会経済的要因を抽出することができる。社会経済的要因は、土地利用や経済構造、社会構造等として汎用的に想定できるが、その具体的な状況は地元学で初めて抽出することができる。例えば、山間地域において、特に高齢化や若者不足で道路の点検ができずに、豪雨による道路の寸断に対応できないなど、社会経済的要因についても地域住民からの回答を得ることができている。気候変動影響を顕在化させる地域内の特殊な社会経済条件は地元学により抽出され、これにより地域の社会経済条件の改善としての適応策をきめ細かく実施することが可能となる。
　以上のような気候変動の地元学は気候変動の影響分野を特定せずに実施しているが、水・土砂災害分野に特定して実施することも考えられる。

4.3　関東平野のゼロメートル地帯の防災

　関東平野のゼロメートル地帯は首都圏として人口・資産も集中しており、いったん洪水や高潮などに見舞われるとその被害の程度や波及効果は計り知れない。内閣府の試算によると、荒川右岸北区志茂付近で氾濫した場合、浸水面積110km²、浸水区域内人口は約120万人に及び、死者1千人、地下鉄等17路線97駅が浸水するなど甚大な被害が生じる怖れがある。また、平成27(2015)年8月には社会資本整備審議会から「水災害分野における気候変動適応策のあり方について〜災害リスク情報と危機感を共有し、減災に取り組む社会へ〜　答申」(以下、気候変動適応策答申)が出されている。本節では、気候変動適応策答申の概略を紹介し、適応策として考えられ、先行的に取り組みが進められて全国初の本格的なタイムライン(事前防災行動計画)となっている「荒川下流タイムライン」を紹介する。

4.3.1　気候変動適応策答申

　気候変動適応策答申では、これまでの水害に関する災害リスク情報は洪水防御計画の基本となる降雨を対象とした浸水想定を作成するのみであったが、水災害分野の気候変動適応策の基本的な考え方として、今後は災害リスクの評価や災害リスクの情報共有により、比較的発生頻度の高い外力に対しては施設により災害

の発生を防止し、施設の能力を上回る外力に対しては施設を総動員してできる限り被害を軽減し、施設の能力を大幅に上回る外力に対してはソフト対策を重点に「命を守り」、「壊滅的被害を回避」することを目的としている。さらに、水害（洪水、内水氾濫、高潮）、土砂災害、渇水に対する適応策、適応策を推進するための共通的事項を挙げており、特に、水害、渇水については比較的発生頻度の高い外力に対する防災対策と、施設の能力を上回る外力に対する防災対策を示している。施設の能力を上回ると想定し得る最大規模の外力の発生や具体的な被害を想定し、関係者による災害リスクの評価ならびに災害リスクの情報共有による事前の備えが必要である（表4.3.1）。

4.3.2 荒川下流タイムライン（試行案）

タイムラインとは、ハリケーンに対する事前の防災行動である「いつ」「何を」「誰が」を時系列に沿って整理したもので、2012年に米国を襲ったハリケーン・サンディで効果を発揮した。このタイムラインを、気象の状況、河川の特性、防災の制度が異なる我が国にも導入すべく、まずは、平成26（2014）年8月から荒川下流部の東京都北区・板橋区・足立区をモデルエリア（国土交通省荒川下流河川事務所の管理区間で、右岸上流部の氾濫ブロック）（図4.3.1）として関係機関（20機関37部局）（表4.3.2）が検討を進めてきた。

荒川下流タイムラインの検討では、想定ハザードとして雨量確率1/200規模のカスリーン台風（昭和22（1947）年）を用いている。この降雨を対象として現在の河川状況で計算した水位と、カスリーン台風と同等の進路、規模、速度を与え、風速に関しては平成23（2011）年台風第15号時と同等としている。

平成27（2015）年5月に公表され運用が開始された荒川下流タイムライン（試行案）は、想定ハザードによる水災害の発生を想定した1つのシナリオに基づき、モデルエリアにおける、関係機関の防災行動項目をとりまとめたものである（図4.3.2）。

荒川下流タイムラインでは、3つのテーマ別ワーキンググループを設置して検討を進め、平成27（2015）年5月に3つのタイムライン（試行案）をとりまとめている。1つ目は、足立区千住地区を対象として、住民の避難、地下街からの避難、訪問者の避難などの検討を行い、被災者の最小化を目的として多数の避難者・訪問者の最適な避難行動についてとりまとめた「住民避難に着目したタイムライ

4.3 関東平野のゼロメートル地帯の防災

表 4.3.1　適応策の概要

水害（洪水、内水、高潮）に対する適応策

〇 比較的発生頻度の高い外力に対する防災対策

【これまでの取組をさらに推進していくもの】
- 施設の着実な整備
- 既存施設の機能向上
- 維持管理・更新の充実
- 水門等の施設操作の遠隔化等
- 総合的な土砂管理

【取組内容を今後新たに検討するもの】
- できるだけ手戻りのない施設の設計
- 施設計画、設計等のための気候変動予測技術の向上
- 海面水位の上昇の影響検討
- 土砂や流木の影響検討
- 河川と下水道の施設の一体的な運用

〇 施設の能力を上回る外力に対する減災対策

1) 施設の運用、構造、整備手順等の工夫

【これまでの取組をさらに推進していくもの】
- 観測等の充実
- 水防体制の充実・強化
- 河川管理施設等を活用した避難場所等の確保
- 粘り強い構造の海岸堤防等の整備

【取組内容を今後新たに検討するもの】
- 様々な外力に対する災害リスクに基づく河川整備計画の点検・見直し
- 決壊に至る時間を引き延ばす堤防の構造
- 既存施設の機能を最大限活用する運用
- 大規模な構造物の点検
- 氾濫拡大の抑制と氾濫水の排除

2) まちづくり・地域づくりとの連携

【これまでの取組をさらに推進していくもの】
- 総合的な浸水対策
- 土地利用状況を考慮した治水対策
- 地下空間の浸水対策

【取組内容を今後新たに検討するもの】
- 災害リスク情報のきめ細かい提示・共有等
- 災害リスクを考慮した土地利用、住まい方
- まちづくり・地域づくりと連携した浸水軽減対策
- まちづくり・地域づくりと連携した氾濫拡大の抑制

3) 避難、応急活動、事業継続等のための備え

① 的確な避難のための取組

【これまでの取組をさらに推進していくもの】
- 避難勧告の的確な発令のための市町村長への支援

【取組内容を今後新たに検討するもの】
- 防災教育や防災知識の普及
- 避難を促す分かりやすい情報の提供
- 避難の円滑化・迅速化を図るための事前の取組の充実
- 広域避難や救助等への備えの充実

② 円滑な応急活動、事業継続等のための取組

【これまでの取組をさらに推進していくもの】
- 災害時の市町村への支援体制の強化

【取組内容を今後新たに検討するもの】
- 防災関係機関、公益事業者等の業務継続計画策定等
- 氾濫流の制御、氾濫水の排除
- 企業の防災意識の向上、水害BCPの作成等
- 各主体が連携した災害対応の体制等の整備

土砂災害に対する適応策

（土砂災害の発生頻度の増加）
- 人命を守る効果の高い箇所における施設整備
- より合理的な施設計画・設計の検討
- タイムラインの作成と支援による警戒避難体制の強化

（警戒避難のリードタイムが短い土砂災害）
- 土砂災害に対する正確な知識の普及
- 的確な避難勧告や避難行動を支援するための情報の提供

（計画規模を上回る土砂移動現象）
- 少しでも長い時間減災効果を発揮する施設配置や構造の検討

（深層崩壊）
- 大規模土砂移動現象を迅速に検知できる危機管理体制の強化

（不明瞭な谷地形を呈する箇所での土砂災害）
- 地形特性を踏まえた合理的な施設構造の検討
- 危険度評価による重点対策箇所の検討

（土石流が流域界を乗り越える現象）
- 氾濫計算による土砂量や範囲の適切な推定

（流木災害）
- 透過型堰堤、流木止めの活用
- 既存不透過型堰堤の透過型化を検討

（上流域の管理）
- 地形データ等の蓄積による国土監視体制の強化

（災害リスクを考慮した土地利用、住まい方）
- 土砂災害警戒区域等の基礎調査及び指定

渇水に対する適応策

〇 比較的発生頻度の高い渇水による被害を防止する対策

【これまでの取組をさらに推進していくもの】
- 既存施設の徹底活用等
- 雨水の利用
- 再生水の利用
- 早めの情報発信と節水の呼びかけ
- 水の重要性に関する教育や普及啓発活動

〇 施設の能力を上回る渇水による被害を軽減する対策

【これまでの取組をさらに推進していくもの】
- 水融通、応援給水体制の検討
- 渇水時の河川環境に関するモニタリングと知見の蓄積

【取組内容を今後新たに検討するもの】
- 関係者が連携した渇水対応の体制等の整備
- 取水制限の前倒し等
- 渇水時の地下水の利用と実態把握
- 危機的な渇水時の被害を最小とするための対策

適応策を推進するための共通的事項

〇 国土監視、気候変動予測等の高度化
〇 地方公共団体等との連携、支援の充実
〇 それぞれの対策の進め方や目標の時期等をできる限り明らかにしたロードマップの策定、進捗状況を踏まえた適宜の見直し

〇 調査、研究、技術開発の推進等
〇 技術の継承等

第4章
適応策の国内の動向・事例

図 4.3.1　検討のモデルエリア

表 4.3.2　荒川下流タイムライン参加機関（20 機関）

東京都北区	東武鉄道（株）
東京都板橋区	京成電鉄（株）
東京都足立区	首都圏新都市鉄道（株）
東京都	東京都立　高島特別支援学校
東京消防庁	東京都立　板橋特別支援学校
警視庁	板橋区立　高島平福祉園
東京電力（株）	板橋区立　特別養護老人ホーム　いずみの苑
東日本電信電話（株）	独立行政法人　都市再生機構
東日本旅客鉄道（株）	気象庁　東京管区気象台
東京地下鉄（株）	国土交通省　関東地方整備局

4.3 関東平野のゼロメートル地帯の防災

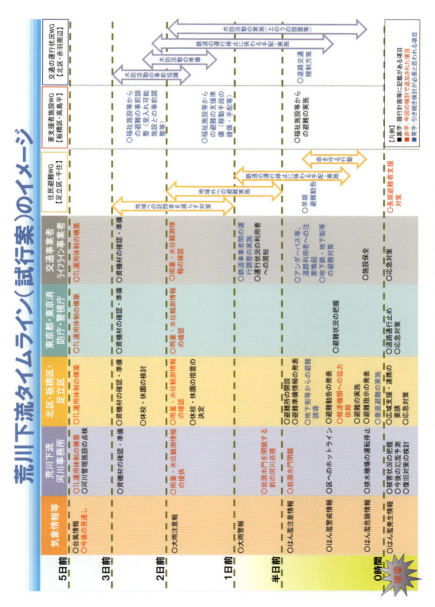

図 4.3.2 荒川下流タイムライン（試行案）のイメージ

ン」である。次に、北区赤羽周辺を対象として、避難と交通の関係、水防と交通の関係、退避と交通の関係などの検討を行い、被害の拡大防止を目的として道路交通・鉄道交通の最適な運行状況についてとりまとめた「交通の運行状況に着目したタイムライン」である。そして最後に、板橋区高島平地区を対象として、高齢者施設からの避難、障害者施設からの避難、独居高齢者の避難などの検討を行い、被災者の最小化を目的として、1人で避難が困難な方の最適な避難行動についてとりまとめた「避難行動要支援者施設に着目したタイムライン」である。

これら3つのタイムライン（試行案）では、それぞれ、300項目弱の防災行動項目を時系列で整理しており、防災行動項目を黒字（現行計画等に記載のある防災行動項目）、赤字（今回の検討で追加された防災行動項目）、青字（引き続き検討が必要と思われる防災行動項目）の3色に分けて分類されている。

防災行動項目のうち、区をまたぐ広域避難に関する事項や局所的に堤防が低い箇所の水防活動については、試行案作成時点では当該防災行動項目の「いつ」と「誰が」を具体的に決めるまでには至らなかったことから、時間軸に幅を持たせて手順を整理している。なお、実際の台風接近時には、台風、降雨、河川の状況等により、時間軸が変化するため、その都度状況を踏まえ、各機関が責任を持って各防災行動項目の実施を判断することとしている。

4.3.3 荒川下流タイムラインの実際の台風への適応と今後の課題

平成27（2015）年5月の荒川下流タイムライン（試行案）の作成後、平成27（2015）年には8つの台風を対象にタイムライン（試行案）を適用した（表4.3.3）。

しかし、これら8つの台風は幸いにも荒川流域に大きな降雨をもたらすことがなかったため、想定していた防災行動項目を次々に実行するような事態には至らず、鬼怒川に大きな被害をもたらした台風18号でも－72時間までのタイムラインの進行となった。この台風18号では、タイムライン（試行案）に基づき、関係機関が台風情報の収集等を実施するとともに、国土交通省荒川下流河川事務所では水門などの動作確認を実施した。また、運用調整グループ会議を開催し、東京管区気象台が関係機関へ台風の進路や今後の雨の見通しなどについて説明した。

我が国におけるタイムラインの検討はまだ始まったばかりであり、これらの試行を踏まえ、引き続き、我が国の防災対策に適合するよう検討を続けていく必要がある。また、鉄道等の運行停止や広域避難など、社会経済活動にも大きな影響

表 4.3.3　平成 27（2015）年荒川下流タイムライン試行案の適用実績

No	名称	適用開始日時	適用終了日時	終了時点の TL 設定上時刻
1	台風第 9 号	7/3　12 時	7/9　12 時	－120 時間
2	台風第 11 号	7/9　12 時	7/17　16 時 30 分	－96 時間
3	台風第 12 号	7/21　13 時	7/27　10 時	－120 時間
4	台風第 15 号	8/19　13 時 30 分	8/26　11 時	－120 時間
5	台風第 16 号	8/19　13 時 30 分	8/24　10 時 30 分	－120 時間
6	台風第 17 号	9/7　13 時	9/11　13 時	－120 時間
7	台風第 18 号	9/7　13 時	9/10　13 時	－72 時間
8	台風第 20 号	9/16　13 時 30 分	9/18　17 時 30 分	－120 時間

を与える防災行動を受け入れる社会環境の醸成も重要である。そのため今後は、以下を重点課題として取り組むこととしている。

① 試行結果等を踏まえた点検・改善を実施し、タイムラインへの反映を図る。
② 現在、テーマ毎に作成しているタイムライン（試行案）を統合する。
③ 統合したタイムラインを用いて、対象エリアを3区以外の市区へ拡大する。
④ タイムラインを一般の方々に浸透させる広報活動を展開する。

また、各関係機関がそれぞれに防災行動の充実に取り組み、その結果をタイムラインに反映させていくことにより、他の参加機関の防災行動も充実させることができると考えている。一方、タイムラインの作成を通じて明確になった、広域避難等のこれまで未整備であった課題に対しても、別途、関係機関が協力して検討を進め、その結果をタイムラインに統合していくことで、水災害に対する地域の防災力が総合的に向上していくものと考えている。そして、現在は 1/200 規模としている想定ハザードを、さらに強大な規模に設定して検討すること等により、タイムラインを中心として気候変動適応策を推進させていくことができると考えており、引き続き、関係機関と一致協力して取り組むこととしている。

4.4 東海地方の洪水・高潮対策

東海地方では、和歌山県潮岬付近に上陸し紀伊半島を縦断した昭和34（1959）年の伊勢湾台風が、明治以来最大といわれる深刻な高潮による被害を発生させた。名古屋港において観測史上最高となる潮位を観測し、岐阜・愛知・三重で5000人を超える死者・行方不明者が発生した。復旧工事に当たっては、伊勢湾台風の潮位、波高を踏まえて、木曽川河口付近・海岸部での高潮堤防の高さや構造が決められ、国・県が一致協力して伊勢湾台風から僅か3年という早さで復旧事業を完成させている。

また、洪水被害としては、昭和51（1976）年台風17号によって岐阜県安八郡安八町で木曽川水系長良川堤防が決壊した安八豪雨、平成12（2000）年台風14号によって愛知県西部を流れる新川で堤防が決壊した東海豪雨など、多くの水害に見舞われてきている。これらの洪水被害に対しては、災害復旧を行うとともに、現在、木曽川水系、庄内川水系等において、それぞれおおむね戦後最大洪水を目標外力として、計画的に河川の整備が進められているところである。

濃尾平野の地理的・地形的特性としては、人口と資産が集積し、我が国最大の「ものづくり」地域であるとともに、我が国最大のゼロメートル地帯でもある。非常に災害に対し脆弱であることから、水害が発生した場合にはその被害が日本の経済に甚大な影響を及ぼすという厳しい立地条件となっている。

一方、近年の地球規模での気候変動に伴う異常気象や、大規模な台風、高潮、地震などの自然災害が、日本だけでなく世界各地で頻発しており、計画規模や現況の施設整備水準以上の洪水・高潮が発生した場合を想定して、その被害の最小化を図る検討の重要性が指摘されてきた。

2005年に、濃尾平野と同じようなゼロメートル地帯が広がる米国ニューオリンズで、ハリケーン・カトリーナによる大被害が発生し、平成18（2006）年1月に「ゼロメートル地帯の高潮対策検討会」（国土交通省）により、関係機関が設置する地域協議会において大規模浸水を想定した「危機管理行動計画」を策定することが提言された。このため、国土交通省中部地方整備局が、平成18（2006）年11月に「東海ネーデルランド高潮・洪水地域協議会（作業部会）」（以下、TNT）を設置した。

TNT は、国の様々な機関の地方支分部局、地方自治体（県、市町村）、道路・鉄道等の施設管理者、上水道・電力等のライフライン施設管理者などと、ファシリテータとしての学識者によって構成される。

　平成 27（2015）年 3 月に、「危機管理行動計画（第三版）」として、現在参画している 53 機関により、それまでの検討内容がとりまとめられた。危機管理行動計画の定義、位置づけ、とりまとめ方針は以下のとおりである。

- ・定義

　東海地方での計画規模を超える高潮や洪水に備えるため、関係機関に必要とされる行動を、現状の枠組みにとらわれることなく立てた行動計画であり、今後、関係機関が連携して行動する際の規範となるべき計画。

- ・位置づけ

　本行動計画と災害対策基本法等との整合性が図られるものとなった段階で、各機関が、適宜、水防計画、地域防災計画等に反映するもの。

- ・とりまとめ方針

　水災の発生が予想される時点から応急復旧が完了するまでの望ましい行動規範をガイドライン的にとりまとめる。

　「危機管理行動計画（第三版）」は、①被害想定・タイムライン編、②情報共有、水防・避難計画編、③救助・応急復旧計画編の 3 編からなる。

4.4.1　被害想定・タイムライン編

　想定外力・被害想定は、スーパー伊勢湾台風級の規模（中心気圧 910hPa）が名古屋に最も影響を与えるルートを通過、洪水は 1/1000 の確率規模の雨量が発生し、各河川で破堤する複合的なシナリオとした。これらが図 4.4.1 に示すような時系列で発生し、この結果、高潮・洪水被害最大浸水想定は、図 4.4.2 となる。この

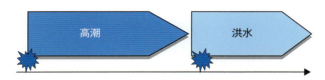

図 4.4.1　高潮災害と洪水災害のシナリオ

第4章
適応策の国内の動向・事例

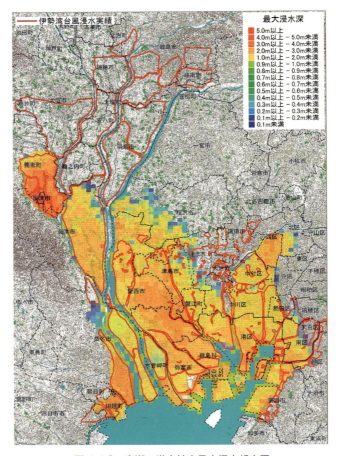

図 4.4.2　高潮・洪水被害最大浸水想定図

　浸水想定では、約 49320ha の浸水面積、浸水エリアを含む市区町村に居住している人口は約 240 万人（平成 22（2010）年国政調査）となっている。また、この浸水により、電力・ガス等のライフライン、地下鉄・道路等の交通機関が停止し、都市機能が停止する事態となる。
　このような被害を最小にするため、避難・救助活動と応急復旧活動が重要となる。それぞれの活動を具体化するため、時系列的にフェーズを設定し、タイムラインとしてとりまとめた。

- フェーズ 0

  台風上陸 1 日半前の気象情報により、東海地方に甚大な被害が発生すると判断される状況。台風上陸 24 時間前に、気象庁から特別警報発表の可能性が言及。避難準備情報ならびに避難勧告、避難指示が発令。

- フェーズⅠ

  高潮や洪水氾濫が発生し、ゼロメートル地帯を中心に広範囲の浸水被害が発生した状況。広域活動拠点の設置、救出活動や医療救護活動を重点的に実施。

- フェーズⅡ

  排水作業を重点的に行う状況。排水が完了した地域から、順次、救出活動、応急復旧を実施。

- フェーズⅢ

  大方の排水作業完了を受け、社会インフラ、ライフライン等の応急復旧を重点的に実施。

4.4.2 情報共有、水防・避難計画編

　高潮と洪水の複合災害での浸水エリアに居住する人口は約 240 万人、要避難者数は約 57 万人である。その中で先行的な来襲が想定される高潮による浸水エリアでは、要避難者数は約 38 万人、そのうち広域避難を必要とする人数は約 18 万人である。その避難先は広大なゼロメートル区域の外となることから、県をまたがる広域避難計画となる。関係機関が広域連携して対応を図ることが必要であり、事前に、情報共有やそれぞれの機関の活動方針を申し合わせておくことは、円滑な防災対応として重要である。

　このため、情報共有本部の設置、情報共有内容、情報伝達等の考え方とともに、避難活動の考え方をとりまとめた。情報共有本部は、被災前の避難活動等に関わる重要な情報の共有化を図るとともに、被災後の設置が予定される政府の非常災害現地対策本部へのスムーズな移行を目指して設置される（図 4.4.3）。

　避難計画としては、広域的かつ大規模な避難が必要なため大局的な視点が必要となるが、避難の判断については、市町村、県を超える対応が求められるこのような大規模災害時での特別な事例はない。各地方自治体が避難指示等の判断をすることとなるが、これだけ社会的影響が大きな避難に至る意思決定の流れ、避難

第4章
適応策の国内の動向・事例

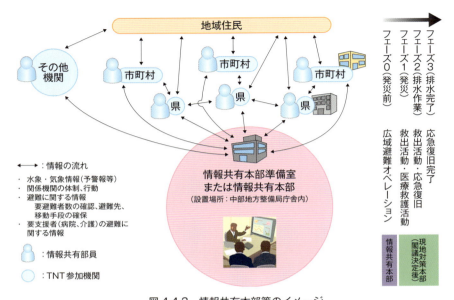

図 4.4.3　情報共有本部等のイメージ

の時期を定めるには、大きな課題がある。

　避難の場所については、避難先の方向性までは示したが、多数の避難者を受け入れる避難先として今後受け入れ先との調整、具体化が必要となる。避難経路、避難誘導についても、18万人の避難を行うためには、公共交通機関等の活用も含めた検討が必要となる。

　一方、危機管理行動計画は、防災関係者ならびに、様々な公的な役割を持つ施設管理者等の行動を記すものであるが、このような大規模災害の被害を小さくするためには、住民の避難行動・企業自らの防災行動がもう一つの柱として重要である。経験していない大規模災害に備えて住民が自主的に避難行動を起こす意識の醸成を図るために、防災関係機関だけでなく、広く住民に伝わる日頃からの情報発信に取り組んでいくという課題が残されている。

4.4.3　救助・応急復旧計画編

　災害発生後における救助・応急復旧をいかに速やかに行うかは日本の経済活動全体にも影響する課題であり、事前準備、発生後の対応の取り決めを行うことは

非常に重要である。本計画では、救命・救助、医療・救護をフェーズⅠ、排水、緊急輸送路確保をフェーズⅡ、施設（堤防・交通・ライフライン）応急復旧をフェーズⅢとして、1ヶ月を目安とする作業目標としている（図4.4.4）。

しかし、これらの応急復旧計画は、他の地方からの支援を前提としたものであり、全国で災害が発生した場合の体制確保等の課題が残されている。

TNTでは、今後、上記の様々な課題に対応すべく、3つのワーキンググループを設置して検討を進めていく。

① 被害想定ワーキンググループ

　　想定される被害を定量化するとともに、中小河川や内水による氾濫を含めた実災害現象の認識・共有化を図る。

② 情報伝達・共有ワーキンググループ

　　TNT協議会メンバーが共有すべき情報について整理し、いつ、誰が、どのような情報を発信するか等について、タイムライン形式でまとめる。

③ 避難ワーキンググループ

　　広域避難計画の策定に向けて検討が必要となる課題を整理し、TNT協議会として検討すべき課題をとりまとめる。

様々な課題に特化したこれらのワーキンググループにおいて、今後一層検討が進められ、様々な関係機関がより連携した実効性のある行動計画が策定されることを目指している。

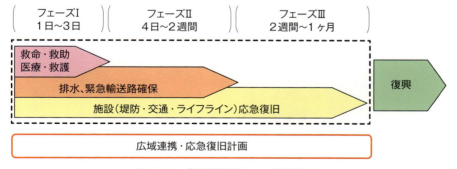

図4.4.4　応急復旧のフェーズの考え方

4.5 見附市の洪水対策について

　見附市は新潟県の中央部に位置する人口約 4 万 1 千人（平成 27（2015）年 8 月 1 日現在）、面積 77.91km² のまちで、古くから繊維・ニット製品の製造と、コシヒカリに代表される稲作を中心とした農業を基幹産業としてきた。

　当市は、平成 16（2004）年と平成 23（2011）年の新潟・福島豪雨による 2 度の激甚災害に見舞われている。災害という点では、平成 16（2004）年 10 月の中越大震災も経験しているため、7 年間で 3 度の激甚災害を経験したことになる。平成 16（2004）年と平成 23（2011）年の水害に対する市の対応は大きく異なり、結果として、最大時間雨量は平成 16（2004）年より多い集中豪雨だったにもかかわらず、平成 23（2011）年の水害では被害を大幅に軽減することができた。ここでは、平成 16（2004）年の水害後に講じた対策とその効果について述べることとする。

4.5.1　平成 16（2004）年 7 月の新潟・福島豪雨とその後の対策

　平成 16（2004）年以前の見附市では、水害はあったが災害対策本部を設置するほどの規模のものはなく、全職員に大災害の経験がない状態であった。しかし、平成 16（2004）年 7 月 13 日未明からの大雨は 24 時間雨量で 423mm を記録し、市内を流れる刈谷田川は 6 箇所で破堤、うち 5 箇所が見附市内だった。市では災害対策本部を設置したものの、職員は災害未経験者であり、また、避難勧告を発令するためのデータや判断材料も乏しく、現場からの報告を頼りに人命を最優先にした救助に重点を置いて対応せざるを得ない状況であった（図 4.5.1、図 4.4.2）。

図 4.5.1
市街地の浸水状況（平成 16（2004）年）

図 4.5.2
ボートによる救助（平成 16（2004）年）

災害後、最初に「災害検証」を行った。全職員から8部門、24テーマ、63項目に及ぶ検証を実施し、課題を抽出した。この検証と災害復旧事業とで講じた各種対策は以下のとおりである。

(1) ソフト対策
1) 情報収集について
 避難判断に必要な情報を収集し、分析できる方策を導入。主なものは以下のとおりである。
 ・気象会社からの24時間体制の情報提供
 ・河川水位、ダム、雨量情報の収集
 ・防災カメラ、スマートフォンによる現地映像の収集

2) 避難情報等の発令基準の数値化
 災害時の情報発信の基準を数値化し、全庁的な職員の配備体制を構築した。
 ・水害時非常配備・避難情報発令基準の数値化
 ・土砂災害に関する避難判断基準の数値化
 これにより、基準に沿った情報発信が可能になった。

3) 情報の発信
 避難情報の伝達方法は、以下のような複数の媒体を使って同じ情報を発信し、市民がどれか一つでもキャッチすれば伝達できる仕組みとしている。
 ・サイレン吹鳴・スピーカ放送
 ・嘱託員・企業等にFAXを設置
 ・登録制の緊急情報メール
 ・携帯電話3社による緊急速報メール
 ・市のホームページ
 ・民放テレビのデータ放送
 ・FMラジオの緊急放送

4) 市民の避難行動
 市民の避難行動は、町内会を基本とした自主防災組織ごとに計画し、町内会長

第4章
適応策の国内の動向・事例

と消防団が連携した避難支援を実施している。また毎年6月に全市一斉の防災訓練を行い、1万人以上の市民参加による以下のような各種訓練を実践している。
・避難情報発令後、指定された一次避難場所への避難、名簿記入
・防災ファミリーサポート制度（災害時要支援者の避難支援）
・中学生ボランティアの訓練参加
・炊き出し訓練、消防団の水防訓練

5）市職員の行動
　災害時に市職員が緊急に取るべき行動として、機能的な災害対策本部や居住性に配慮した避難所の設置・運営訓練を平時から実施している。

(2) ハード対策
1）ダムの治水機能の向上
　刈谷田川の最上流部にあるダムの利水容量（発電用）分を、洪水期は発電せず治水容量として利用。これにより治水のためのダムの貯水機能が20％増加し、平常時のダム水位を約10m低減できた。

2）遊水地の創設
　平成16（2004）年7月13日の水害時の刈谷田川の最大流量は1750m³/秒であったが、新潟県の刈谷田川河川改修計画では計画流量1550m³/秒であり、同レベルの水害に対応するには200m³/秒の流下能力不足が生じる（図4.5.3）。

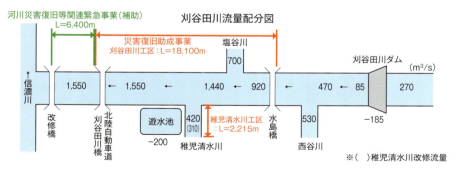

図 4.5.3　河川改修計画の流量配分図（資料提供：新潟県）

図 4.5.4　越流提を越え、河川水が遊水地へ流入する様子

　この不足分を補うため、県は総面積 91ha、6 箇所の池からなる総貯水量約 235 万㎥の遊水地を創設した。
　遊水地の方式は、堤防の一部を 2m 程度切り下げる越流堤方式とし、越流した河川水を緩やかに流入させることにより、堤内地の農地が荒れないよう配慮した（図 4.5.4）。貯留した流水は排水樋門から放流される。また、用地補償費を抑制するため、地役権方式を採用し、平常時の農耕を可能とした。

3）雨水貯留管・緊急排水ポンプ

　市街地の内水対策として、大雨時に浸水が常態化している地域の幹線道路に、降雨を一時的に貯留する直径 2600mm、長さ 586m、貯水容量約 3400m³ の貯留管を埋設し、併せて排水能力 1m³/ 秒のポンプを整備した（図 4.5.5）。

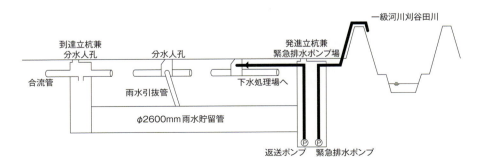

図 4.5.5　雨水貯留管概念図

4）田んぼダム

「田んぼダム」とは、田んぼの排水口に水位調整管（図 4.5.6）を設置し、大雨時に一時的に降雨を貯水し、時間をかけて排水することで市街地の浸水被害を軽減するものである。現在、市内 1200ha の水田で設置を計画している。新潟大学のシミュレーションによれば、平成 23（2011）年の新潟・福島豪雨と同程度の降雨の場合でも、水位調整管の設置率が 100％の場合、市街地の床上浸水はほぼ解消されるという報告がなされている。

図 4.5.6　田んぼダムの水位調整管

4.5.2　平成 23（2011）年 7 月の新潟・福島豪雨と各種対策の効果

平成 23（2011）年 7 月 29 ～ 30 日にかけて断続的な強い降雨が続き、30 日午前 4 時からの 1 時間雨量は 68mm を記録した。平成 16 年水害（44mm）の約 1.5 倍の集中豪雨に見舞われた。平成 16（2004）年と同様に刈谷田川の水位は上昇し、市内では浸水被害が発生しはじめ、災害対策本部も設置された。その際の対応と、講じたハード・ソフト対策の効果について以下に記述する。平成 16（2004）年と平成 23（2011）年の水害の被害状況は表 4.5.1 のとおりである。

表 4.5.1　平成 16（2004）年水害と平成 23（2011）年水害の被害状況

	平成 16 年 7 月水害	平成 23 年 7 月水害
床上浸水	880 棟	51 棟
床下浸水	1153 棟	408 棟
土砂崩れ	87 箇所	162 箇所
河川堤防決壊	5 箇所	0 箇所
時間最大雨量	44mm	68mm
被害総額	184 億円	14 億 3 千万円

(1) 気象・河川等の情報収集・分析と情報発信

前日の 7 月 29 日から刈谷田川の水位と雨量が基準値に達したため、職員の配備も一次、二次、警戒本部、災害対策本部と徐々に体制を強化した。

情報収集では、気象会社からの情報と河川水位・雨量およびダムの水位・放流量等の数値から分析表を作成して今後の予測を行い、サイレン、緊急メール、FAX 等の複数手段による避難情報の発信を行った。

(2) 遊水地の効果

刈谷田川の水位は 7 月 30 日午前 5 時半過ぎには遊水地の越流堤天端高にまで上昇し、越流が始まった。越流はその後、刈谷田川の水位が低下するまでの約 3 時間続いた。後の検証で、遊水地は流量で 180m³/秒、河川水位を 35cm 低下させる効果を発揮した。また、上流部の刈谷田川ダムの治水効果による 19cm の水位低下を加えると、刈谷田川の水位を合計 54cm 低下させる効果があった（図 4.5.7）。

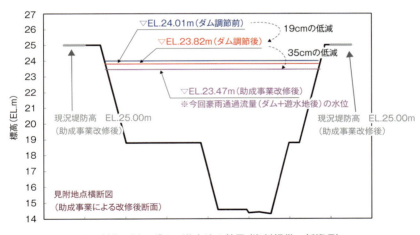

図 4.5.7　刈谷田川のダム・遊水地の効果（資料提供：新潟県）

(3) 雨水貯留管・緊急排水ポンプの効果

市街地の地下に設置した貯留管にも 8 月 30 日明け方から雨水が流入し、緊急排水ポンプによる排水が行われた。平成 16（2004）年の水害時には約 1m の浸水があったが、この貯留管とポンプ排水により被害が大幅に軽減された。

4.5.3 新たな取り組み

（1）ICT 部門の業務継続計画（ICT-BCP）
　大規模災害や事故で庁舎が機能不全に至る被害を受けても、住民情報等に関する重要業務を中断することなく、代替拠点にて速やかに復旧させる計画である。
　大地震を想定した市内公共施設への移転、また原子力災害等により広域避難を余儀なくされた場合の市外、県外の施設への移転に場合分けを行い、住民データの管理方法の整備や代替施設の脆弱性調査を実施し、計画を定めた。

（2）小中学生を対象とした防災スクール
　平成16（2004）年の水害では一部の小中学校が孤立状態になり、児童・生徒が校舎で一夜を過ごした経験から、災害時の的確な行動と避難所での非常時の生活を体験する取り組みである。経験豊富な指導者を招へいし、保護者、地域住民の協力により、1泊2日のプログラムで過去の災害、応急救助の方法、避難経路の確認などについて実習する。今後、全小中学校に広めていきたい。

（3）災害から体得したノウハウの伝承
　災害からの復旧・復興は、多くの人的支援や関係機関の協力なくしては成し得ない。被災自治体が復興までに得た防災のノウハウを広く伝えることは、災害を経験した自治体としての責務であり、重要な事と考えている。見附市には現在でも各地から視察や講演、また、国際協力機構（JICA: Japan International Cooperation Agency）を通じて海外の国々からも研修の依頼があるが、復興へのお礼の意味も込めて、断ることなく対応している。

4.5.4 今後に向けて
　異常気象と呼ばれる局地的な豪雨が頻発し、地震や火山活動が活発化している昨今、自治体防災のあり方としては、いかなる災害に直面しても柔軟に対応し、最悪の事態は回避する「減災」の対応が必要となっている。しかしながら、非常時に行政としてできることはわずかである。「自分の命は自分で守る」という市民一人ひとりの防災意識の高揚と地域防災の強化に向けて、今後も様々な手法を取り入れていくことが必要である。

4.6 川内川の洪水対策

4.6.1 川内川の概要

　川内川は、その源を熊本県球磨郡あさぎり町の白髪岳（標高1417m）に発し、羽月川、隈之城川等の支川を合わせ薩摩灘へ注ぐ、熊本県、宮崎県および鹿児島県にまたがる幹川流路延長137km、流域面積1600km²の一級河川である。

　川内川流域の平均年間降水量は約2800mmで全国平均の約1.6倍と多く、特に上流の霧島山系においては4000mmを超える多雨地域となっており、降雨の月別特性としては、梅雨期の6月から7月にかけて多くなっている。

4.6.2 平成18（2006）年7月洪水の概要

　鹿児島県では、平成18（2006）年7月18日から23日にかけて梅雨前線の活動が活発化し、薩摩地方北部を中心に記録的な大雨となった。川内川流域では降り始めからの総雨量が1000mmを超えた観測所もあり、流域内の雨量観測所では25観測所中20観測所で既往最大の雨量を観測した（図4.6.1、図4.6.2）。水位観測

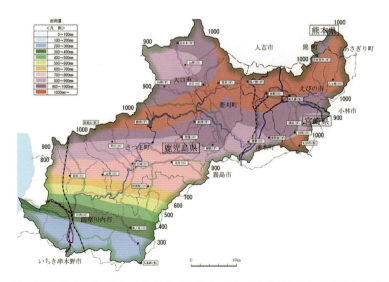

図4.6.1　平成18（2006）年7月18日17:00～7月23日13:00の総雨量

第4章
適応策の国内の動向・事例

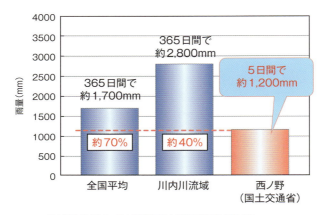

※川内川流域（出典：国土開発調査会刊「河川便覧2004」）
※全国平均（出典：（財）水資源協会「日本の水2005」）1971～2000年の平均

図4.6.2　年平均総雨量と今回の洪水の原因となった降雨量（西ノ野観測所）の比較

図4.6.3　さつま町虎居地区の浸水状況

所では、流域内の15観測所中11観測所で既往最高水位を上回り、7観測所において計画高水位を超える水位を観測した。

　この豪雨により、川内川の上流から下流に至る流域内の3市2町（薩摩川内市、さつま町、伊佐市（旧大口市、旧菱刈町）、湧水町、えびの市）の136箇所で浸水被害が発生し、流域内の約5万人に避難勧告等が発令され、浸水面積約2777ha、浸水家屋2347戸に及ぶ甚大な被害が発生した（図4.6.3）。

4.6.3 平成18（2006）年7月洪水後における取り組み（ハード対策・ソフト対策）
（1）川内川水系激甚災害対策特別緊急事業

平成18（2006）年7月洪水を受け、国が管理している川内川をはじめ鹿児島県および宮崎県が管理している支川を含め、河川激甚災害対策特別緊急事業（以下、激特事業）が、平成18（2006）年10月に採択された。事業箇所の延長は約62kmで全国歴代2位の規模となった。

本激特事業により、平成18（2006）年7月と同規模の洪水に対し、河川の溢水や逆流に起因する外水氾濫による家屋の浸水被害の軽減を図るため、各地区の河川改修の状況や土地利用形態等に応じて、河道掘削、築堤、輪中堤、分水路および家屋かさ上げを実施した（図4.6.4）。

図4.6.4　川内川河川激甚災害対策特別緊急事業

1）宮之城地区（さつま町）における川づくり

さつま町の宮之城地区においては、激特事業の促進と町の再構築に資する河川整備を目指し、地域住民、学識者、さつま町、鹿児島県および国からなる「宮之城地域川づくり検討会」を設置し、ワークショップ形式による検討会や水理模型実験による住民説明等を行い、地域の方々から多くの意見や提案をいただき虎居地区の築堤、河道掘削および推込分水路の整備を行った（図4.6.5～図4.6.7）。

第4章
適応策の国内の動向・事例

図 4.6.5
地元住民を対象とした公開水理模型実験
（平成 19（2007）年 9 月 20・21 日、
九州大学工学部　伊都キャンパス）

図 4.6.6
推込分水路

図 4.6.7　宮之城地区（虎居）

2）曽木地区（伊佐市）における川づくり

　伊佐市の曽木地区においては、激特事業の一環として曽木の滝分水路を整備することとなった。曽木地区には、年間 30 万人の観光客を集める景勝地で東洋のナイアガラと呼ばれる曽木の滝があり、その良好な景観を保全しつつ分水路の整備を行う必要があることから、学識者、地域住民、旧大口市および国等からなる「曽木の滝分水路景観検討会」を設置して検討を重ね、学識者や地域住民から意見を収集し曽木の滝分水路の整備を行った（図 4.6.8、図 4.6.9）。

図 4.6.8　曽木の滝分水路

図 4.6.9　曽木の滝分水路の模型

（2）鶴田ダム再開発事業

　激特事業と併せて川内川流域の洪水被害軽減のため、鶴田ダムの洪水調節容量を現在の最大 7500 万 m³ から最大 9800 万 m³（約 1.3 倍）に増やす事業を、平成 19（2007）年度より実施している。洪水調節容量の増量に伴い洪水調節機能の増強を図るため、新たに現行放流設備より低い位置に放流設備を増設する工事を実施中である（図 4.6.10）。

※現時点の完成イメージであり、実際とは異なる場合があります。

図 4.6.10　鶴田ダム再開発事業の完成イメージ図

3) 川内川水系災害に強い地域づくり

平成18(2006)年7月洪水を受け、激特事業や鶴田ダム再開発事業等のハード対策と併せて、流域一体となって洪水による被害を軽減することを目的として、学識者、専門家、住民代表および報道関係者等からなる「川内川水系水害に強い地域づくり委員会」において検討を行い、川内川において取り組むソフト対策の基本方針についての提言を得た。

この提言を踏まえ、防災・減災対策を効果的・効率的に進めるため、流域内の3市2町(薩摩川内市、さつま町、伊佐市(旧大口市、旧菱刈町)、湧水町、えびの市)、鹿児島県、宮崎県および国の関係機関からなる「川内川水系水害に強い地域づくり推進協議会」が設立され、そこで自助・共助・公助の連携を目指したソフト対策となるアクションプログラムが策定され、様々な施策が流域内において実践されている(図4.6.11)。

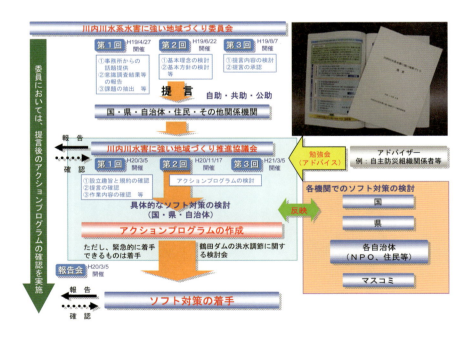

図4.6.11 川内川水系水害に強い地域づくり

（4）鶴田ダムの洪水調節に関する検討会

　平成18（2006）年7月洪水において、鶴田ダムでは洪水調節を行いダム下流域の浸水被害を最小限にくい止めるよう努めたが、記録的な豪雨により流入量とほぼ同量を放流する「計画規模を超える洪水時の操作」（いわゆる「ただし書き操作」）に移行せざるをえなかった。この洪水直後から「浸水被害はダム操作が原因である」という鶴田ダムへの批判が、ダム下流域の住民から寄せられた。

　河川管理者としては、地域住民へダムの操作について、またダムの洪水調節容量には限界があることなどについて十分説明してこなかったことを反省し、鶴田ダムの操作について理解してもらうとともに、鶴田ダムの洪水調節に関する操作方法および情報提供のあり方について、様々な視点から意見をいただき、検討することを目的として、ダム下流住民の代表、学識者、報道関係者、ダム下流自治体および河川管理者からなる「鶴田ダムの洪水調節に関する検討会」を設立した。平成23（2011）年度までに12回開催し、意見聴取および検討を行い、予備放流水位の基準の見直し、計画規模を超える洪水時のダム操作方法の見直し、住民への情報提供のあり方、マスコミとの連携等について議論を行った。

　検討会における議論を踏まえ、情報提供の新たな取り組みの一環として、情報表示板の表示内容の変更や、洪水操作時の下流住民やマスコミ等によるダム操作室の見学会の開催等の取り組みを行ってきた（図4.6.12、図4.6.13）。

図4.6.12　洪水操作時の見学会

図4.6.13　ダム操作の情報提供

4.6.4 川内川における今後の取り組み

　川内川においては、平成18（2006）年7月洪水後に激特事業や鶴田ダム再開発事業等のハード対策を実施し、その結果治水安全度は向上している。併せて、流域一体となってソフト対策にも取り組んでいる。しかし、近年の雨の降り方は「局地化」「集中化」「激甚化」しており、川内川においても平成18（2006）年7月洪水を上回る洪水が発生する可能性は否定できない。

　引き続き河川改修等のハード対策を推進するとともに、アクションプログラムで位置付けられている様々なソフト対策についても継続的に実践することにより、さらなる地域防災力の向上を図っていく必要がある。

　このような状況下において、ソフト対策のさらなる取り組みとして平成24（2012）年度からは、小学校の授業で先生自らが授業することができる、川内川を題材とした「水防災河川学習プログラム」を作成し、危険な状況を認識でき避難行動をとることができる人材の育成を目指した新たな水防災教育に取り組んでいる。

　このように、ハード対策とソフト対策を車の両輪として、今後も継続的に取り組んでいくことにより川内川流域における治水安全度、地域防災力の向上を図っていくことが重要であると考えている（図4.6.14）。

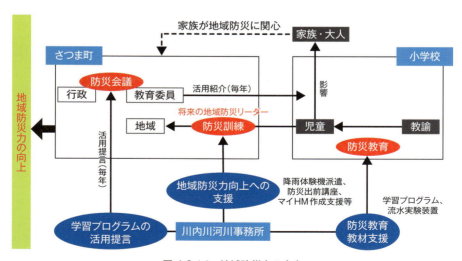

図4.6.14　地域防災力の向上

4.7 広島市の土砂災害

4.7.1 はじめに

　平成 26（2014）年 8 月 20 日未明に、広島市で局地的に最大時間雨量 115mm、累加雨量 287mm（安佐北区上原雨量観測局）の豪雨が降ったため、土石流 107 箇所、がけ崩れ 59 箇所の計 166 件に及ぶ同時多発的な土砂災害が発生し、死者 77 名（うち災害関連死 3 名）という甚大な被害となった。

　この広島市の土砂災害は、記録に残っているもののうち、1 つの土砂災害としては昭和 58（1983）年の島根災害以降、最大の人的被害であり、また、局地的な土砂災害という点で、1 回の降雨で、かつ 1 つの市町村で発生した土砂災害としては、昭和 57（1982）年の長崎災害以降、最大の人的被害とされている（国土交通省砂防部（2014））。

　ここでは、広島市で発生した土砂災害の特徴とその対応状況およびそこから得られた教訓について述べる。

4.7.2 降雨状況と災害の特徴

　広島県下では、8 月 19 日夜から 20 日明け方にかけて広島市を中心に猛烈な降雨を観測した。当該地区における今回の降雨は、観測史上最大となっており、特に 3 時間雨量は過去の降雨と比較しても突出して大きく、短期間に非常に多くの降雨（図 4.7.1）があった。一方、同時刻の周辺地域にはほとんど降水がない地域もあり、局地的な豪雨であったことが分かる。気象情報や防災情報について時系列にまとめると、表 4.7.1 のとおりである。

　今回の土砂災害では、広島市安佐南区、安佐北区のうち、南北約 20km、東西約 3km の狭い範囲に集中して、土石流 107 渓流、がけ崩れ 59 箇所が発生し、死者 75 名、被害家屋 4500 棟以上にのぼるなど、甚大な被害をもたらした（図 4.7.2）。この災害の特徴は、
① 2 時間で 200mm を超える激烈な雨が降ったこと
② 発生時刻が深夜であり、台風のような事前避難が難しかったこと
③ 人口密集地で同時多発的に土石流等が発生したこと

などで、様々な原因が重なり合って、人命・財産上大きな被害につながったものと考えられる。

第4章
適応策の国内の動向・事例

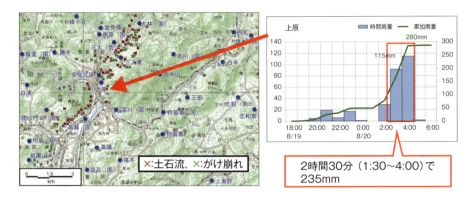

図 4.7.1　土砂災害の発生箇所と観測局別雨量

表 4.7.1　気象情報と防災情報の発表状況

月日	時刻	内容
8月19日	21時26分	大雨・洪水警報発表
8月20日	1時15分	土砂災害警戒情報発表（広島市等）
	3時～4時頃	土砂災害発生
	3時49分	記録的短時間大雨情報
	4時15分	避難勧告発令（広島市安佐北区）
	4時30分	避難勧告発令（広島市安佐南区）

図 4.7.2　広島市安佐南区八木三丁目の被災状況
（撮影：平成 26（2014）年 8 月、提供：国土地理院）

4.7.3 対策

8.20土砂災害の復旧・復興に当たっては、被災者の方々が今後の生活再建を見通していく上での一助とするため、国・県・市が連携して、早期に目標・計画を立案・公表し、きめ細かくお知らせすることを心がけた。

(1) 初動段階

広島県の要請に基づき、発災直後から、国土交通省緊急災害対策派遣隊（TEC-FORCE）等による現地調査が実施され、その調査結果は県・市に提供され、今後の警戒避難対策や応急対策に活用されるとともに、警察・消防・自衛隊等による捜索活動の安全確保にも活用された。

(2) 応急復旧段階

国・県・市で構成する「応急復旧連絡会議」において、地区毎の復旧作業の進捗状況、今後の方針、特に被害が大きく危険度も高い地域に関する応急復旧計画を、平成26（2014）年9月5日に策定・公表を行った。（図4.7.3）

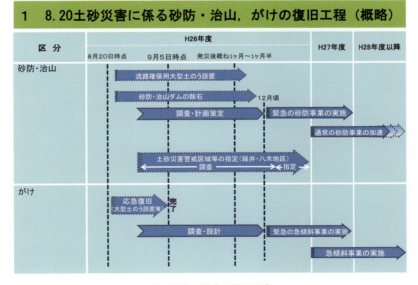

図 4.7.3　概略工程の公表

この計画に基づき、二次災害を防止するための応急対策として、降雨時に安全な避難経路を確保するため、県においては大型土のう等による流路確保や、国土交通省においては強靭ワイヤーネット工（図4.7.4）などの応急復旧を進めるとともに、土石流警報装置の設置を行った。

図4.7.4　強靭ワイヤーネット工
（撮影：平成26（2014）年10月、提供：国土交通省太田川河川事務所）

（3）復旧・復興段階
　応急対策に引き続いて、特に緊急性の高い箇所において、緊急工事に着手するとともに、国・県・市で構成する「8.20土砂災害　砂防治山連絡会議」を設置し、平成26（2014）年12月に「8.20土砂災害　砂防・治山に関する施設整備計画」（表4.7.2）を策定・公表を行った。
　本計画および「復興まちづくりビジョン」（広島市）に基づき、国・県・市が連携して、被災地の早期の復旧・復興に努めているところである。

（4）土砂災害防止法に関わる取り組み
　広島県は土砂災害危険箇所が約3万2000箇所と全国で最も多く、平成13（2001）年に施行された「土砂災害警戒区域等における土砂災害防止対策の推進に関する法律」（以下、土砂災害防止法）に基づく基礎調査および土砂災害警戒区域等の指定が、広島県により進められてきた。

4.7 広島市の土砂災害

表 4.7.2 砂防・治山に関する施設整備計画

対応主体	渓流				がけ地				合計
	砂防事業	治山事業	その他事業	小計	急傾斜事業	治山事業	その他事業	小計	
国土交通省	(24) 30			(24) 30					(24) 30
農林水産省		(7) 7		(7) 7		(3) 3		(3) 3	(10) 10
広島県	(7) 14	(9) 17		(16) 31	(4) 7	(3) 3		(7) 10	(23) 41
砂防・治山 事業箇所小計	(31) 44	(16) 24		(47) 68	(4) 7	(6) 6		(10) 13	(57) 81
広島市			10	10			7	7	17
電力事業者			1	1					1
計	(31) 44	(16) 24	11	(47) 79	(4) 7	(6) 6	7	(10) 20	(57) 99

＊（ ）：各事業のうち緊急事業

　しかし今回、大きな被害を受けた地域では、災害前に指定されていた地区は一部に留まっていたことから、広島県は二次災害防止に資するため、これまで区域指定後に公表していたところを変更して、基礎調査結果を指定前の9月3日に県ホームページ上で公表するとともに、翌年3月30日には特被害の大きかった安佐南区八木地区等において、土砂災害警戒区域等の指定を行った。

　また、8.20土砂災害被害実態と被災前に想定していた基礎調査結果に相異が生じていたことから、平成27（2015）年3月11日に学識者等から構成される「広島県土砂災害警戒区域等法指定検討委員会」を開催し、基礎調査マニュアルの見直しを行った。

　この土砂災害を受けて、国において土砂災害防止法が改正され、あわせて国会で「概ね5年を目途に基礎調査が完了するよう努めること」という附帯決議がなされたことを踏まえ、広島県では「基礎調査を平成30（2018）年度までの4年間、区域指定を平成31（2019）年度までの5年間で完了」させる目標を掲げ（平成26（2014）年12月8日）、平成27（2015）年度より「土砂法指定推進担当」を配置し、土砂災害警戒区域等の指定を推進しているところである（図4.7.5）。

第4章
適応策の国内の動向・事例

図 4.7.5　広島県における土砂災害警戒区域等の指定状況

（5）広島県「みんなで減災」県民総ぐるみ運動

　8.20土砂災害の発生前から、広島県では県ホームページで土砂災害危険箇所等を公表し、また、広島市等においてもハザードマップを公表していたが、広島県が発災後に実施したアンケート（2014）によると、自分が住んでいる地域の危険箇所を知っている住民は半数以下に留まった。

　そこで、広島県では「広島県「みんなで減災」県民総ぐるみ運動条例」を制定し、「災害に強い広島県」の実現を目指し、県民および自主防災組織等が災害から命を守るために適切な行動をとることができるよう、県民、事業者、行政等が一体となって「災害死ゼロ」を目指す取り組みを進めている。

4.7.4　おわりに

　土砂災害防止のためには、砂防ダム等のハード対策が有効であるが、その整備には多額の費用と時間を要する。他方、警戒避難等のソフト対策は、ハード対策と比べ、比較的安価かつ短期間に効果を上げられるように考えられるが、8.20土砂災害のように深夜に豪雨があった場合、適切に避難行動を行うためには多くの課題を解決していく必要がある。

　今後、被害を最小化するためには、例えば以下のような施策を推進し、今まで以上にソフト・ハード対策を適切に組み合わせていく必要があると考えられる。

① 土砂災害防止法の推進による警戒区域等の周知と土地利用規制の推進
② 危険な箇所における「住まい方」の見直し（住宅補強、移転等）
③ 迅速・適切に避難するためのきめ細やかな情報発信（ハザードマップ等）
④ 自助・共助を促す災害伝承、防災教育、防災訓練等の推進
⑤ 迅速・安価に減災効果を発揮するハード施設の研究・開発

4.8 佐賀低平地の洪水・高潮対策

4.8.1 佐賀平野大規模浸水危機管理対策検討会設置の経緯とこれまでの検討内容

　佐賀平野は我が国最大の干満差を有する有明海に面し、そこに広大な低平地が広がっている。この地域はこれまで洪水や高潮などによる自然災害に悩まされてきたが、今後、気候変動などの影響によりさらに広域かつ長期の浸水災害が起きる可能性が高い。平成18（2006）年に県、市町、民間および国の各機関から構成される「佐賀平野大規模浸水危機管理対策検討会」（以下、検討会）が設立された。検討会が設立されたきっかけは、2005年8月末にアメリカ合衆国南部のルイジアナ州などを襲ったハリケーン・カトリーナによる大規模な災害である。このハリケーンにより、死者1836名、被害総額1080億ドルにも上る甚大な災害が起きた。

　検討会ではまず、「佐賀平野大規模浸水危機管理計画」を平成19（2007）年5月に策定し、「情報収集・伝達」、「広域応援・緊急輸送路ネットワーク」、「連携強化」の3分野18項目の施策を組み込んだ。平成20（2008）年12月以降は、被害想定の検討を行うため、数値シミュレーションにより、まず嘉瀬川・六角川流域の浸水被害想定を行い、その結果を平成21（2009）年9月に取りまとめた。平成22（2010）年3月には、3分野27項目として危機管理計画の改定と取りまとめの公表を行っている。その後、同検討会は、平成22（2010）年9月に佐賀平野西部の嘉瀬川・六角川流域において被害想定および対策の検討を実施し、また、DIG形式の危機管理対策演習を行うことで様々な問題点の抽出とその解決方策の検討を行っている。平成23（2011）年2月には、演習結果を踏まえた計画の提示、佐賀平野東部の筑後川流域の被害想定および対策の検討を行うとともに、嘉瀬川・六角川・筑後川における洪水の同時生起による被害想定結果を示した。その後、平

成23（2011）年3月11日に発生した東日本大震災を踏まえ、危機管理計画の再整理を行い、平成23（2011）年6月に「危機管理計画」の第2回改訂を行い、関係機関に周知するとともに、ホームページで広報を行っている。

4.8.2 佐賀平野における大規模浸水被害想定の基本的考え方について

近年、高精度測量技術や大規模数値シミュレーションが可能になってきたことを踏まえ、佐賀低平地においては以下の基本的な考え方のもとに被害想定を行っている。

① 共通部分
- 航空レーザ測量による緻密な地形再現（5mメッシュ地盤高データ）とそれを基にした詳細な氾濫水の挙動解析（50mメッシュの氾濫モデル）
- 氾濫水の挙動については中小河川や小規模水路・クリーク等の影響も考慮
- 死者数、孤立者数、水害廃棄物量等の定量化

② 洪水
- 現時点における河川と洪水調節施設等の整備状況において、洪水防御計画規模（嘉瀬川・六角川では100年に一度、筑後川では150年に一度）の洪水により生じる被害を基本とする
- 浸水想定の類型区分（嘉瀬川で4類型、六角川で6類型、筑後川で4類型）に分類し、それぞれの被害を想定
- 想定決壊箇所として複数の候補地点を類型区分毎に設定し、各類型区分の区間毎に氾濫流量が最大となる箇所を想定堤防決壊箇所として選定
- 堤防決壊による氾濫とそれに先立ち発生する内水被害の双方が対象
- 地球温暖化に伴う気候変動の影響については、計画降雨量が1.1倍、1.2倍になった場合の洪水について提示
- 複数の河川で同時決壊するケースを参考のため提示

③ 高潮
- 台風規模は我が国の観測最大規模の伊勢湾台風とし、台風の通過コースとして既往の主要な実績コースを平行移動させ、最大規模の高潮が発生するコースで設定
- 高潮の越水による氾濫被害とそれに先立ち台風の降雨により発生する内水被害の双方が対象

4.8.3 佐賀平野における大規模浸水被害の詳細な想定項目

前項の基本的考え方に基づき、以下のような詳細な浸水被害想定を実施している。

① 佐賀平野における洪水氾濫による浸水想定
② 佐賀平野における高潮氾濫による浸水想定
③ 洪水・高潮それぞれによる死者数・孤立者数の想定
④ 浸水継続時間分布、水中歩行による避難が困難となる範囲とその時間変化
⑤ 最大流速分布、氾濫水による最大流体力分布図の推定
⑥ 水害廃棄物発生量の想定
⑦ 各施設の被害想定（道路通行止め、上下水道施設、避難所、病院・要援護者施設、排水ポンプ場・水門等）

4.8.4 被害想定シナリオの検討

検討会では嘉瀬川、六角川、筑後川それぞれの流域において、浸水想定の類型区分毎に被害想定シナリオを作成し、危機対策検討を行った。例えば嘉瀬川左岸拡散型氾濫（決壊地点：左岸 8.4km）では、降雨開始 5 時間後、9 時間後、決壊 1 時間後、6 時間後、12 時間後、24 時間後、48 時間後、72 時間後までの浸水状況と通行止め状況、電気・ガス・上水道などの供給状況、水害廃棄物・防疫など衛生処理状況、鉄道・道路などの輸送、警察署・消防署などの安全・防犯、情報通信、避難所、防災・水防、福祉・医療・教育、居住などの観点から、時々刻々の状況変化のシナリオを作り、被害想定を行った。

4.8.5 危機管理計画における取り組み施策

検討会では、過去の災害等から課題を抽出し、「まずできることを行う」との考えのもと、国・県・市町・民間の各機関が連携して取り組む以下の 3 分野 27 施策を策定した。

① 情報収集・伝達
・ラジオによる情報伝達
・防災情報総合掲示板
・ヘリテレによる画像の生中継
・CCTV 画像による浸水状況把握

- 民間からの情報提供
- リエゾン制度
- 高速道路における道路情報等の提供
- 河川・防災情報表示板の設置
- 地上デジタルテレビ放送を活用した河川防災情報の提供
- ケーブルテレビ放送を活用した河川防災情報の提供
- 気候変動のモニタリング

② 広域応援・緊急輸送路ネットワーク
- 地域高規格道路等と河川堤防の接続
- 一般道路の路面高確認
- 河川管理用通路の確保
- 防災ステーション等の整備
- SA、PAでの接続ポイント

③ 連携強化
- 避難所整備ガイドライン
- 避難所の位置および構造の評価
- 防災まちづくり
- 実務者連絡会の設置
- マスコミとの勉強会の実施
- 避難行動計画の策定支援
- 避難勧告・指示判断基準の策定支援
- 危機管理対策訓練の実施
- ボランティアと連携した救助体制の構築
- 避難所運営マニュアルの作成
- 災害時要援護者の避難支援

そして、これらの施策を作るだけでなく、検討会ではそのフォローアップを継続して実施していくために、危機管理計画・各防災計画等（Plan）、計画に基づいた危機管理訓練等（Do）、各計画の評価（Check）、問題点の改善（Action）のPDCAサイクルにより危機管理能力の向上・連携強化を目指すとした。本検討会の参加機関は以下の通りである。

- 国
  佐賀地方気象台、唐津海上保安部、陸上自衛隊、筑後川河川事務所、武雄河川事務所、武雄河川事務所佐賀庁舎、佐賀国道事務所
- 佐賀県
  消防防災課、河川砂防課、道路課、農山漁村課、危機管理・広報課、県警察本部
- 市町
  佐賀市、多久市、武雄市、鹿島市、小城市、神崎市、吉野ヶ里町、上峰町、みやき町、大町町、江北町、白石町、佐賀東部水道企業団
- 民間
  西日本高速、九州電力、NTT西日本、佐賀ガス、佐賀県LPガス協会、(株)ケーブルワン、(株)多久ケーブルメディア、九州防災エキスパート会、技術交流フォーラム

この検討会の検討内容等の詳細については、国土交通省九州地方整備局武雄河川事務所ホームページ内に公開されている。

4.8.6 検討会において顕在化している問題点とその改善に向けた取り組み

これまでに検討会で検討を続けた結果、以下のような問題点が挙げられている。

① 進捗のばらつき

　各施策の進捗については、毎年、実務者連絡会にて進捗管理表や進捗表（個表）により進捗状況を相互確認しているが、施策により進捗にばらつきがある。

② 新たな課題

　タイムライン（防災行動計画）の策定と実践や、BCP（事業継続計画）の策定と訓練、災害ボランティアの受け入れ等の問題など、新たな課題が顕在化している。

上記の問題点を改善するため、検討会実務者連絡会グループ幹事（6機関）のヒアリングを実施し、課題の抽出を行った。その結果、施策の統廃合、検討グループ幹事の見直し、整理方法の改善を行うこととした。

一方、タイムラインの検討会については、本検討会のメンバーが主な構成員と

なって平成26（2014）年12月に新たなタイムライン検討会を六角川流域でスタートさせている。タイムライン検討会ではまず小城市をモデル地区とし、関係機関が連携してタイムラインを作成するとともに、同時生起が考えられる土砂災害や高潮災害への適用や他自治体への展開における留意事項を整理し事前防災行動の見える化や連携行動の確認を行うことによって、迅速な災害対応行動の実現を図っている。

また、BCPについては、武雄河川事務所において水害版BCP作成手引きを作成するとともに、相談窓口（災害情報普及支援室）を設置し、河川情報や避難確保計画作成の手引き等、事業所等の自衛水防に役立つ情報を提供している。

4.8.7 佐賀低平地の洪水・高潮対策における現状での問題点・今後の課題など

佐賀平野大規模浸水危機管理対策検討会では、上記のように複数の河川流域を含む広域の低平地において、関係する機関が連携して危機管理計画を策定し効果を上げている。しかし、未だ検討が十分に行われていない点も多く残っている。例えば、地球温暖化などによる気候変動の影響の検討については降水量のみの反映に留まっている。その降水量についても、最近頻発している狭い地域に継続して起きる集中豪雨など極端な自然現象の想定や、地球温暖化に伴って今後起きるであろう海面上昇や台風の巨大化など、検討すべき課題は多い。また、自然災害強度の増加だけではなく、そこに居住する人々の暮らしや環境が変化することも考慮しなければならない。地方都市における人口減少と高齢化、農林水産業など一次産業の衰退による地域の担い手不足などであり、これらは我が国全体の構造的な問題とも言えるものである。

コラム 4.1　ソフト面の適応策〜丸亀市川西地区自主防災組織の活動〜

東日本大震災を経験し、改めて災害時における「公助の限界」と「自助、共助の重要性」が再認識された。ここでは、様々な創意工夫により積極的な活動を維持している香川県丸亀市川西地区の自主防災組織の取り組みについて、特にそのユニークな活動内容と組織の持続・維持のための工夫を紹介する。

(1) ユニークな活動

1) 夜間避難訓練

　大雨は深夜に降ることが多いという経験から、夜間の避難訓練を実施している（図A）。真っ暗なため用水路に落ちるなど避難が難しいことを参加住民が認識し、次回から複数人でロープを持って移動する、反射たすきを使用する等、安全に避難するために住民自ら考案する様子が見られた。また、当初は夏の夜23時に実施していたが、子供を参加させたいとの小学校の要望から平成26（2014）年は21時に実施し、子供を含む約700名が参加した。平成27（2015）年度には災害はいつ起こるか分からないことから真冬（1月30日20時）に実施し、570名が参加した。避難所で点呼を取って終了となるが、寒い中参加した住民に飴湯を振る舞うなど、モチベーションを高める工夫をしている。

図A　夜間避難訓練の様子（平成24（2012）年7月）

2) 小・中・高校生への防災教育

　防災カリキュラムによる各種訓練の実施において、避難所の設営やトリアージでタイムを競わせる等、訓練内容にゲーム的要素を取り入れる工夫をしている。また、小学生を対象とした合宿訓練ではコミュニティセンターに宿泊し、電気を使わずにローソクを使用するなど災害時を想定した訓練を行っている。高校生の運動クラブは発災時には即「防災クラブ」となり、日頃からそのための訓練を行っている。

3) 地元企業との連携

　昼間何かあったときに頼れるのは地元企業の従業員であることから、地元企

業と災害時の「相互支援協定」を結び、発災時の「駆けつけ支援」、企業ビルや敷地の緊急時の避難所（合鍵を預かっている）や備蓄倉庫としての利用、災害時におけるガソリン等の優先的な給油等、地元企業と積極的に連携した体制づくりをしている。これはまた逆に地元中小企業のBCPにもつながるものと思われる。

4) 防災用資機材の保有

災害前の予防対策として、被災者の衣食住、生活面の物資や避難生活のための資機材の確保に努めている。表Aにいくつか例を示す。

表A　防災用資機材の保有状況

炊き出し用品	かまど×10個 食器類×2800個 割り箸×1000個 コップ×2000個 スプーン×800個 燃料用まき×200kg
備蓄食品	缶入りカンパン×850個 飲料水2ℓサイズ×5400本 非常用食品（カレー、山菜おこわ等）×1100食 缶詰×1500個 玄米×2400kg
生活用品	毛布×330枚 簡易トイレ×100台等
給電・照明	大型発電機を含む発電機×19台 投光器×13台 照明機器×18台 電工ドラム×21台 ランタン×20個 ENGポンプ×2台等
情報・通信機器	業務用無線機基地局×1台 無線端末×33台 携帯ラジオ×8台
救出・救護用機材	AED一式 チェーンソウ×10台 ジャッキ×23個 ヘルメット×250個 安全靴×45足 車いす×10台等

（2）活動を持続・維持させるための智慧

①モチベーションを用意する

例えば防災まちづくり大賞（消防庁）等に応募する。これまでに内閣総理大臣賞、防災まちづくり大賞など計5回受賞している。たとえ賞がもらえなくても申請資料を作ることで町の脆弱性が見え、次につながる。

②参加者をタダでは帰さない

炊き出しで食べ物を用意する。例えば土器川の堤防での健康ウォークではいも炊き大会を開催して参加者に振る舞い、同時にゲーム的な内容を組み込んだ訓練を実施する。

③人脈を作る

常日頃からの触れ合い（病院への見舞いなど）に努める。人と人とのつながりが大事。

④ユニフォームを作る

統一したユニフォームを着ることで一体感が出てやる気につながる。

⑤参加を促す

防災訓練などでは、自治会長等に予め希望人数を伝え、参加人数の多い自治会を表彰する。

第4章
適応策の国内の動向・事例

第4章　参考文献

4.1　適応策の社会実装に向けて―実例からの教訓―
米国ハリケーン・サンディに関する国土交通省・防災関連学会合同調査団：緊急メッセージ，2013.
建設事務次官通達：総合治水対策の推進について，1980.
高橋　裕：『国土の変貌と水害』, p.46, 岩波書店, 1971.

4.2　気候変動の地元学
白井信雄・馬場健司・田中充：気候変動の影響実感と緩和・適応に係る意識・行動の関係―長野県飯田市住民の分析，『環境科学会』, 第27巻, 第3号, pp.127-141, 2014.

第5章
海外の動向・事例

第5章
海外の動向・事例

5.1 適応策・適応計画とその策定過程の概観

5.1.1 北米各都市における適応策

（1）世界各国・都市での適応策の策定動向

　気候変動による影響は既に世界の至るところで顕在化しており、また今後の気候変動の進展に伴い、より深刻な影響が生じることが予測されている。このような状況のもと、世界の国や都市においては、気候変動による影響から国・地域や住民を守るために、適応策の導入方針や計画（適応計画）の策定が行われている。

　国レベルで見ると、英国、フランス、ドイツ、デンマーク、米国、カナダ等の欧米諸国や、オーストラリア、シンガポール、韓国、中国といった国々において適応計画が策定されている。日本においては、平成27（2015）年11月に政府全体の取り組みが「気候変動の影響への適応計画」として閣議決定された。

　なお、気候変動によって生じる影響やその深刻度合は地域によって異なるため、それぞれの地域や自治体における適応計画の策定が非常に重要となる。そこで、地域や自治体レベルでの策定状況を見ると、欧米諸国においては、ロンドン（英国）、パリ（フランス）、ロッテルダム（オランダ）、コペンハーゲン（デンマーク）、ニューヨーク、シカゴ、ボストン（以上、米国）、トロント（カナダ）といった都市において適応計画が策定されている。また、欧米諸国以外では、キト（エクアドル）やダーバン、ケープタウン（以上、南アフリカ）といった都市においても適応計画が策定されている。

　日本では、国の適応計画が策定される以前より地球温暖化防止関連の条例で適応策を位置づけているのは埼玉県、京都府、鹿児島県など、地球温暖化防止関連の計画で適応策を記述しているのは東京都、埼玉県、京都府、長野県、滋賀県、長崎県などに限定される。しかしいずれも、適応策への取り組みが必要だとする言及にすぎず、具体的に適応策の実施に向けて明確に位置づけている自治体は、現段階ではないといってよい。なお、現在、環境省や文部科学省等の事業を通じて、自治体が行う適応計画策定への支援が行われており、自治体の適応計画の策定が促進されることが期待される。

　今後、日本の自治体において適応計画を策定するに際して、先進的な取り組みを知ることは非常に参考になると考えられる。そこで、以下では、世界的に早い

5.1 適応策・適応計画とその策定過程の概観

段階から適応計画を策定しているシカゴ、トロント、ボストン、そしてニューヨークの事例を対象に、その概要や策定過程を解説する。

(2) シカゴ市の事例

　気候変動による地球への脅威から私たちの生活を守るために、自治体や国による計画、住民や企業による行動が必要となっている。このような状況のもと、2006年に当時のリチャード・M・デイリー市長は、「シカゴ気候行動計画」（以下 CCAP: Chicago Climate Action Plan）を策定することを目指して、気候タスクフォース（Climate Task Force）を設立した。シカゴ市では、既に多くの温室効果ガスの削減に向けた様々な方策が取られているものの、より包括的な計画を策定したいという背景があった。この行動計画の新しい要素としては、①行動計画は市役所のみではなく、シカゴ市の全ての企業と住民のための計画であること、②温室効果ガスの削減のための計画、ならびに気候変動による避けることのできない影響に取り組むための計画であること、そして、③地域的な気候変動影響予測や、温室効果ガスの算定のための科学的知見に基づく計画であること、といったものがある。

　CCAPは、その策定に市の予算や慈善団体からの資金が活用され、多くのステークホルダーを巻き込む策定過程を経て、2008年に公表された。また、CCAPの策定に際しては、優れた科学者による、シカゴ市の将来の気候や、気候がシカゴ市における生活にどのような影響を及ぼすかに関する様々なシナリオ分析の結果が反映された。シカゴ市における温室効果ガス削減対策の導入に要する費用や便益に関する分析結果や、将来起こるとされる気候変動にシカゴ市がどのように備えるかに関する研究結果も活用された。

　CCAPでは、温室効果ガス削減のため、ならびに気候変動による避けることのできない影響に取り組むために、「エネルギー効率の良い建築物」「クリーンで再生可能なエネルギー源」「改善された交通オプション」「廃棄物と産業汚染の削減」「適応策」の5つの戦略と、その戦略下での行動が示されている。気候タスクフォースは、シカゴ市に対して、そして全てのシカゴ市の企業と住民に対して、これらの行動を取るように推奨している。

　シカゴ市の気候は既に変化しており、また、今後も変化することが予測されている。その結果、様々な影響が、シカゴ市において生じることが予測されている。このような将来の影響に備えるために策定された「適応策」戦略について見る

第5章
海外の動向・事例

と、2020年においてレジリエント・シティとなるべく、表5.1.1の9つの行動が記載されている。

表5.1.1 「適応策」戦略における9つの行動

行動	内容
暑熱の管理	被害を受けやすい人々に焦点を当てた暑熱への対応計画の更新など
革新的な冷却方法の追求	都市を冷やすための革新的なアイディア追求の推進など
大気質の保護	発電所からの排出を抑える緩和プログラムを通じたオゾン先駆物質削減の取り組みの強化
雨水の管理	シカゴ流域計画に基づく関係機関との協力
都市緑地デザインの実施	暑熱と洪水の管理のためのシカゴ都市緑地デザイン計画の重要なステップの推進など
植生の保存	気候変動下でも育つ植物に焦点をあてた植物栽培リストの作成など
市民の参加	社会事業機関や園芸クラブ等、最も影響を受けるグループとの研究結果の共有など
事業者の参加	事業者との協力を通じた気候変動への脆弱性の把握と行動
将来への計画	シカゴ市の計画実行を監督するための環境運営委員会の活用

2010年には、2008年および2009年における取り組み状況に関する報告書（PROGRESS REPORT First Two Years）を公表している。「適応策」戦略について見ると、700平方フィートの屋上緑化導入の終了もしくは着工、120の緑の道の導入、そしてヒートアイランドが生じている地域への6000の樹木の植栽等の進捗が報告されている。

(3) トロント市の事例

トロント市は、オンタリオ湖の北西に位置するオンタリオ州の州都であり、カナダにおいて最も大きな都市となっている。人口は500万人であり、その内270万人が都市部に居住している。近年、トロント市において気候が著しく極端に変化している。例えば、2005年はトロント市の歴史上、最も高温でスモッグの多い夏となり、また極端豪雨による洪水被害額の大きい年ともなった。2007年は記録

5.1 適応策・適応計画とその策定過程の概観

上最も乾燥した夏となり、2008年は最も湿潤な冬となった。2007年から2008年にかけては、ここ50年間で最も雪の多い冬となった。このような現象は、気候変動による将来的な影響にトロント市が目を向ける要因となった。

このように気候変動による影響への注目が高まる一方で、2007年にトロント市議会において満場一致で承認された "Climate Change, Clean Air and Sustainable Energy Action Plan" では、温室効果ガス削減に焦点が当てられており、適応策は優先事項ではなかった。しかし、トロント市議会による承認の際に、適応計画の作成が要請されることとなった。

そこで、トロント市環境局（TEO: Toronto Environment Office[1]）は、気候変動適応戦略を作成するために、適応運営委員会（Adaptation Steering Committee）を設立した。この運営委員会は、脆弱性が認められた分野を管轄するトロント市の全ての部署から構成され、前述の目的に加え、フォーラムを通じたステークホルダーや市民との適応策策定プロセスに関する対話等も行うこととなった。

その後、2008年に適応運営委員会およびClean Air Partnership（CAP）と呼ばれる地域NGOの協力のもと、トロント市環境局は *Ahead of the Storm* と呼ばれる報告書を作成した。この報告書は、市民およびその他のステークホルダーが適応戦略を計画し、実行をサポートするために作成された。

この *Ahead of the Storm* は、トロント市において予測される気候変動による影響に関する情報を提供するとともに、適応策をトロント市の政策や計画、行動に組み込む理論的根拠を規定し、既に実行されているプログラムや行動で適応策となる短期的計画の説明や、長期適応戦略を開発するためのステップを解説している。なお、このステップは、表5.1.2の9つのステップから構成される。例えば、ステップ1では、適応戦略を開発するに際して計画・調整するべき事項、例えば、市議会および管理者のリーダーシップ、人的資源・予算の評価と配分、適応運営委員の強化と権限付与等の必要性が挙げられている。

トロント市環境局は、この *Ahead of the Storm* に関する市民およびその他のステークホルダーとの6回にわたる会議を開いた後に、「気候変動適応戦略」を2008年に公表し、その後、当該戦略はトロント市議会に承認された。

トロント市環境局は、気候変動リスク評価ツールの開発も行なった。この開発

---

1 TEOは2012年にEnvironment & Energy Divisionに再編された。

表 5.1.2　長期的かつより包括的な適応戦略作成のための 9 つのステップ

ステップ	プロセス
1	包括的な適応戦略開発のための内部メカニズムおよびプロセスの設定
2	住民や企業等のステークホルダーの参加
3	トロント市の政策や上位計画への適応策の取り込み
4	地域の気候変化やそれに伴う影響の分析
5	影響分析に基づくトロント市の脆弱性評価の実施
6	適応計画の必要性が高い影響を特定するためのリスク評価の実施
7	リスクを軽減するための適応オプションの特定と評価
8	適応戦略の開発と実施
9	進捗のモニタリングと測定

は、極端現象の増加に伴う潜在的なリスクの特定と評価のための系統的な手法を提供するためのものであり、概要については 2010 年の *Climate Change Risk Assessment Process and Tool* に記載されている。また、トロント市環境局やコンサルタント会社は、気候変動予測に関する研究を行なった。この研究は、トロント市のインフラやサービスに影響を及ぼす極端現象の変化を特定することに焦点をおいており、概要については 2012 年の *Toronto's Future Climate: Study Outcomes* に記載されている。なお、2013 年にトロント市公園環境委員会は、気候変動リスク評価ツールや気候変動適応戦略の取り組み状況の更新を要請している。

　トロント市の部局およびその他の機関等によって現在実施されている気候変動適応戦略の実施状況については、2014 年に公表された *Resilient City: Preparing for Extreme Weather Events* にまとめられている。

（4）ボストン市の事例

　埋め立て地に多くの地区を有する沿岸域の都市として、ボストンは嵐の脅威に晒されてきた。海面上昇や激化する降雨を含む気候変動による影響は、市の脆弱性を高めるとともに、猛暑や気候変動に起因するその他の現象によるリスクを増大させている。2007 年に、気候変動がボストンに与える影響に関するより詳細な予測結果を受けて、当時のトーマス・M・メニノ市長は、市の各部署に対して、全ての都市計画や地域計画、事業、許認可、そして審査過程に、気候変動を組み

5.1 適応策・適応計画とその策定過程の概観

込むことを指示する行政命令を出した。これに基づき、2010 年に気候行動指導委員会 (Climate Action Leadership Committee) は、「市の全部署は、向こう 10 年以内における進行中の事業やインフラに対して起こりえる気候変動による影響について公式な見直しを行ない、その結果に基づいて、計画の変更を行なうか、あるいは事業や政策を立ち上げる必要がある」という勧告を市長に対して行なった。そして、この勧告は、包括的な気候変動適応の枠組みとなる 2011 年の気候行動計画 "A Climate of Progress" に組み込まれることとなった。以来、市の各部署は、全ての政策や計画に気候変動を考慮するようになった。

ハリケーン・サンディから数ヶ月後の 2013 年 2 月、メニノ市長は、"Climate Ready Boston" の名のもとに、新しい適応イニシアチブ (Preparedness Initiatives) を発表した。また、合わせて、ボストン港湾協会による報告書 "Preparing for the Rising Tide" も発表された。メニノ市長は、発表の中で、企業や組織のリーダーから構成されるボストン・グリーン・リボン委員会に、ボストン港湾協会の取り組みを広めるよう要請するとともに、企業や組織が取り組むことのできるさらなる行動や、ボストン市が企業や組織をサポートする行動への取り組みを推奨した。また、メニノ市長は、気候変動適応策のレビューなどを行なう気候適応タスクフォース (Climate Preparedness Task Force) を設立するよう要請した。なお、これらの取り組みは、2014 年に更新予定のボストン市の気候行動計画における気候変動適応方針の促進に貢献することとされた。"Climate Ready Boston" における成果は、報告書 *Climate Ready Boston: Municipal Vulnerability To Climate Change* にまとめられた。この報告書は、市長の命を受けた気候適応タスクフォースによる「設備と資本計画」「交通と水インフラ」「地域」「公衆衛生と熱波」といった分野における気候変動に対する脆弱性評価と重要な発見を公表するものである。

2014 年には、2011 年の気候行動計画の更新版である "Greenovate Boston 2014" が公表された。この計画には、「地域」「大規模建築物と施設」「交通」といったセクターにおける緩和策に関する具体的な戦略と行動や、気候変動による影響に備えるための「適応策 (Climate Preparedness)」に関する具体的な戦略と行動の要点が記載されている。適応策について見ると、「計画策定とインフラ」「市民参加」「樹木と空地」「建築物とエネルギー」の 4 つの分野における戦略と行動が記載されている。表 5.1.3 に「計画とインフラ」分野における戦略と行動の事例を示す。なお、適応策は、緩和策とは異なり、その進捗を測定するための唯一の指標は存在しな

いが、ボストン市は、リスクの尺度となる海面水位や年平均気温、華氏90°Fを越える日数、降水パターン等を継続的にモニタリングすることとしている。また、より具体的な目標を定めるのに利用可能な都市やコミュニティの適応策に関する指標を把握し、開発するために、地域の研究者や他都市と協力を進めている。

表5.1.3 「計画策定とインフラ」分野における戦略と行動の事例

分野	戦略	行動
計画策定とインフラ	市の全ての計画、審査、規制への適応策の組み込み	市全域における適応策の取り組みの調整と優先順位付け 長期的計画の枠組みの制定 全ての事業・許可見直しへの適応策の組み込み
	適応策の取り組みの地域的な調整及び州・連邦政府との調整	地域気候変動適応策サミットの開催 市と大学との研究協力の展開
	先行事例	市の脆弱性(建築物、インフラ、運営)に対する取り組み 適応策の実験的な実施

(5) ニューヨーク市の事例

河口付近に位置するニューヨーク市はたびたび水害に見舞われており、都市インフラの老朽化も顕著であることから、将来的な気候変動に対する脆弱性が以前より認識されていた。適応戦略の策定は2008年4月から着手され、図5.1.1に示すアクターの協働により進められた。

ニューヨーク市気候変動専門家委員会(NPCC:New York Panel on Climate Change)は、市長によって招集された気候変動科学や法律、保険に関する専門家集団であり、NASAや大学の研究者、大手の保険会社やコンサルタント会社などのメンバーで構成されている。NPCCの主な役割は、適応策における科学的知見やツールの提供である。IPCCをモデルとしており、地域気候変動予測については、SRESシナリオ[2]、全球気候モデル(GCM: Global Climate Model)からのダウ

---

2 SRESシナリオ:IPCCの「排出シナリオに関する特別報告(Special Report on Emission Scenarios)」で用いられた排出シナリオ。IPCC第4次評価報告書の土台となった。排出シナリオは、将来いつ、誰が、どれくらいの温室効果ガスを排出するのかを表すもの。

5.1 適応策・適応計画とその策定過程の概観

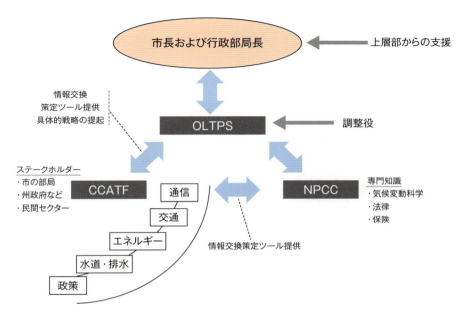

(出典:New York City Panel on Climate Change(2010))に加筆)
図5.1.1 ニューヨーク市の適応戦略策定過程におけるアクター

ンスケーリングや定点観測データをもとに定量・定性分析を行った。

NPCCの作業プロセスは、適応策関連の過去の報告書などの文献調査だけでなく、他の都市や産業界での適応に関する取り組みなどを参考にして、「知見の集積」を図ることから始まった。次に「基本理念の明確化」においては、不確実性の考慮やリスク対応の優先順位付けなど、リスクマネジメントの考え方を適応戦略に採り入れた。そして「全体的アプローチの設計」においても、リスクマネジメントの考え方を踏まえて、具体的な適応策の実施・評価手法として、柔軟な適応経路 (Flexible Adaptation Pathway) の概念が提起された。これは、緩和策を伴った柔軟な適応策こそが気候変動影響リスクを最小化すると結論付けたものである。続くステップでは、上記の概念をもとに作成されたCCATF(後述)向けの戦略策定ツールが提供され、これを基礎として具体的な適応計画が形成される。最後に、適応策を評価するための指標やモニタリング手法が提示されていく。

気候変動適応に関する特別委員会（CCATF: Climate Change Adaptation Task

第5章
海外の動向・事例

Force）には、市や州・連邦政府に関連する行政セクター（公益企業を含む）から民間セクターに至るまでの多くのステークホルダー（主にインフラ関連）が参加しており、NPCC などから提供された科学的知見やツールをもとに、具体的な適応戦略の策定を行った。CCATF の作業プロセスは、まず NPCC から提供された市独自の気候変動予測を基にリスクや影響といった危険性を明確化することから始まった。次に、「インフラ質問票」により各ステークホルダーから情報収集を行い、脆弱なインフラ一覧を作成した。さらに「リスクマトリックス」「優先順位マトリックス」を使ったリスク対応および戦略の優先順位付けを経て、具体的な適応戦略の策定に至っている。

適応戦略策定プロセスの背景には、2007 年 4 月に策定された同市の最初の総合計画（PlaNYC）の存在が大きい。その策定プロセスの中で構築されていった主体連関や部局間での協力体制、さらに多くのステークホルダーを参画させる仕組み等が直接的、間接的にスムーズな適応戦略策定につながっているものと考えられ、その後の 2011 年の更新、ハリケーン・サンディからの教訓を反映して 2013 年に更新された PlaNYC において、適応戦略が位置づけられている。PlaNYC および適応戦略策定においてリーダーシップを発揮している組織として、長期的持続可能性計画室（OLTPS: Office of Long-Term Planning and sustainability）が挙げられる。OLTPS は市長室の中に設けられ、室長や政策アドバイザーといった構成メンバーは外部から招聘されている。実際の適応戦略策定においては、NPCC や CCATF のトップとの協力・対話を行う調整役を担っており、迅速な意思決定および具体的戦略の策定を可能にしている。

(6) 日本への示唆

国の適応計画が策定され、地方自治体への環境省や文部科学省の適応計画策定支援が進む中で、国内の自治体が海外の事例から参考にすべき点は多い。現在、日本において適応計画の検討を進めている自治体の多くは、担当部局からのボトムアップ的な取り組みに依存するところが大きい。本項で示したシカゴ市やボストン市の事例より、適応計画策定に際して市長のリーダーシップが非常に重要な要素となっていることが分かる。またニューヨークの事例からは、計画策定の初期的段階において、ステークホルダー間で科学的事実（専門知）が共有されており、日本における適応策の認知不足を解決するためにも参考になると考えられる。しか

し、このような場の設定がどの自治体でも可能かというと甚だ疑問である。先行している自治体では、地域の公設研究機関が重要な役割を果たしている。しかし、公設研究機関をもたない自治体も多く存在する。持続的な施策化を担保するためには、気候変動に関わる専門知や施策化のための政策情報を一元的に流通させ、相互参照させるためのプラットフォームの整備や支援を行う必要もあるだろう。

5.1.2 英国気候変動法に基づく Adaptation reporting power に見る公益企業の気候変動適応計画

(1) 英国気候変動法の概要

英国における適応計画を解説するに際し、まず重要となるのは、英国気候変動法（以下 CCA: Climate Change Act 2008）である。同法は、2008 年に制定されたものであり、①温室効果ガスの削減目標や排出量の上限値、②気候変動委員会の設立、③温室効果ガス排出量取引制度、④気候変動による影響および適応策、等に関する内容が規定されている。この中で、影響および適応策に関する④の規定の内容を見ると、

- 英国の気候変動がもたらすリスクに関する報告書を、少なくとも 5 年に一度、政府が議会に提出すること。
- 上記の報告書において明らかとなったリスクへの取り組み計画を、政府が議会に提示すること。
- 水道やエネルギーなどの公共サービスを提供する公益企業・団体等に対して、国務大臣が、気候変動による影響のリスク評価に対する取り組みを計画させ、その計画について、報告を要請することができること。

等の事項が定められている。なお、これらは「英国気候変動リスク評価報告書」「英国国家適応計画」といった名称で既に公表され、また "Adaptation Reporting Power" といった名称で実施されている。以下では、これらの概要を解説する。

1) 英国気候変動リスク評価報告書

CCA による規定に基づく、英国における気候変動がもたらすリスクを明らかにした英国気候変動リスク評価報告書（以下 CCRA: Climate Change Risk Assessment）が、2012 年に英国環境・食料・農村地域省（以下 Defra: Department for Environment, Food & Rural Affairs）から公表された。CCRA では、農業、エネル

ギー、森林、健康等の 11 の分野毎にリスク評価が行なわれている。全分野で約 100 の優先順位の高い影響が抽出されており、それぞれの影響を測るためのリスク指標が特定されている。リスク評価は、このリスク指標を対象に行なわれる。リスク評価には、UKCP09 と呼ばれる気候シナリオが使用されており、2020、2050、2080 年代が評価期間となっている。11 の分野のリスク評価結果は、最終的には農業および林業、産業、健康および福祉等の 5 つのテーマに集約され、重大性および確信度（いずれも、高い、中程度、低い、の 3 段階で評価）、好影響・悪影響の組み合わせで示される。これらのリスク評価結果は、政策決定者が適応策の優先順位を検討する際に、役立つ情報となることが期待されている。なお、報告書は、CCA の規定により、今後 5 年ごとに改訂される予定で、次の評価報告書は 2017 年に公表される予定である。

2）英国国家適応計画

2012 年に CCRA が公表されたことに伴い、CCA の規定に従ってリスクに対する取り組み計画、つまり英国国家適応計画（以下 NAP: National Adaptation Programme）が 2013 年に公表された。NAP では、建築環境、インフラ、健康とレジリエントなコミュニティ等、7 つのセクターにおける適応計画がまとめられている。具体的には、まずそれぞれのセクターにおいて将来目指したい社会像を提示し、その社会像を達成するために CCRA の結果等に基づいて緊急性の高いリスクを抽出し、そのリスクに対する対策の重点領域とその目的、計画、実施機関や時期がまとめられている。なお NAP は 5 年ごとに点検され、更新されることが CCA の規定により義務付けられている。NAP で示された計画の進捗状況については、前述の気候変動委員会のもとに設置された適応分科委員会により評価される予定である。

（2）Adaptation Reporting Power の概要

Adaptation Reporting Power（以下 ARP）は、水やエネルギーなどの公共サービスやインフラに関連する公益企業・団体等に対して、事業における気候変動による影響のリスク評価とその取り組み計画に関する報告書の提出を要請する取り組みであり、CCA の規定に基づき実施されるものである。91 の企業等が報告書を提出するよう指導され、また、14 の企業等が任意提出となっている。報告書は、

2010年から2011年にかけて、100を超える企業等から提出された。なお、リスク評価に際しては、UKCP09が気候シナリオとして使用されている。表5.1.4にセクターごとに報告書を提出した対象企業・団体と報告書数を示す。なお、2016年までに2回目の報告書の提出が予定されており、次回の気候変動リスク評価（2017年予定）や次期の国家適応計画（2018年予定）の作成に活用される予定である。

表5.1.4　ARPに報告書を提出したセクター別企業・団体と報告書数

セクター	対象企業・団体	報告書数
水	水事業に関連する企業・団体	21
エネルギー	電力発電・送電・配電、ガス輸送に関連する企業・団体	38
コミュニケーション	コミュニケーションに関連する団体	1
交通	道路、鉄道、航空、港湾等に関連する企業・団体	30
灯台	灯台管轄に関連する企業・団体	2
地方	大ロンドン市	1
自然環境	自然環境に関連する団体	12
健康	健康に関連する団体	1

(3) Adaptation Reporting Powerに見る公益企業の気候変動適応計画の例

　以下では、事例としてロンドン交通局とテムズ・ウォーター社が提出した報告書の内容を解説する。

1）ロンドン交通局

　ロンドン交通局は大ロンドン庁の機関の一つであり、首都における交通を担う公共事業機関として地下鉄、バス、鉄道などの輸送サービスを提供している。2011年に発表されたロンドン交通局の報告書によると、特に降水量と気温に注目して、気候変動がロンドン交通局のアセットやサービスに及ぼす影響についての評価が行なわれている。取り組みを優先すべきリスクとしては、事業ごとに、表5.1.5に示すものが挙げられている。それぞれのリスクは、事業として「道路ネットワークとバスオペレーション」を例に挙げると、表5.1.6に示す項目が整理されている。ロンドン交通局は、コアビジネスとして気候に関連するアセットやサービスへの影響を管理し、定期的なリスク評価の実施やリスクへの対応を行なうとしている。

第5章 海外の動向・事例

表 5.1.5　事業と取り組みを優先すべきリスク

事業	気候変動による主たるリスク／影響
道路ネットワークとバスオペレーション	排水路やポンプ場における局所的な降雨氾濫とそれに伴う交通混乱
鉄道オペレーション	洪水氾濫に伴う混乱
鉄道および地下鉄のトンネル	高潮や降雨氾濫とそれに伴う混乱
地下鉄、バス、トラムなどの多様な事業領域	健康への影響、乗客とスタッフの潜在的な不快感、アセットの損害
鉄道線路の変形	安全性の低下、追加的なメンテナンス
鉄道、地下鉄、道路の盛土と切土	安全性の低下、盛土と切土の地すべり
道路ネットワーク、バスオペレーション、輸送ネットワーク・プラットフォーム、鉄道とトラムの線路、信号	安全性の低下、遅延とサービスの低下、滑りやすい表面による怪我
建設プロジェクト	建設工期の遅延

表 5.1.6　気候変動によるリスクの整理（事業が「道路ネットワークとバスオペレーション」の場合）

項目	内容
影響を及ぼす気候変数	特に冬期における降雨量の増加
気候変動による主たる影響	表 5.1.5 を参照
事業に影響を及ぼす気候シナリオの閾値	猛烈な降雨
将来閾値を越える可能性とその評価の信頼度	降雨氾濫が発生する可能性は非常に高い。評価の信頼度は高い。
機関やステークホルダへの潜在的な影響	局所的で、短期間の影響。中程度の重大性
影響を緩和するための取り組み	既に取り組みは行なわれている（排水計画、排水路やポンプ場の修繕）。
行動が計画されるタイムスケール	進行中

2）テムズ・ウォーター社

　テムズ・ウォーター社は、英国において最も大きい給排水企業であり、ロンドンやテムズ・バレーに給排水を行なっている。毎日 870 万人の顧客を対象に 26 億 ℓ の水道を供給し、また 1380 万人の顧客を対象に 28 億 ℓ の汚水を処理している。2011 年に発表されたテムズ・ウォーター社の報告書によると、準定量的リスク評価によって、表 5.1.7 に示す 8 つの事業におけるリスクが特定されている。事業として「水処理」を例にとると、表 5.1.8 に示す項目が整理されている。また、報告書では適応策の導入に関する障壁やその解決案、また適応プログラムの進捗に関するモニタリングと評価に関する手法が述べられている。

表 5.1.7　事業と取り組みを優先すべきリスク

事業	気候変動による主たるリスク／影響
水処理	水質悪化、処理および殺菌プロセスの効果減少、装置の劣化頻度の増加、健康や安全性の問題
洪水氾濫に対する回復力（水アセット）	洪水氾濫の発生やアセット機能性の損失
水資源	水の利用・涵養・質の変化、夏期における河川流量の減少と利用可能な水資源の減少、蒸発散量の増加、利用可能な水が減少する環境下での需要の増加、インフラ劣化の加速化
水供給ネットワーク	地盤変化に伴う漏水と破裂の増加、洪水氾濫によるポンプ場の損害、インフラ劣化の加速化
下水処理	処理場に到達する下水流の強さと量の変化、処理効率の変化、河川における希釈能力の低下に伴う処理作業の増加、下水の腐敗の増加、インフラ劣化の加速化、海面上昇／暴風がもたらす高潮による工場への影響
洪水氾濫に対する回復力（下水アセット）	洪水氾濫の発生やアセット機能性の損失
下水ネットワーク	より激しい嵐による下水氾濫に伴う負荷、土壌のさらなる湿潤化／乾燥化による沈下、ポンプ場におけるより頻繁な洪水氾濫
汚泥の管理と処理	湿潤な冬期における土地利用の制限、農業の作業方法の変化、汚泥の含有物の変化

表 5.1.8　気候変動によるリスクの整理（事業が「水処理」の場合）

項目	内容
影響を及ぼす気候変数	更なる気温の上昇や原水質の悪化
気候変動による主たる影響	表 5.1.7 を参照
事業に影響を及ぼす気候シナリオの閾値	気温の閾値は不明。水質問題は気候変動のみに依存するものではない。
将来閾値を越える可能性とその評価の信頼度	向こう 20 年間における可能性は低いが、それ以降は増加。評価の信頼度は高い。
機関やステークホルダへの潜在的な影響	よりエネルギーを消費する処理が必要に。殺菌プロセスの効果と効果継続に関する課題など。
影響を緩和するための取り組み	感度や閾値の理解のための研究や、潜在的適応策オプションの調査の着手など。
行動が計画されるタイムスケール	中長期的。予測の理解と可能な対応の理解のための調査を実施中。

第5章
海外の動向・事例

(4) 日本への示唆

　日本においては、平成 27（2015）年 11 月に政府全体の取り組みが「気候変動の影響への適応計画」として閣議決定された。しかし現時点において、この適応計画には自治体や企業が適応策を策定するに際して参考となる具体的な策定手順については記載されていない。ほとんどの自治体や企業が適応策策定のための知見を有してない現状に鑑みると、自治体や企業が着実に適応策を検討し、策定していくためには、策定手順が政府から提示されることが望まれる。加えて、自治体や企業の適応策策定に対する法的なあり方についても検討が必要となる。このような課題を解決するに際して、本項で示した ARP の取り組み内容が、一つの事例として参考となるであろう。

5.1.3 欧州における気候・社会経済シナリオを用いた適応計画づくり

(1) CLIMSAVE プロジェクトの概要

　適応策の立案については、ステークホルダー間での科学的エビデンスの共有が重要であることは論を待たない。まずは国や研究機関が、気候変動影響のリスクや予測について、地域レベルにダウンスケーリングした科学的エビデンスを示し、計画立案の根拠を与える必要がある。その際に重要となるのは、不確実性の高い科学的エビデンスをめぐって、例えば気候シナリオによる影響の幅の持つ意味とは何か、そのような不確実性を前提とした施策化の時間軸をどう設定するのかなどについて地域内で合意形成を図るため、専門知とステークホルダーや市民が持つ現場知、生活知とを統合することであり、そのための場や主体を確保することである。

　以下では、欧州委員会の CLIMSAVE プロジェクトを紹介する。同プロジェクトは、オックスフォード大学環境変動研究所が中心となり、欧州全域から 18 の大学や研究機関等が参加しており、農業、森林、生物多様性、沿岸域、水資源、都市開発といった分野における気候変動影響や脆弱性評価および適応戦略を提案するものとして、2010 年 1 月～2013 年 10 月まで実施された。その活動は、

　① 適応に関する政治とガバナンスの分析
　② ステークホルダーが部門横断的な気候変動影響と適応策の評価に利用できるウェブベースのツール（統合的アセスメントプラットフォーム）の開発
　③ 気候変動シナリオ内でツールによって定量化される新たな社会経済シナリ

オをステークホルダーとともに構築
④ 気候変動が生態系サービス等の指標に与える影響と適応策を評価
⑤ 適応戦略の費用対効果分析
⑥ 影響と適応能力についての部門横断的な判定基準を通した脆弱性の高い部分の特定
⑦ 不確実性を研究し、適切な政策を提示

等といった要素を含んでいる。同プロジェクトは、これらの活動を2つのレベル（欧州全体と地域）で行っており、本項では主としてエジンバラで実施された地域レベルでのステークホルダーとのシナリオワークショップについて紹介する。

同プロジェクトで取られた方法論には以下の特徴があるとされる。
① 細心のステークホルダーの選定手続き
② シナリオプロセスのキックスタート
③ 社会経済的な要素に焦点を絞った統合的かつダイナミックなストーリーの開発
④ モデルパラメータの定量化に際してファジー集合を用いること
⑤ コミュニケーションを改善するために複数の選択肢を生み出すこと

（2）地域ワークショップの概要

エジンバラでの地域ワークショップは、2011年6月27〜28日、2012年2月27〜28日、2012年12月3〜4日に実施された。

第1回目のワークショップでは、CLIMSAVE研究チームが将来シナリオの方法論など検討に必要な背景情報を説明した後、シナリオの開発が始められた。シナリオは、中間に2020年代を設定し、2050年代までが視野に入れられている。シナリオ開発の最初の段階では、あらかじめ研究チームによりスコットランド地域の既存のシナリオ[3]からのサーベイを基に、12個の社会経済の促進要因と不確実性の候補リストが用意された。これを基にステークホルダーパネルによって、促進要因と不確実性の候補についての議論および修正が行われ、表5.1.9に示すような形に削除、追加、統合が行われた。なお、ステークホルダーパネルには、ス

3　2009年11月にスコットランド将来フォーラムのシナリオ構築会議が発表した「シナリオ2025、2030」や、スコットランド政府が2009年に発表した土地利用の変化等。

第5章
海外の動向・事例

表 5.1.9　促進要因の重要性と不確実性のレベルに関する投票結果

		重要性	不確実性
1	社会における対応	3	7
2	経済成長	3	9
3	資源不足	16	11
4	技術革新の導入	5	4
5	環境規制	3	3
6	人口/移住	2	3
7	戦争、犯罪、暴力の脅威	0	5
8	消費	7	2
9	幸福度とライフスタイル	8	7
10	人類への気候変動の影響	4	2
11	政策決定のレベル	9	5

（出典：Gramberger（2011））

コットランド政府や国会議員、公益企業、環境 NGO 等、約 30 団体が参加している。これら 11 個のリストはそれぞれ最大 3 つまで促進要因としての重要性、不確実性の面から参加者によって投票され、高いスコアを得た促進要因は、さらにその適性を評価し、最重要かつ最も不確実な促進要因として「資源の不足度合い」および「幸福度とライフスタイル」の 2 軸が決定された。

このようにして設定されたシナリオロジックの 4 象限（Ⅰ．タータンスプリング、Ⅱ．マッドマックス、Ⅲ．スコティッシュプレイ、Ⅳ．マックトピア）のそれぞれについて、ステークホルダーパネルが主な特徴を設定した。そして、これらはさらに予備的なシナリオのストーリーラインの設定に使われた（図 5.1.2）。ステークホルダーパネルはどのシナリオも偏りがないよう、部門、年齢層、性別に従って 4 つのグループに分けられ、各グループは割り当てられた各象限のシナリオ要素とダイナミクスを設定した。各グループにはファシリテーターの他に、研究チームも配置されたが、彼らはステークホルダーからの質問に回答し、追加的な調査を行うために配置されており、議論には参加していない。

シナリオの開発プロセスにおいて、ステークホルダーには以下のようなガイドラインが提示されている。すなわち、①シナリオ要素として、シナリオ上で起きると考えられる事象を述べ、ホワイトボードに書き出し、事象をタイムライン上に置くこと、その際、2011 〜 2025 年と、2025 〜 2050 年の 2 種のタイムラインを想定すること、②シナリオダイナミクスに関して、首尾一貫したストーリーとな

5.1 適応策・適応計画とその策定過程の概観

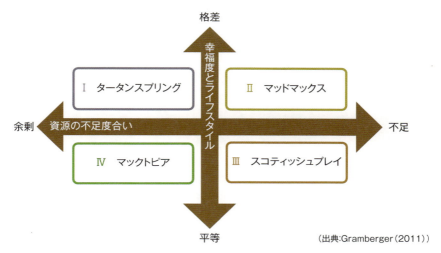

図 5.1.2　シナリオロジックと各シナリオの名称

るように、シナリオ要素を関連付けして組み立てることと、それを書き起こすこと、などである。この中で、研究チームが事前に簡略なストーリーラインを用意しており、ステークホルダーはストーリーライン内の重要な点に関する詳細な情報の抽出に時間を費やした。

第2回ワークショップは、前回の初期的なストーリーラインを洗練するために実施された。ステークホルダーらは4つのグループに分かれ、シナリオを1つずつ担当した。その際、前回からの参加者は同じグループに配置され、全てのグループにおいて参加者の専門分野が多様になるように新規のステークホルダーが加えられている。第2回では、ステークホルダーが統合化アセスメントプラットフォーム（IAP）を用いて相互作用を図る機会が提供された。すなわち、研究チームはステークホルダーから得た回答を、IAPに入力し、ストーリーとモデルのリンクを図った。その際、以下のような工夫が行われた。

① 再現性の問題

　　定性的シナリオは再現性がないため、ファジー集合や概念モデル等の追加的なツールを用いて再現性のある結果を得た。

② 転換の問題

　　定性シナリオから定量シナリオへの転換は困難であるため、ファジー集

合や概念モデル等を用いてステークホルダーによる直接的な変数の定量化を行った。

③ 一貫性の問題

定性シナリオの一貫性や定性シナリオと定量シナリオとの一貫性を保つことは困難であるため、オンラインでリアルタイムに稼働する IAP を用いた。

第2回での主たる課題は、探索的な要素「何が起こり得るか」と規範的な要素「それに対して我々は何ができるのか」との統合、すなわちストーリーと適応オプションのリンクである。表 5.1.10 は、第2回の成果の1つである「タータンスプリング」シナリオにおける不確実性の例を示したものである。

第3回ワークショップでは、これまで同様に4つのシナリオグループにステークホルダーを分け、IAP から求められた結果を検討し、第2回で得られた適応オプションをチェックし、IAP でどのオプションを適用すべきかについて議論を行った。表 5.1.11 はⅠ・タータンスプリングシナリオの適応オプションの例である。表中で「10＋5」となっている場合、10個の適応オプションはステークホルダーが検討したものであり、5個の適応オプションが IAP から提示されたものである。

各グループは、適応オプションと戦略の軸、そして IAP で作業した内容についてのプレゼンテーションを行った。そして最終的な調整の後、どのシナリオにも適用可能な強力な適応オプションについて全グループが同意した。

(3) 日本への示唆

CLIMSAVE では、最終的には、以上のプロセスを経て得られた地域ワークショップでのシナリオと、概ね同様のプロセスを経た欧州全体でのワークショップで得られたシナリオとを統合させ、相互のシナリオを検討している。そこでは双方のプロセスと結果の比較分析を行い、小グループにて CLIMSAVE での体験について振り返っている。ここでは、概ね肯定的な評価が得られており、特に適応オプションの検討に有益であったことが評価されている。

CLIMSAVE が行ったようなステークホルダーによる定性的な評価と、気候シナリオや影響予測の専門家による定量的シナリオを統合させるコデザイン・コプロダクションの試みは、シナリオワークショップ、コンセンサス会議、共同事実

5.1 適応策・適応計画とその策定過程の概観

表5.1.10 不確実性の例（I・タータンスプリング）

極	不確実性	極
個人的	社会における対応	集団的
段階的	経済成長	急加速的
余剰	資源安全保障	不足
浸透	技術革新の導入	点在
統合的	環境規制	部門ごと
外への移住	人口／移住	外からの移住
高い	戦争, 犯罪, 暴力の脅威	低い
制限あり	消費	制限なし
平等	幸福度とライフスタイル	格差
高い	人類への気候変動の影響	低い
地方	政策決定のレベル	中央

（出典：Gramberger（2011））

確認など、様々なフォーマットでこれまでにも各分野、各国において行われてきた。日本でも農業分野におけるシナリオワークショップが部分的に試みられた事例がある。気候変動リスクについては、不確実性を含みつつも様々な科学的事実が専門家から提示されつつあり、適応策を具現化していくためには、地域社会が直面する気候変動に限らない様々なリスクに加えて、適応策がもち得るベネフィットについても検討する必要がある。このような状況の中で、政策形成の課題設定の段階から、ステークホルダー間に生じ得る潜在的なフレーミングのギャップを解消していく、本項で紹介したような取り組みは不可欠であるといえる。

表 5.1.11　適応オプションの例（Ⅰ・タータンスプリング）

分野	適応オプション（42＋5）
自然資本	9＋2
1. 農業	・作物栽培や植物育種による生産量改善、農業の半官半民のイニシアティブ、気候に適応した新たな農産物や畜産、非化石燃料手段を用いた農業改善など
2. 生物多様性	
3. 自然資源管理	・新規利用可能な土地の最大化、低地からの撤退・氾濫原からの建築物の撤去、グリーンインフラストラクチャーなど
金融資本	9＋0
4. 保険	・保険・天候デリバティブ
5. 金融支援／インセンティブ	・民間部門による供給と公共部門によるコスト負担、水に関する官民連携：水の貯蔵＋発電・官民連携・利益を最大化するような防御壁・利益を生むような洪水防御計画など
6. 税	現実的な炭素計測システム
産業資本	13＋3
7. グリーンインフラ	・全家庭への雨水採取機器の設置義務、異常気象に対応できる建築物・機能性の高い住居など
8. エネルギー	・配電網の強化、蓄電能力・エネルギー管理 - 地産地消のエネルギー計画、小規模再生可能エネルギーなど
9. インフラ／技術	・技術導入による水需要の縮小、港湾の海面上昇への対応、ITの活用による輸送・移動の必要性の軽減など
人的資本	2＋0
10. 専門知識	・スキルアップ
11. 意識	・気候変動問題とその影響についての認知向上
社会関係資本	4＋0
12. 社会ネットワーク	・2050年に向けたミクロな適応オプションとしてのボランティア活動
13. 社会技術	・技術革新＋ヒューマンシステム・リデュース＋リユース＋リサイクル
分野横断的	5＋0
14. ガバナンス／規制	・適切なレベルでのガバナンス、民間のミクロな適応＋コンサルティングなど
15. 非常時対応	・利益を生むような洪水防御計画
16. 国際協力	

（出典：Gramberger（2013））

5.2 実装化に向けた体制づくり・財源整備・人材育成

5.2.1 オランダ・デルタプログラムに見る国家適応技術開発の実装化

（1）オランダにおける洪水防御の歴史と気候変動影響

　オランダにおいては、ライン川河口域の低湿地を干拓して成立した国土の性格上、デルタ地域および沿岸域を中心に、歴史的に多くの水害に悩まされてきた。特に1958年の高潮災害によって、死者1853名、避難住民7200名、浸水家屋4500戸を記録する第二次世界大戦以降では最大の被害を出している。これを契機に同年、デルタ法（Delta Law）が制定され、これに基づくデルタ委員会の下、2000年までの計画期間で、河口域を締め切る高潮堤等の建設や堤防補強等の対策が実施された。

　デルタ委員会（第1次）の計画期間終了後も、ライン川、マース川の計画流量規模の引き上げとそれに伴う引堤等事業（Room for the River、およびマースプロジェクト）等、洪水に対する国土の安全性を高める努力が継続的に続けられてきたが、近年、気候変動の影響による計画外力そのものの見直しを余儀なくされている。2007年には気候変動対応策の一つとして、「国家機構適応・空間計画プログラム（National Strategy on Climate Adaptation and Spatial Planning）」を運輸・公共事業・水管理省他4省庁で開始している。このプログラムのアプローチとして掲げられているのは、①意識向上・ネットワーク構築・戦略構築、②知識の向上および普及・共通認識の構築、③対応策の向上・対策実行に当たっての助言提供、の3点である。

　オランダにおける洪水防御の歴史としては、洪水防御法により、1950年にデルタ委員会が輪中（Dyke rings）ごとの洪水防御施設による防御レベルを表5.2.1のように定め、運輸・公共事業・水管理省の構造物設計指針により、堤防の天端高

表5.2.1　基準水位の年超過確率

大都市域（Randstad）の海岸	1/10,000
大都市域を除く海岸	1/4,000
（河川と海岸の）遷移地域	1/2,000
上流河川地方	1/1,250
マース川の非感潮区間	1/250

さは基準水位よりも少なくとも 0.5m 高くしなければならないとされてきた。

例えば、オランダ南部を北海から守る「マエストランド高潮防潮水門」は、デルタプログラム開始前のデルタ・ワークス（Deltawerken、1950 年に最初の締切が行われた高潮災害対策プロジェクト）により 1997 年に完成し、2007 年 11 月に初めて高潮防御のために閉鎖操作が実施された。閉鎖操作は水門上流の水位（ロッテルダム地点）が 3m を上回ると予測される場合に行われる。この本水門に関わる高潮によるロッテルダムの年浸水確率は現在 1/7000 とされている。これは、ロッテルダムを含む Randstad 地域の法定安全率（年浸水確率）は 1/1 万であることから、設計当初の本水門の超過確率は 1/1 万であったが、気候変動による海面上昇による影響を見込んで、同確率を 1/7000 に増大させたと推察される。また、2050 年までの本水門の高潮による閉鎖頻度は平均 10 年に 1 回、2050 年以降は、海面上昇予測によるが、5 年に 1 回程度まで増加する見込みとされている。

なお気候変動の影響予測については、IPCC の 4 つの温室効果ガス排出シナリオに基づき、オランダ王立気象庁（KNMI: Koninklijk Nederlands Meteorologisch Instituut）によって 2006 年に設定された気温、降水量、海面上昇などに関する KNMI06 シナリオがベースとなっている。後述のデルタプログラムでは、気候変動と社会・経済の変化による影響を各 2 通り（Busy、Steam、Rest、Warm の計 4 通り）想定した「デルタシナリオ」（KNMI'14）が使われている。

（2）第 2 次デルタプログラムの活動

気候変動影響への懸念の他、2007 年の EU 洪水指令や、2005 年のハリケーン・カトリーナの影響もあり、2007 年、新たに第 2 次デルタ委員会が設立された。

前農業大臣 Cees Veerman 氏が議長を務めた第 2 次デルタ委員会は、長期にわたる洪水防御および淡水管理のための戦略に関する助言をとりまとめ、2008 年に「水と共に生きる：将来のための生活国土の建設（Working together with water; A living land builds for its future）」を発表した。この提言の主な内容は、①オランダ政府が水安全と淡水利用の維持・改善に向けた第 2 次デルタプログラムを準備、実施すること、②同プログラムの遂行に必要な資源を提供するデルタ基金を設立すること、③同プログラムの遂行を監督するデルタプログラム委員長（Delta Programme Commissioner）を任命すること、であった。

2010 年には、第 2 次デルタ委員会の提言に基づき新デルタ法が起草され、同

年、第 2 次デルタプログラムが開始された（発効は 2012 年 1 月）。この中にはデルタ基金の設立およびその財源についても盛り込まれた。

また、デルタプログラム委員長として、Wim Kuijken 氏が 2010 年 2 月より 7 年間の任期で任命された。氏は、2007 年から 2009 年まで運輸・公共事業・水管理省の事務総長（Secretary-General）を務めるなど、各省庁の要職を歴任してきた。デルタプログラム委員長の役職は、内閣を代行して、財政的影響を含むデルタプログラムを指揮、改善、達成することである。また、政府、州（Province）、水管理委員会（Water Boards）、地方自治体との橋渡しをするとともに、市民活動、研究機関、ビジネスコミュニティを巻き込む役割を持つとされている。

ここでオランダ独特の「水管理委員会」とは、1992 年の水委員会法に位置づけられている組織で、地域における水管理と堤防、沿岸砂州の管理の実施という治水上の責任を担っている地方組織である。かつては全国で 2000 以上の水管理委員会があったが、2014 年には 25 にまで統合が進んできた。一方で、州と地方自治体は、地域の空間計画と地域開発に重要な役割を担っている。このように関係主体が多いことが、治水政策の意思決定を難しくさせている。そのため調整機能としてのデルタプログラム委員会の活動が期待されていることが推察される。

デルタプログラム委員長は、毎年のデルタプログラム報告書を、次年度の予算決定に関わる議会に先立ち、社会基盤・環境大臣に提出することとなっており、2010 年秋の *Delta Programme* 2011 より、2014 年まで 5 回の報告書が提出された。さらにデルタ委員会は *Delta Programme* 2016（2015）によって、以下の 5 点からなるデルタ決定原案を政府に提案している。

① 洪水リスクマネジメント（Flood Risk Management）
　　人々と経済を洪水から守る新たなアプローチ。
② 淡水供給戦略（Freshwater Supply Strategy）
　　水不足を抑え、経済・公共施設への追加的淡水供給を可能とする新たなアプローチ。
③ 空間的適応（Spatial Adaptation）
　　既存環境における水強靱化・耐水化の（再）開発へむけた目標を絞った新たなアプローチ。
④ ライン-マースデルタ地域（Rhine-Meuse Delta）
　　ライン-マースデルタ地域における水防災および淡水供給に関する選択。

⑤ アイセル海地域（IJsselmeer Region）
　　アイセル海地域における水防災および淡水供給に関する選択。
　これに加えて、沿岸の砂の管理と利用に関する「砂に関する戦略的決定（Strategic Decision on Sand）」を提案している。

（3）国家水計画　2016-2021

　以上のデルタプロラムの提言を受けて、「デルタ決定（Delta Decisions）」（洪水リスクマネジメント、淡水供給、空間適応計画）を含む「国家水計画（National Water Plan）」が、2014年秋に議会審議が開始され、2015年12月に決定された。この計画は、2050年までを見据えつつ、2016年から2021年までの今後6ヵ年を計画年とするものである。

　計画の中で特筆すべきこととして、一つは洪水リスクマネジメントの基準を新たに記載していることが挙げられる。新基準は、2017年1月の法改正を目指し、法案として起草される見通しである。従来の基準は、（1）で述べたとおり、基準水位の年超過確率として表現されていた。今回新たに設定された基準は、洪水の生起確率のみならず、リスクに基づくアプローチに転換されている。

　リスクに基づくアプローチによる基準とは、具体的には、一連の堤防区間当たりの堤内の人命に対する年間の許容リスクレベルがそれ未満になる値として表現され、1/300～1/10万の値として地図上に示されている。例えば、1/10万の場合、ある人が洪水によって死亡する確率が年間当たり0.001％より大きくなることがない水準、と説明されている。なお、「輪中ごと」とされてきた各基準の対象範囲は、今回、「堤防区間（Dyke stretches）ごと」に変更された。今回の新基準の必要性として、旧基準は主に1960年代のデータに基づく防御システムによる要求水準であったこと、その後堤防で守るべき人口も土地の経済的価値も大幅に増大していること、加えて、水門（Barriers）の操作や洪水の影響に関して新しい知見が活用可能になったことが挙げられている。

　このような基準の変更に伴い、基準の達成については、従来のとおり堤防、砂州、高潮防潮水門、河川の拡幅などによるが、特別なケースとして、例えばこれらのハード対策が非常に高価な場合、コミュニティへの影響は、空間計画や危機管理との組み合わせによって、同じレベルの防御まで達成することもあり得るとしている。これらの施策の実行に関わる予算に関しては、予算額の概算、および

中央政府、水管理委員会、州、地方自治体、飲料水会社（計画は淡水供給を含むため）間の費用配分の合意について、計画の最後の1章が割かれている。

なお、デルタプログラムの提案に「砂に関する戦略的決定」が追加されていたことに見られるように、気候変動で海面レベルの上昇が予想されている中、沿岸域の砂州の保全の重要性は、洪水対策に伴う砂供給の減少の影響とともにデルタプログラムの中で継続的に議論されてきた。計画の沿岸・海域の章に、今後の砂州の管理方針が述べられている。これによれば、2020年までモニタリングプログラムと調査を実施しながら砂のバランスを見極める、順応的管理の方針が示されている。

（4）日本への示唆

日本においても、社会資本整備審議会答申に、気候変動による水災害の激甚化に備えて「災害リスクを考慮したまちづくり・地域づくりの促進」（平成27（2015）年8月）を掲げ、また「河川整備計画について、従来の特定の洪水を安全に流下させることに主眼を置いた計画から、「氾濫を防止すること」だけでなく、「氾濫が発生した場合においても被害の軽減を図ること」も目的として追加し、流域における施設の能力を上回る洪水による水害リスクを考慮した「危機管理型ハード対策」を組み込んだ計画へと見直しを図る」（平成27（2015）年12月）とされているところである。

オランダの治水安全度は、日本の1/100〜1/200とされている河川整備基本方針の水準と比較して、そもそも旧基準であっても圧倒的に安全度が高く、ハード対策を基本としている。しかし、オランダにおいては例外的な取り扱いであるとはいえ、ハード施策とソフト施策を組み合わせることによって、人的リスクを低減させる政策の方向性は日本のそれと一致しており、今後もその取り組みは我が国にとっても参考になるところが多いと考えられる。すなわち、このオランダの洪水リスクマネジメントは、①構造物、②空間計画、③緊急対応の3段階の防御としているところが日本と比較して特徴的であり、水害リスクを踏まえたまちづくりの面からも注目される。

第5章
海外の動向・事例

5.2.2 米国 FEMA のデータを活用した国家財政影響評価事例
（1）米国における減災対策事業評価の背景

　減災対策の効果は、人的被害（死傷者の発生）、資産被害や、事業活動の休止といった直接的な被害の防止に留まるものではなく、これらの直接被害の防止に伴う様々な波及効果による便益があることが予想される。このような波及効果は、我が国でも近年、いわゆる社会資本の「ストック効果」として着目されるようになっているが、多くの効果が実際には定量評価が困難であるとして、必ずしも事業評価等に取り入れられていないのが実態である。

　ここでは米国の事例として、一般的に実施されている人的・資産被害額を対象とした費用便益分析とは別に、連邦財政（国庫）への長期的な影響を評価している例を紹介する。対象は、2005年に連邦緊急事態管理庁（FEMA）による減災対策への補助金プログラムの効果を第三者機関が評価する目的で作成された、米国建築科学会（IBS: National Institute of Building Sciences）のマルチハザード軽減会議（Multihazard Mitigation Council）によって提出された報告書（以下、報告書）の関係部分である。

　まず背景として、評価されている補助金プログラムについて簡単に紹介する。米国においては、災害対策の第一義的責任は、地方自治体にあると考えられており、連邦からは、連邦税から地方自治体に対する補助金の形で援助がなされている。防災関係の補助金としては、FEMAによって、様々な災害を対象とする減災対策の補助金プログラム（Hazard Mitigation Grant Programs）が準備されている。制度としては、FEMAから州・自治領を通じて地方自治体・コミュニティ、州の諸機関、民間NPO等に配分され、さらに個人世帯、事業者等に交付されることが多いようである。対象となる減災対策としては、氾濫域の家屋除去とオープンスペースへの転換のための土地買い上げ、構造物の耐水化、構造物のかさ上げ、避難場所の設置等が挙げられている。すなわち、防災施設整備などのハード対策は含まれていない。なお『主要国の地方財政制度調査報告書』（財務総合政策研究所（2001））によれば、アメリカの連邦補助制度は、かつてあった使途が州・地方政府の裁量に委ねられた補助制度（General Revenue Sharing）は1980年代に連邦財政赤字を理由に廃止され、使途を特定目的に限定した補助金がほとんどを占めている。また、連邦補助率はプログラムごとに規定されており、約50％程度のものが多い。

5.2 実装化に向けた体制づくり・財源整備・人材育成

（2）連邦財政への長期的な節減額推計

　マルチハザード軽減会議の報告書によれば、FEMAによる災害低減への投資1ドルに対し、4ドルの将来便益があると評価され（一般的な人的・資産被害額による費用便益分析による結果を含む）、また1993～2003年に洪水、ハリケーン、トルネード、地震による被害軽減のためにFEMAが出資した補助金により、約50年間で220人以上の死者、ほぼ4700人の負傷者を防止することができたとしている。

　以下に、連邦財政への影響評価の手法および評価結果を紹介する。報告書では対象とするコストはFEMAによる経費のみとし、便益は以下のa.、b.の2項目を対象としている。

　　a.　連邦の各省庁（ここではFEMA、陸軍工兵隊（USACE）、連邦中小企業庁（SBA））が担当している復旧および減災対策に関する将来の支出の削減
　　b.　個人所得税と法人所得税の被害者控除による連邦税収入の損失の回避、および個人が死傷しないで働きつづけることによる所得税の増加

　具体的には、表に示すとおりさらに10個のカテゴリーによって連邦財政への長期的な節減額（Savings）が推定されている。併せて、報告書による推定値を表5.2.2に示す。元となるベース値（A）は、実際の連邦政府の経費と、報告書による分析時点での災害被害の推定値である。b.の税収入に関わるベース値の一部は、必要に応じて、標準税控除（Standard Tax Code Deductions）によって調整されている（B）。ベース値（A）、または調整したベース値（B）にファクター（C）を乗じて、それぞれのカテゴリーごとに連邦財政の節減額を、2004年時点の現在価値に換算して算出している。

　上記の試算の結果、連邦財政の将来的な節減額の年間ポテンシャルの合計値は、9億6850万ドルである。一方、減災対策に対するFEMAの年間平均経費が2億6540万ドル（減災対策補助の年間平均コストのうち連邦負担分の3億5380万ドルの75％）と推計される。これは、連邦の財政から減災対策へのFEMAの補助金として平均1ドル投資することにより、約3.65ドルの節約になる可能性があると評価され、この結果、FEMAの減災プログラムは、連邦財政コストにかなうものであることが示されたとしている。なお今回対象とするのは、人命や資産の被害が防止されることによる直接的な便益とは異なる便益であることが強調されている。以下に、分析手法の詳細を紹介する。

第5章
海外の動向・事例

表5.2.2　連邦財政に対する年間節減額のポテンシャル

単位：100万ドル（2004年時点）

カテゴリー	ベース値 (A)	調整した ベース値 (B)	ファクター (C)	節減額 (AまたはB×C)	データ出典
連邦政府の経費節減					
公的援助	2,240.9	-	0.174	389.9	FEMA（2005）
個人援助／人的サービス	889.8	-	0.174	154.8	FEMA（2005）
ミッション割当／代替補助	126.6	-	0.174	22	FEMA（2005）
FEMAの行政コスト	594.6	-	0.174	103.5	FEMA（2005）
減災対策経費	386.7	-	0.174	67.3	FEMA（2005）
連邦中小企業庁SBA運営の デフォルトとコスト	463.4	-	0.174	80.6	SBA（2005）
陸軍工兵隊（USACE）の 危機管理対策	104.8	-	0.174	18.2	USACE （2005）
小計				$836.30	
連邦税収入の補填					
個人被害損失控除	1,061.3	530.7	1) 0.171	90.7	本調査
死傷による所得税支払額の 変化	208.5	-	0.171	35.7	本調査
被害者損失および事業活動休 止による収入税支払額の変化	108.9	23.0	2) 0.252	5.8	本調査
小計				$132.20	
合計				$968.50	

1）1993年から2002年の間の10年平均個人税率
2）1993年から2002年の間の10年平均法人税率

(3) 復旧および減災対策に関する将来支出削減

　a. の連邦政府経費による年間節減額合計の現在価値化した推計値は、8億3,630万ドルである。最も大きいカテゴリーは、FAMAの公的支援（3億8990万ドル）で、最も小さいのは米国陸軍工兵隊（USACE）の対策（1820万ドル）である。連邦経費節減額の各カテゴリーは、全て、2005年の連邦経費（A）に対しファクターとして17.4％を乗じて算出している。このファクターは、一般的な費用便益分析の過程で算出された減災対策の補助金による年平均の財産被害と人的被害（死傷者）の減少13億2000万ドル（50年間に2％削減）を、1993～2000年の合衆国における地震、暴風、洪水災害による年平均損失76億ドル（University of South Carolina（2005）、なお値は2004年時点価値）で割った率である。ここで留意すべきは、分子の被害減少額13億2000万ドルは、当該時点の防災施設の存在を前提

とし、FEMA の補助金が交付された限られた地域において、費用便益分析によって算出された計算上の値であるという点である。この 17.4％は、特定の年における減災対策による被害軽減便益の初期値であるが、減災対策プロジェクトの効果が 50 年間継続すると仮定して、減災対策がない場合に 50 年間平均的に継続するだろう損失の軽減割合として扱っている。また、各省庁の予算は、長期的に平滑化して執行されるとした。

以上の算出方法はすなわち、ここでは将来の災害被害の減少率に比例して、政府の支出額が現在の経費よりも減少することが仮定されている。今回の対象補助金によって軽減されるとされた計算上の被害は災害被害全体の 17.4％に過ぎず、将来にわたって全ての被害が解消されている訳ではない。それにも関わらず、単純に被害の割合が減った分の対策予算が節減される効果があるとするこの仮定については、報告書の執筆者もまた、この仮定には議論の余地があると認めており、節減額に「ポテンシャル」と冠している主な理由であるとしている。その上で、減災対策を積み重ねることで、被災後に必要な経費は確実に減少するだろうとしている。

(4) 連邦税収入への影響推計

b. の連邦税の補填による年間節減額合計の現在価値化した推計値は、1 億 3220 万ドルである。ここで連邦政府の歳入は、個人所得税、法人所得税が大部分（財務総合政策研究所（2001）によると約 9 割）を占めており、被災によるこれらの税収減の回避が便益として挙げられている。最も大きいカテゴリーは、被害を免れた個人による所得税収入（9070 万ドル）で、最も小さいカテゴリーは、被害や事業休止を免れた法人所得税収入（580 万ドル）である。後者は、評価対象である FEMA の減災対策のための補助金は、民間の病院、電力会社および水事業者を除き、民間よりはむしろ法人税を支払う必要のない公共への配分が大部分であるため、法人税収入の節減額が小さいと説明されている。

個人の所得税収入については、保険に入っていない世帯の資産被害について、総収入で調整した平均値の 10％が控除額になるとして適用している。またここで、年平均減災対策（2％の割合で減少）によって回避される洪水の家屋資産被害をベースにし、個人納税者に適用される FEMA の補助金による減災対策は、洪水災害のみであるため、50％の被害は洪水保険がかけられていないと仮定してベース値の調整を行った。全被害のうち個人資産被害の割合は、減災対策が実施され

る資産の総数（民間・公的）のうち民間資産の割合としている。

死傷による所得税支払額の変化は、年平均減災対策によって回避される地震、暴風、洪水による死傷者数に、個人所得税率を乗じて算出している。一方、被害者損失および事業活動休止による法人所得税の変化は、年平均減災対策によって回避される地震、暴風（FEMA洪水減災対策は事業に対して最小限の適用がある）による民間資産ダメージと事業休止（解雇費用を含む）に基づいて算出されている。民間セクターの資産被害は地震と暴風の年平均総資産被害の1.0%と仮定する。地震と暴風による民間営利セクターの事業休止被害は、営利セクターの事業活動の全国平均に基づく事業休止の総被害の77%と仮定されている。事業者被害の50%は保険がかけられていると仮定し、事業所得税率を乗じて算出した。

なお、復旧に対する個人・法人の慈善活動は税控除の対象となるため、減災は慈善事業とそれによる税控除を減少させることから、さらなる連邦財政への追加的な節減につながるだろうとの指摘もあり得るとの記述があるのが慈善活動のさかんな米国らしいが、この効果は今回の便益には見込まれていない。

（5）日本への示唆

我が国における事業評価では、一般的に事業による直接的な効果便益（災害被害の防止）は評価されるが、事業による将来的な国家財政への影響は評価されていない。本項で紹介した報告書による国家財政影響の評価手法の、我が国への適用可能性について考察する。

まず、(3)復旧および減災対策に関する将来支出削減については、今回の個人や事業者の事前対策を対象とする助成のような制度の事業評価において、減災施策に伴う行政コストの節減効果（例えば、被災家屋が減少することに伴う避難所の開設や被害認定に関わる諸手続事務等の節減）については、現在は対象とされておらず、新たに便益の一部として見込み得る可能性がある。なお、個人や事業者の直接被害の回避自体は今回の対象に含まれていないことに留意が必要である。

(4)で言及した被災による個人・法人税収減の回避については、東日本大震災において被災自治体の税収減等の事例もあり、当然、国税においてもマイナスの影響があったものと思われる。東京など巨大都市に甚大な被害が生じた場合の国税への影響はさらに大きなものとなろう。こうした場合の税収減に関する予測は極めて難しいが、検討を深めるべき課題である。

5.2 実装化に向けた体制づくり・財源整備・人材育成

5.2.3　米国ハリケーン・サンディ来襲時の取り組みに至る検討事例

(1) ハリケーン・サンディによる災害

　ハリケーン・サンディは、2012年10月29日にニュージャージー州に上陸し、歴史上はじめて先進国の大都市に激甚な被害をもたらした水害となった。高潮は大潮と重なりニューヨーク都市圏を襲い大規模な浸水被害を発生させ、世界の社会・経済の中枢を担うニューヨーク都市圏を麻痺させたが、中枢機能や水没した地下鉄等の交通機関の回復は驚くほど迅速であった。本項は、国土交通省・防災関連学会合同調査団により行われたハリケーン・サンディ調査の第1、2次報告書等に基づき、このような災害対応から防災・減災対策の強化のありかたを学ぼうとするものである。

　ハリケーン・サンディは、2012年10月22日にカリブ海で発生し西太平洋を北上、29日午後8時頃にニュージャージー州アトランティックシティ付近に上陸した。上陸時はカテゴリー1に相当する1分間平均風速約36m/s、勢力範囲が概ね1400kmという巨大なハリケーンであった。さらに、10、11月のハリケーンのほとんどが大西洋を北東方向に進むが、サンディは北西に進む想定外のコースで上陸し、1938年以来の甚大な被害をもたらした。象徴的な被害は地下鉄等の浸水による機能の停止とニューヨーク証券取引所の2日にわたる閉鎖であった。

　ニューヨーク都市圏の地下鉄、道路、空港等が浸水・水没した。特に、平日の利用者数が約745万人に上るイーストリバーを渡る8つの地下鉄トンネルが大きな被害を受けた。さらに、マンハッタン島南半分の大規模停電による電源・スチーム配給機能やガソリンスタンド機能停止により地域暖房や車の利用ができなくなり、高潮による犠牲者に加え、低体温症による関連犠牲者も出た。また、マンハッタンでは数百のビルが浸水し機能が停止したため、多くの事業所は機能するビルへ移転し業務を再開することとなった。

　調査を通じて特徴的であったのは、ハリケーン・サンディのみならず、災害の経験や課題を次の災害に生かすべく、多くの機関によって検証（AAR: After Action Review）が行われていたことである。連邦政府は毎年の検証が義務づけられており、州によっては災害後120日以内の検証を定めているところもある。これらの検証は、災害対応の失敗を個人的な責任の追及ではなく、今後にこの経験を生かすための制度として位置づけていることが特徴的であり、災害対策の制度等の改善・強化への大きな役割を担っていた。特にFEMAは、対応の遅れ等の厳し

い批判を受けたハリケーン・カトリーナの検証を通じて新たな体制を構築し、ハリケーン・サンディでの迅速で効果的な対応につなげていた。

　日本においては、阪神・淡路大震災での危機管理機能の欠如や、情報の収集・集約体制、初動体制、広域支援体制等の脆弱性に関する検証が、行政改革会議の中間整理や防災問題懇談会で行われ、体制や組織の創設・強化が図られた。この広域支援体制等の強化が、東日本大震災で効果を発揮した。しかし、こうした検証と課題の改善は一般的には行われておらず、次の災害に向け生かされてはいない。災害に対する検証とこれを次の災害に生かしていくことが、学ぶべき基本にあると考える。

　ハリケーン・サンディへの災害対応を踏まえ、日本の防災・減災対策を強化していくため、
・災害リスク評価の徹底と社会的共有
・迅速な意思決定と事前の役割分担
・専門家による意思決定への支援
の3つの視点から提案を行う。

(2) 災害リスク評価の徹底と社会的共有

　1995年に公表されたニューヨーク都市圏のハリケーンのリスク評価を基に、ニューヨーク市や独立公益会社ニューヨーク州都市市交通局（MTA: Metropolitan Transportation Authority）等の主体が災害の発生を前提に、自らの特性を踏まえたリスク評価を行うとともに準備を進めていた。ニューヨーク市は浸水深等のリスクの程度に応じたゾーニングと避難計画を策定しており、ハリケーン・サンディ上陸の前から危険の程度に応じた事前避難を決定し実行した。MTAは地下鉄の水没等の最悪の事態を含めた浸水被害への対応計画を持ち、上陸の1日前には運行停止を意思決定し実行した。このような主体それぞれの持つ特性に基づいたリスク評価と準備がなされていたことが、ハリケーン・サンディへの対応で大きな効果を発揮した。

　ここでは、最悪の事態を含むリスク評価に基づき、災害が起こることを前提に対策を準備し、被災後の迅速な交通機能回復を成し遂げたMTAの例を示す。なお、MTAはニューヨーク都市圏の地下鉄・鉄道・バス等の運営主体であり、地下鉄・鉄道の延長2047マイル、年間乗降客数26億人のニューヨーク都市圏の基幹

5.2 実装化に向けた体制づくり・財源整備・人材育成

的交通機関である。

　MTAは、1992年の高潮、2007年の集中豪雨による浸水を検証し、FEMA、陸軍工兵隊（日本の国土交通省水管理・国土保全局に相当）、アメリカ国立気象局（NWS: National Weather Service）、ニューヨーク州等と連携し地下鉄等の浸水のリスク評価を行った。そして、災害の発生を前提とした対応計画を策定し準備を進めていた。危機管理センターの設置、バスによる代替輸送計画、排気口や出入り口のかさ上げ、乗客を避難させるための所要時間、列車退避にかかる時間、トンネルが浸水した場合の排水所要時間等の検討とともに排水計画や排水ポンプ列車等の準備がなされていた。

　こうした準備の下、ハリケーン・サンディの来襲の状況に応じた迅速な意思決定がなされ、対策が講じられていった。上陸1週間前からカテゴリー1を想定した準備が始まり、低地部での土嚢や応急対策機材の配置と浸水の可能性のある出入口や排気口への土嚢積み等が行われた。1日前には、州政府と連携し市民避難のバスを提供したうえで地下鉄の運行を停止し、車両を浸水被害のない高台に避難させた。さらには、浸水で機能を失う可能性のある設備やレールの転轍機のモータまで取り外して安全な場所に移動させた。

　上陸時の高潮は既往最大クラスであり、非常用出口等からの浸水によりMTAの管理する7本の地下鉄トンネルと2本の道路トンネル、さらには8つの駅が大きな被害を受けた。地下トンネルからの排水は被災翌日から開始され、MTAの3台のポンプ列車による排水とともに陸軍工兵隊や海軍の支援による排水が進められた。被災7時間後にはバス運行が再開し地下鉄の代替輸送を担うとともに、1週間後には被災地下鉄延長の57%、9日後には97%で運行が再開された。

　このような、事前のリスク評価や災害の発生を前提とした準備により、大規模な浸水被害を受けたにもかかわらず早期の運行再開が可能となった。災害時に何が起こり得るのかという災害リスクを評価したうえで、防災機関のみならず、被害を受ける可能性のある多様な主体が災害への準備を進めていた。日本においてもリスク評価を基本とした取り組みの強化が必要であり、そのためには、①最悪の事態を含めた科学的なリスク評価の徹底、②リスク評価の社会的共有と多様な主体による自らのリスクの理解、③リスク評価に基づく防災・減災対策の構築を進める必要がある。

　日本では、昭和50年代に始まった総合治水でリスク評価に基づくハード・ソフト対

第5章
海外の動向・事例

策からなる治水対策が打ち出された。しかし、浸水想定区域図は地価に影響を与える等の議論があり初期には公表されなかった。その後、土砂災害防止法の制定、水防法の改正等を通じリスク評価の制度的位置づけが強化され、津波防災地域づくり法において全国の津波被害を受ける可能性のある地域を対象に、最大クラスの外力を対象にしたリスク評価とこれに基づく警戒避難体制整備や土地利用等の誘導・規制の仕組みが組み立てられた。さらに、水防法改正により想定しうる最大規模の洪水・内水・高潮等のリスク評価を基本とする政策が展開され始めている。しかし、リスク評価に基づく防災・減災対策の構築や各主体の特性に対応したリスク評価が一般化している状況には至っていない。防災担当部局や担当者ですら災害リスクを知らず災害対応に当たり、結果として想定外の災害を増やしている可能性がある。今後、津波防災地域づくり法で整備されたリスク評価に基づく防災・減災への取り組みを他の災害へも広げ強化していく必要がある。

(3) 迅速な意思決定と事前の役割分担

ハリケーン・サンディ上陸前のニューヨーク都市圏では、被害が発生していない段階から、いわゆる空振りの可能性がある中で、州、ニューヨーク市、MTA等のトップにより災害の状況に対応した意思決定がなされ対策が実施された。危険な地域に居住する住民の計画的避難や地下鉄等の運転停止と車両の高台への退避、施設の防御等が迅速に決定され実施されたことが、被害の軽減と災害後の迅速な機能回復を可能にしたといえる。災害に備えた事前のリスク評価と災害応急対策で必要となる事項の社会的な共有とともに、関係組織間での責任・役割分担を明らかにして準備を進めていたことが、このような意思決定を可能にしたと考える。

米国の連邦緊急事態管理庁FEMAは災害対応に大きな成果を上げている機関として、日本での関心が高い。FEMAの担う機能の中でも、緊急支援機能(ESF: Energy Support Function)は15の基本的な災害対応項目に対し各連邦機関等の専門性に基づいた役割分担を定め、事前の準備等を通じ災害時の迅速な対応を可能にしている。さらに、災害発生時には、関連する連邦政府機関、州政府、市・地方政府等と共同現地事務所(JFO: Joint Field Office)を速やかに設置し、現地に権限と資金を委譲し、連携と円滑な調整を行う場を通じた迅速かつ効果的な対応を可能にしており、ハリケーン・サンディへの対応においても重要な役割を果たした。

また、ハリケーン・カトリーナでの課題であった迅速な対応や機関相互の連携

5.2 実装化に向けた体制づくり・財源整備・人材育成

に対応するため、ニュージャージー州等で取り組まれたタイムラインは、ハリケーン・サンディへの対応で大きな成果を上げた。タイムラインは、最悪の事態を含めたリスク評価とこれに基づく災害発生時に必要な対応項目を、避難等の対策に必要な時間（リードタイム）を考慮し、各機関の担う役割を時系列で整理し準備するものである。タイムラインは災害応急対策の事前の意思決定ともいえ、時間等の厳しい制約条件下での災害応急対策に当たり、迅速な意思決定を支援する重要な役割を果たす取り組みである。

日本では、避難等の災害応急対策は災害対策基本法に基づき災害の規模や種類に関わらず市町村（長）が行うことを基本としており、対応が困難な場合には県等に支援を要請することとしている。このため、大規模な災害では、被災した市町村の組織が十分機能しない中での災害応急対策となる状況が発生している。また、災害応急対策の各省庁等あるいは国・都道府県・市町村等の基本的な役割分担は防災計画等により決まっている。しかし、災害時に必要な対応事項の共通化・標準化には至っておらず、発災後に各機関が状況に応じた調整を行い役割分担を決定している。さらに、国と地方との役割分担の調整は制度上も難しい側面があり、迅速な調整と対応が困難なことがある。このため、ESFやタイムラインのもつ役割を日本において有効に機能させ、責任・役割を明確化したうえでの体制の整備や災害への準備を進めることが必要である。

現在、全国の河川で水害を主な対象にしたタイムラインの取り組みが、自治体、国土交通省等によって始まっている。科学的な災害リスク評価の基で、予め決めておくことの可能な事項の整理と各機関の専門性を踏まえた役割分担を明らかにした体制の整備や調整のルール化により、迅速な意思決定と対策の実施が強化されることが期待される。

(4) 専門家による意思決定への支援

連邦、州、市等を通じて、災害の専門家・専門組織（以下、専門家）との緊密な連携と役割分担の下で災害対策が行われており、平常時からの事前のリスク評価や発生した災害の評価等を通じた専門家による支援の下、事前の準備や災害応急対策の意思決定が行われている。

ハリケーン・サンディへの対応では、ニュージャージー州政府は、FEMA、陸軍工兵隊、アメリカ国立気象局等と最悪の事態を含めた事前のリスク評価やハリ

ケーン来襲時の各機関の役割分担を時系列で整理したタイムラインを作成し準備するとともに、発災時においても情報交換や支援を受け、避難の範囲や避難勧告のタイミングの決定を行っていた。また、ニューヨーク市での陸軍工兵隊による地下鉄等の浸水に対応した大規模排水活動やニュージャージー州トムズタウン町長への陸軍工兵隊からの技術的助言に基づく砂丘への仮防潮堤の緊急的整備が行われている。こうした事前のリスク評価に留まらず、災害発生時の専門家によるリスク評価や災害の分析や予測等の支援が、非常時の行政トップによる迅速な意思決定と記者会見等を通じた住民等との円滑なリスク・コミュニケーションを可能にしている。

　日本の防災における専門家の支援は、平常時におけるリスク評価や地域防災計画の策定等において行われているが、発災時のリスク評価等の災害応急対策における支援は限られている。また、災害応急対策の責任を有する市町村には、一般的には災害に関する専門家は確保されておらず、とりわけ災害発生の応急対策においては市町村長の判断・意思決定を支援する情報の収集・集約や専門家による支援体制は十分とは言えない状況にある。

　近年の災害で被災した首長からの、現地に派遣された国土交通省のTEC-FORCE等に対する高い評価は、困難な状況下での意思決定を支援する専門家、専門組織の担うべき役割を明らかにしている。このような、災害発生時における専門的かつ広域的な機能を担う体制の強化が必要と考える。さらに、災害発生時には時間的制約等が厳しい中での専門的知見を踏まえた判断・意思決定が求められることから、意思決定者と専門家との信頼関係や専門的事項への一定の理解等を平常時から構築しておく必要がある。このため、事前の災害リスク評価、ハザードマップの作成と対策の検討、災害発生時の対応等を通じた一貫した専門家の役割を明確に位置づけた体制の整備と専門家の確保が重要であると考える。

(5) 日本への示唆

　歴史上はじめて、先進国の大都市に激甚な水害をもたらしたハリケーン・サンディへの米国の取り組みから学び、日本の防災・減災の強化につなげることができると考える。特に、災害での厳しい経験や課題を次の災害に生かすべく多くの機関によって検証（AAR）が一般的に行われ、これに基づく新たな取り組みにより防災・減災が進められていることは、日本への大きな示唆と考える。さらに、

以下の3つの事項が示唆されていると考える。
① 災害リスク評価の徹底と社会的共有の基での防災・減災
　　日本では、防災担当部局や担当者ですら災害リスクを知らずに災害対応に当たり、結果として想定外の災害を増やしている可能性がある。このため、リスク評価を基本とした取り組みの強化に向け、
　　　・最悪の事態を含めた科学的なリスク評価の徹底
　　　・リスク評価の社会的共有と多様な主体による自らのリスクの理解
　　　・リスク評価に基づく防災・減災計画・対策の構築
を進める必要がある。
② 災害時の迅速な意思決定を支える役割・責任分担の明確化
　　現在、水害対策等の強化に向けタイムラインの構築が進められている。これは、最悪の事態を含めたリスク評価を基に、災害発生時に必要な対策事項を、避難等の対策に必要な時間（リードタイム）を考慮し、各機関が担う責任・役割を明らかにし、時系列で整理し準備するものである。災害応急対策における各機関の事前の意思決定ともいえ、発災時の厳しい制約条件下での、各機関が連携した迅速な意思決定と効率的な対策の実施につながることが期待される。
③ 災害時の意思決定を支援する専門家の役割の明確化と体制の構築
　　平常時におけるリスク評価や防災計画の策定等に止まらず、発災時における科学的リスク評価等への専門家の支援が不可欠になっている。このため、事前の災害リスク評価、ハザードマップの作成と対策の検討、災害発生時の対応等に対する専門家の一貫した役割・機能を明確に位置づけた体制の整備と専門家の確保が重要である。

5.2.4　台湾における土石流防災専門員の育成事例

（1）近年、台風・土砂災害による犠牲者数が減少している台湾

　土砂災害は、発生場所や時間が特定しづらく、リスクの変化が分かりづらいため、避難の判断が難しいという特徴をもつ（廣井（1999））。また、土石流などは一瞬のうちに人家を壊すため、死者・行方不明者の割合が高い災害である。土砂災害の対策にはハードとソフトの対策があるが、構造物の建設等によるハード対策には時間、費用に限界があるため、事前の住民への危険周知と的確な情報把握・

第5章
海外の動向・事例

伝達、住民の早めの避難等、ソフト対策の充実が求められる。

台湾は、九州とほぼ同じ面積に4000m級の山々を抱え、台風常襲地に位置する災害多発地である。気候変動に伴う豪雨の増大と1999年に台湾中部で生じた集集大地震の影響から、以降土石流による被害が数多く生じている。

表5.2.3は、近年の日本と台湾における自然災害による犠牲者の推移を示している。日本では、最近10年間で土砂災害による犠牲者が毎年のように20名以上出ている。一方、台湾では1999年の地震後の豪雨災害と2009年の莫拉克台風による被害が突出しているが、2010年以降、台風災害の発生と建物の損壊はあるものの、死者・行方不明者が1桁以下に減少している。

犠牲者数の違いをもたらした要因は数多く考えられるが、警報発令時に住民が避難を行ったか、避難判断となる情報伝達が正確に伝わったかなどが重要である。Chen and Fujita（2013）は、両国の警報発令時の住民の避難率の違い（日本

表5.2.3　日本と台湾における最近20年間の自然災害による犠牲者数の推移

年	死亡・行方不明者			台風関連建物倒壊（台湾）棟	台風災害発生回数（台湾）
	（日本・風水害）	（日本・土砂災害）	（台湾・台風）		
1995	19	46	31	46	4
1996	21	18	76	1384	5
1997	51	31	46	149	3
1998	80	21	47	56	5
1999	109	34	6	1	1
2000	19	6	110	2159	6
2001	27	4	354	2624	8
2002	20	4	6	0	3
2003	48	23	7	0	7
2004	240	62	49	386	9
2005	48	30	23	169	4
2006	87	25	3	15	5
2007	14	0	16	89	6
2008	21	20	42	83	6
2009	76	22	704	349	3
2010	31	11	0	0	5
2011	136	85	0	11	5
2012	52	24	8	144	7
2013	85	53	9	72	6
2014	100	82	1	-	2

資料：内閣府（2014）、内政部消防署（2014）より作成

9.8%（2008 〜 2010 年の平均）、台湾 51.6%（2007 〜 2011 年の平均））を明らかにしている。

　台湾では、どのように住民へ避難を促し、それが犠牲者の減少につながったのか。どのような体制を構築し、環境変化に対応してきたのか。本項では、2000 年代以降台湾で進められてきた土石流に対するソフト対策の展開およびその実施体制と運営方法を紹介し、日本に示唆する点を示したい。特に、避難時に重要な役割を担う「土石流防災専門員」（以下、防災専門員）に着目し、日本での施策展開の可能性を検討したい。

（2）防災専門員制度創設の背景

　台湾では 2000 年代に入り土石流災害が頻発したため、土石流災害を所管する行政機関である水土保持局は、その対策に迫られた。当時、地震と頻発した土砂災害の経験から、地方における防災・救助能力を高めること、住民の災害への意識を高めること、行政と住民の連携を強めることが、重要な課題であった。特に、土石流の危険性が高い渓流の多くは山間部の僻地にあるため、災害発生から外部からの援助が届くまでのコミュニティ住民による防災および災害対応能力が、人命の生死を左右する重要な鍵であった。

　水土保持局がまず進めたのは、①土石流危険渓流の再調査と危険度の判定、②避難活動プログラムの推進などによる避難体制の強化、③コミュニティ住民と専門家の協働による防災対策（「コミュニティ防災」）、である。ここで示すコミュニティは、範域として行政区分である郷鎮（日本の市町村に相当）の下部にある村里（100 人程度から数千人まで）と重なることが多い。

　これらの取り組みでは、危険の及ぶ住戸（保全対象）の明示と情報共有、専門家と住民の協働、避難訓練や前兆現象の認知が重視された。しかし、危険地域の雨量情報が未整備の場所も多く、地域住民が勘で判断している場合が多かった。当時、各地で時間雨量や日雨量の最大値が更新され、山間部の雨量観測点不足に加え災害が生じた現地と雨量観測点の実測雨量のズレが問題となっていた。

　そのため水土保持局は、避難の判断基準となる雨量警戒値をコミュニティごとに定めた。そして、コミュニティにおける降水量の計測と防災力向上という課題を解決するため、2005 年に「土石流防災専門員」を創設して訓練を開始し、251 名の防災専門員が誕生した。

(3) 防災専門員の概要と活動実態、運営体制

　防災専門員の主な任務は、①簡易雨量筒を用いた雨量観測と水土保持局への報告、②保全対象となる住民への避難指示、③コミュニティ住民への災害に関する知識、認識の啓発である。防災専門員は、現在任期が3年であり、装備（活動用のユニフォーム等）、保険、簡易雨量筒が支給されるほかは無給で任務に従事している。全員1年目に基礎訓練（約1.5日、10時間）を受講し、全ての訓練に参加しテストに合格すれば、訓練修了証書が授与される。基礎訓練の内容は、教室での講義と実技を組み合わせたものであり、任務や災害管理の現状等を学ぶものとなっている。その中でも、防災コミュニティ作りと宣伝技術の習得に多くの時間が割かれ、防災専門員がコミュニティ内の住民間の連携を強め、災害に対する認識を高めることが期待されている。

　水土保持局は、防災専門員制度の創設とともに、防災専門員との双方向の連絡体制による土石流防災システムを構築した。台風や豪雨災害の恐れが生じた際、水土保持局は気象局の発表する気象予報観測および台風警報等の情報を入手し、災害対応体制を整えるとともに検討判断の後、防災専門員へ雨量筒を設置するよう通知する。防災専門員は雨量筒を設置した後、水土保持局内に設置された土石流防災システムへ連絡し、雨量が50mmを超えた後50mmごとに累積雨量を報告する。そして、予測雨量と累積雨量が水土保持局の定めた警戒値（黄色警戒、紅色警戒）を超えた際に、郷鎮役場職員等と協力して保全対象である住民に対する避難勧告、強制避難を支援する体制を整えた。

　2009年に来襲した莫拉克台風では甚大な被害が生じたものの、防災専門員のいたコミュニティ住民の多く（約9000人）が、事前の避難によって命拾いした。そのことがメディアに大きく報道され、この災害以降、防災専門員数は増加し（2008年まで500名程度、2012年現在1390名）、2012年現在土石流危険渓流を持つ村里577のうち550の村里に防災専門員がいる。

　そして2010年以降、水土保持局は災害リスクの高い地区に対し警戒値到達前での予防的避難を勧めるとともに、各コミュニティの防災力を把握し、村長が防災専門員であるコミュニティを対象に土石流自主防災を推進した。政府や専門家に依存する活動ではなく住民参加と実際の行動によってコミュニティ意識を高め、災害と共存可能な「土石流自主防災コミュニティ」形成を目指している。

　防災専門員の活動実態について、1つの村の事例を紹介したい。2010年の台風

では台湾南部の村において50軒もの民家が土砂に埋まる土石流が発生した。しかし、警戒値に至る前に行った防災専門員の警戒避難の呼びかけとコミュニティ住民組織との協力のもと住民の早期避難により550人が避難し、ケガ人は出なかった（郭ら（2012））。警戒値や郷鎮（市町村）の避難勧告といった情報に頼るだけでなく、防災専門員の訓練と任務の経験を蓄積し、コミュニティ内での連携が強化されたことが、その行動と結果につながったといえる。

こうした防災専門員の活動、訓練を支える運営体制はどうなっているのだろうか。水土保持局が示す活動プログラム、防災専門員の訓練に主に携わっているのは、水土保持局や研究者の防災教育専門家、そして大学の防災研究センターである。防災教育事業を請負う大学の防災研究センターでは、スタッフがコミュニティや市町村における討論会や避難訓練、防災専門員の訓練の補助、小学校での防災教育のため台湾全土へ出向いている。そして専門家らは、大学防災センターを通じてコミュニティのリーダーと連絡をとりながら、各コミュニティの進捗状況に合わせて今後必要とされる取り組みを示している。つまり、大学研究センターおよびそのスタッフが様々な形で政府機関である水土保持局とコミュニティをつなぐ役割を担っている。

（4）日本への示唆

これまで見てきたように台湾の水土保持局は、住民の防災能力や意識の向上、行政と住民間の連携不足、山地の雨量観測点の不足など、浮上してきた課題解決に取り組んできた。その中で、専門家と住民の協働による活動を進め、土石流防災専門員を創設し、人材育成と雨量計測を併せた連絡体制システムを構築することで、コミュニティ内の横の連携ならびに中央とコミュニティの縦の連携を強めてきた。そして、大学の専門家や防災研究センタースタッフが避難判断やその周知に関わる防災教育業務をサポートし、役場職員や地域住民の認知や専門知識不足を補完する体制を整えている。

日本では、合併によって範域が広がった市町村も多く存在し、市町村職員は要員数、防災に関する専門知識ともに不足しており、警戒や避難指示勧告の住民への周知伝達に大きな課題を抱えている。住民や防災組織の主体的な行動が求められるが、冒頭に述べたように、土砂災害は避難判断が難しい特徴をもつ。

こうした日本の現状を踏まえ、台湾の土石流ソフト対策から日本へ示唆する点

をいくつか指摘したい。第1は、避難すべき対象と避難判断基準となる雨量の情報を明示し、防災組織と関係機関で連携し共有する必要性である。例えば、土砂災害警戒情報に基づく避難勧告だけでなく、地域防災リーダーや消防団、地域住民に避難基準雨量を伝え、自主的な雨量計測によって警戒避難に役立ててもらうことも検討すべきであろう。独自の雨量計測は、観測技術精度が高まれば不要とみることもできる。しかし、防災専門員制度において重要と思われる点は、防災専門員を中心としたコミュニティの防災体制のもとで、雨量計測とその伝達が、リスクが分かりやすい住民避難に役立つツール、防災意識を高める道具として機能していることである。

第2は、市町村や地域住民のリスクの認知や専門知識の不足を補完する体制づくり、コミュニティレベルでの防災教育や人材育成に対し政策的に支援する必要性である。住民主導型の警戒避難体制の確立に専門家の関与は欠かせない。大学やNPO、砂防ボランティアなど外部機関、および県や国など行政機関が、市町村やコミュニティを補完する体制や仕組みが求められる。

本項で紹介した台湾の事例は、気象条件（土石流をもたらす豪雨発生条件）やコミュニティ（村落）レベルの社会構造等の違いはあるものの、日本における土砂災害の被害軽減や適応策の実装へ多くの示唆を与えるものと考える。なぜなら、2000年代に台湾が直面した課題はその多くが日本にも当てはまるからである。しかし、本項で指摘した示唆する点はその一部である。今後さらに日本と台湾の比較のもとで、行政、専門家、住民のそれぞれの役割と連携体制構築、人材育成に関する課題をはじめ、考察を深めていく必要がある。

5.3 社会経済の持続可能性向上

5.3.1 メコンデルタにおける適応策

（1）メコンデルタでの海岸侵食と気候変動

ベトナム南部のメコンデルタは、世界有数の穀倉地帯であり、豊かで複雑な生態系を有している。しかしながら、気候変動に伴う海面上昇、海岸侵食、河川氾濫などの災害事象の悪化が懸念されている。そのうえ、人口増加の速度はベトナムの国内平均よりも高く、人口集中がさらに進むと予想される。それゆえ、自然

条件、社会経済条件の両面からメコンデルタでの気候変動脆弱性の増大が予想される。

図 5.3.1 は、ベトナム・ソクチャン省海岸沿岸の Vinh Chau における海岸線の調査結果を表している。左図は 2006 年 1 月の Google Earth の画像と 2015 年 11 月の無人飛行機（UAV）による空撮画像を比較し、右図は地上からの海岸の様子を示している。わずか約 9 年間に Hau 川の河口近傍ではマングローブが消失し、水門が取り残され約 240m の海岸線が後退している。図 5.3.2 は、1940 年代の測量海図と現在の土地利用を比較して、メコンデルタの土地利用の変遷を解析したものである。図 5.3.1 は、図 5.3.2 の①の地区に相当し、陸域の後退が確認できる。ソクチャン省では約 72km ある海岸線のうち約 11km が激しい侵食にさらされ（Schmitt *et al.*（2013））、堤防の修復と建設が繰り返されている。

ベトナムの陸域後退および海岸侵食は、他国と比べても極めて厳しい。日本での汀線後退速度は年間 3m 以上が最大基準であり、大半の海岸は年間 3m 未満である（国土交通省（2003））。メコンデルタでの大きな海岸侵食は、①人口増加に伴うマングローブの伐採、②ダム開発による上流からの土砂の堆積不足、③底質土の浚渫による建設資材への利用、④海面上昇や台風の巨大化など気候変動による影響、⑤地下水の汲み上げによる広域地盤沈下による相対的な海面上昇など、短期要因から長期要因にわたるまで人間活動が深く関わっていると考えられる。気候変動は海岸侵食の第一要因ではないが、将来にわたって海面上昇や暴風雨の強大化が進展すると、侵食がさらに加速する恐れがある。これらは、生態系、農業、漁業等の人々の生活基盤へ大きな影響をもたらしている。

図 5.3.1　ソクチャン省 Vinh Chau での海岸線の変化

第5章
海外の動向・事例

注）国立環境研究所亀山哲氏より提供。1940年代の地図（1/10万外邦図：佛領印度支那239号 Soc Trang）と2014年の土地利用の比較（Google Earth の背景画像からラインポリゴンデータを作成）

図 5.3.2　メコンデルタの土地利用の変遷

（2）適応策の実践

　メコンデルタなどの特に脆弱な地域においては、古くからの観測データ、統計資料の整備が不十分であり、客観的情報が少ない場合がある。その際には、現地の人々の記憶や日頃の観察といった地域やコミュニティからの情報や伝統的な知恵、実践も貴重な資料となる。

　筆者らは、2014年8月にベトナムの水資源大学と協働でメコンデルタのソクチャン省の3県19市鎮・社の1036世帯の住民を対象に気候変動と適応策に関するアンケート調査（訪問調査法）を行った。住民は、①10年単位で降雨や災害の変化を実感していること、②季節性の洪水と壊滅的な被害を及ぼす洪水を区別し、ある程度の洪水は生活の一部とみなしてむしろ肯定的に捉えていること、③住民レベルでは家屋の修理、補強、家屋の高床化、農業以外の収入源の多角化などの適応策を講じていること（図5.3.3）、などが明らかになった。

　本来、危険な災害からより逃れやすくするためには、洪水の起きる前に家屋の2階化や高床化などの事前対策を採ることが望ましいが、実際には家屋の修理などの事後対策に留まる場合が多い。これは経済的な要因が大きいのだが、その一

5.3 社会経済の持続可能性向上

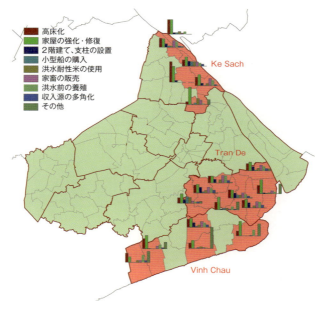

図 5.3.3　ソクチャン省の住民レベルでの適応策（複数回答）

方でメコンデルタには「洪水と共に生きる（Living with floods）」という言葉がある。ベトナム語には「洪水」を意味する言葉が 4 つ以上存在する（Tuan *et al.*, (2007)）。長期にわたってゆっくり浸水するものは「良い洪水」と捉えて農業や漁業に活用するなど、共存しようとする姿勢がうかがえる。近年、稲作の盛んな上流域のアンジャン省のような洪水常襲地域ではフルダイク（輪中堤防）の建設が進み、下流部への洪水緩和機能の低下や肥沃土の供給低下が懸念されている（藤井ら（2013））。フルダイク周辺では通常 3 期作だが、3 年に 1 回はあえて洪水を受けいれる「3 年 8 期作」によって農地肥沃土の劣化防止も試みられている。これらは、適応策の「順応」に相当する実例である。

　むろん、コミュニティ主導型適応策だけでは気候変動の悪影響が強大化する場合には対処しきれない。行政が支援する堤防や護岸などのインフラ整備も欠かせない。しかしながら、経済、技術などの要因から防護や適応の水準が不十分な地域も多い。技術面では、現地の気候、土壌、植生、伝統的技術を生かしてできるだけ安価で実践しやすい適応技術の開発や移転が求められる。沿岸域の防護策を

265

第5章
海外の動向・事例

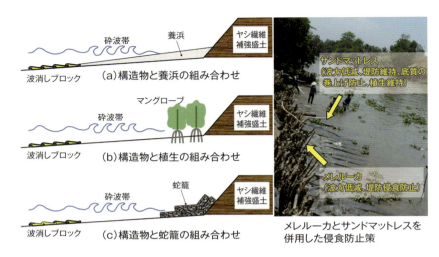

図 5.3.4　現地の事情に合わせた多重防護策

例に挙げれば、マングローブの保全に加えて、サンドマットレス、メレルーカによる侵食対策、セメントを添加して地盤改良する方法、堤防の堤体材料に現地で入手可能なヤシ繊維や竹などを使う方法が提案されている（図 5.3.4 右）。技術の複合化に加えて、マングローブ植栽のような伝統的な防災技術を組み合わせる「多重防護」も始まりつつある（図 5.3.4 左）。このように、現地のニーズや実情に応じて技術を調整することが必要である。

（3）適応と開発

メコンデルタをはじめとするアジア太平洋地域の途上国では気候変動への適応と地域での開発は表裏一体である。気候変動の悪影響を回避するための農林水産業への対応策、インフラの整備、人的能力開発などの多くは地域の開発の過程でも検討されてきたことである。(2)で挙げた適応策の他にも、沿岸域では塩水侵入が進んだ結果、マングローブ、水田、塩田をエビ養殖池に改変する動きがある。現地の住民にとっては貴重な収入源であり適応策の一種ではあるが、病害の発生や土地利用の変化によって環境保全や生態系保全の面では「悪適応」になる恐れがある。予測に基づく長期的な視点から開発と適応の調和を図ることが重要となる。

近年、先進国では気候変動対策の「主流化」が提唱されているが、途上国ではそもそもインフラ等の開発、農業、防災などの多くの分野の対策が途上にあり、計画策定の当初より気候変動影響を組み込んでいかなければならない。農業、漁業などの生業と関わりが強いため、地域の気候変動以外のニーズや課題を抽出し、適応策と調和、融合していくことが求められる。

（4）日本への示唆

メコンデルタをはじめとする東南アジアの途上国において適応策を推進することは、日本にとっての責務と意義の両面がある。第1に、国際協力のもとで各国が適応計画立案過程・行動の実施に取り組む重要性がいっそう高まっている。2015年にパリで開催されたCOP21では、適応能力を拡充し、強靱性を強化し、脆弱性を低減させるといった世界全体の適応目標（Global Goal on Adaptation）を設定することが合意され（パリ協定第7条）、途上国への適応支援も報告対象となる見込みである。第2に、サプライチェーンなどのグローバル化が進んだ現在において東南アジアの気候変動の悪影響を軽減することは、日本の生活基盤を守ることにもつながる。第3に、多くの適応策の経験を積むことは今後東南アジアに気候が近づくと予想される日本にとっても大きな教訓を得ることとなる。

5.3.2 太平洋島嶼国における気候変動を考慮した海岸保全策

IPCC第5次評価報告書によると、小島嶼国は低く狭い国土の特に海岸域に多くの人口が集中していることから、気象に起因する災害に対して現在でも脆弱であり、そして将来の気候変動に対して、さらに脆弱性が高まると考えられる（Nurse *et al.*（2014））。これらの国々への影響としては、年間平均的な海面上昇や一時的な異常海面上昇に伴ううねりや高潮などによる、浸水、海岸侵食、地下水の塩水化や、海水温上昇に伴う、サンゴの白化に代表される海岸環境の劣化、それによる漁業や観光業へのダメージなどが挙げられる。さらに、島全体への環境影響として、越境大気汚染や外来生物の侵入なども挙げられている。

これらの予測される悪影響に対して、今後順次適応することが必須となるが、より広い国土を持つ途上国や先進国で用いられている現代的・先進的技術をそのまま用いて適応することは、これらの国々の財政基盤および人的資源が乏しいことを考えると困難を極めることが容易に予想される。近年では、これらの国々に

第5章
海外の動向・事例

おける適応に際して、固有の伝統的技術を援用することが多く議論されているが、これまでの気候変動への適応の経緯を見る限り、将来にわたって予測されている気候変動へ十分に適応できるとは言い難い状況である。いずれにせよ、小島嶼国では将来の環境の変化をより正確に予測し、それによる悪影響に対して、順次的に適応できる安価でかつ確実な対策を提案することが重要である。

以下本項ではケーススタディとして、マーシャル諸島共和国マジュロ環礁、およびツバル国フナフチ環礁において行われた、気候変動に伴う海岸侵食の予測とそれに対する対策の効果についての調査と解析を行ったものを紹介する。

(1) マジュロ環礁における海岸地形変化予測と対策

太平洋南西部に位置するマーシャル諸島共和国の首都であるマジュロ環礁（図5.3.5）では、自然海岸において海岸侵食が問題となっており、持続的な州島保全対策の早急な実施が求められている（図5.3.6）。

著者らは1997、1998年に断面地形測量が行われている測線について、2006、2007年に再測量を実施し、その地形変化を検討したところ、全9測線のうち4測線において侵食が生じていたことが明らかとなった。堆積傾向にある測線もあったが、最も激しく侵食が生じていた測線では汀線がおよそ10m後退しており、局

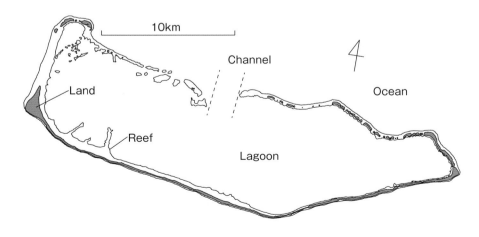

図5.3.5　マーシャル諸島マジュロ環礁

図 5.3.6　マジュロ環礁ローラ島の海岸侵食（2008 年 8 月、筆者撮影）

所的に激しい侵食が生じているものと考えられた（佐藤ら（2008））。

　マジュロ環礁における海岸地形変化の予測は Yokoki and Sato（2010）により波浪外力計算と局所漂砂量式、および有孔虫による砂生産量の推定値を考慮した地形変化モデルを用いて実施されており、環礁北部のチャネル部（船舶通行のためにサンゴ礁を開削した部分）から入射外洋波浪の影響を受けやすい海岸では、局所的に激しい侵食が生じることが明らかとされている。また、同論文内では海面上昇が海岸地形変化に与える影響と対策案の検討も実施されており、IPCC 第4次報告書で予測された海面上昇量を波浪外力の算定に組み込んでいる。海面上昇影響下での 100 年間の地形変化のシミュレーション結果より、現状で侵食傾向にある海岸ではその侵食が加速するが、堆積域も存在し、特に有孔虫による底質生産が活発な環礁北部では、ラグーン内に多くの砂が堆積するとの予測結果が得られている（図 5.3.7）。海岸侵食の激しい海岸に対して、ラグーン内に堆積した砂を用いた養浜を実施した場合の侵食量の変化を算定した結果が図 5.3.8 である。同図中には養浜実施条件によって複数のシナリオについての算定結果が記載されているが、ラグーン内堆積砂を用いることで、何もしない場合と比較して侵食量を減少させることができることが分かる。

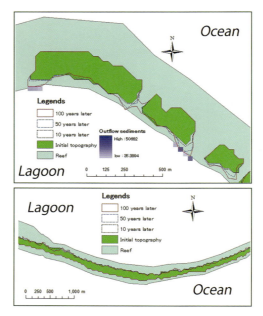

図 5.3.7 マジュロ環礁における海岸線変化予測シミュレーションの結果
（上：州島北部、下：州島南部）（Yokoki and Sato (2010) より引用）

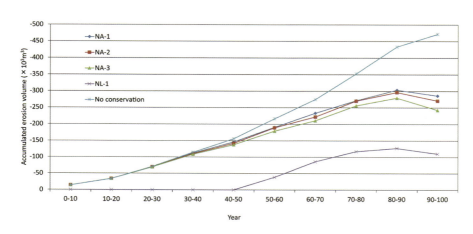

図 5.3.8 堆積域の砂を用いた養浜対策による侵食量の変化
（Yokoki and Sato (2010) より引用）

(2) ツバル国フナフチ環礁における侵食対策案の検討

　南太平洋上に位置するフナフチ環礁はツバル国の首都であり、東西方向、南北方向ともに約20kmの大きさである。環礁東部には人口が集中するフォンガファレ島がある。フォンガファレ島は南北におよそ8kmの延長があるが、東西方向には長いところで1km程度、最も幅の狭い地点となるコーズウェイでは数メートルしかない（図5.3.9）。フォンガファレ島中部の面積の広い部分に、首都機能や住居が集中して存在しており、主たる生活の場となっている。

　フォンガファレ島中央部のラグーン側海岸には砂浜が形成されており、現地住民とラグーンをつなぐ重要な要素となっている。しかしながら、著者らの現地調査によって近年では砂浜域の変動が大きく、季節的には砂浜が消失し、礫浜に変化することも確認されている（図5.3.10）（佐藤ら（2011a））。フォンガファレ島の主要な堆積物は有孔虫遺骸であるが、フォンガファレ島中部のラグーン沿岸では有孔虫が生存していないことが分かっている。また、フォンガファレ島中部のラグーン側は、北側と南側から運ばれてくる沿岸漂砂の終着点となることが明らかとされており、近年ではそうした沿岸漂砂が減少することで、砂浜の急激な変化が生じたと考えられる。島を構成する主要な堆積物となる有孔虫が「生産」され、それが「運搬」、「堆積」されるという一連のプロセスの中で、「生産」の部分が弱化したことが、フォンガファレ島ラグーンの砂浜減少の要因であると推測できる。

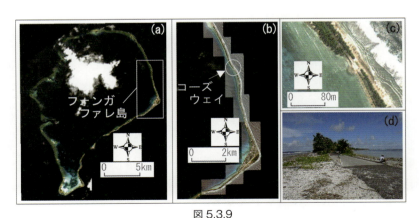

図5.3.9
(a) フナフチ環礁全景図　(b) フォンガファレ島
(c) コーズウェイ拡大図　(d) コーズウェイの現地写真（筆者撮影）

第5章
海外の動向・事例

図5.3.10　砂浜域の計測結果（左段）、
S1側線の様子（右側上：2009年3月、右側下：同年9月）（佐藤ら（2011a）より引用）

　フォンガファレ島ラグーン沿岸での侵食対策として、コーズウェイの外洋側リーフ上で活発に生産されている有孔虫に着目した検討が佐藤ら（2011b）によってなされている。佐藤ら（2011b）はコーズウェイを開削することで、外洋側リーフ上で生産される堆積物をラグーン側へと導く対策効果を検討し、コーズウェイの開削によって外洋側リーフ上で供給された堆積物はラグーン側へと運ばれ（図5.3.11）、さらに、ラグーン側海岸での沿岸漂砂によってフォンガファレ島中部まで運ばれることを数値的検討結果より示している。しかしながら、フォンガファレ島中央部北側に位置するランプが沿岸漂砂を阻害することや、サンゴ礁が掘削されて深くなっている箇所で漂砂が落ち込んでしまうなど、沿岸漂砂を阻害する要因についても、何らかの対策が必要であることを指摘している。

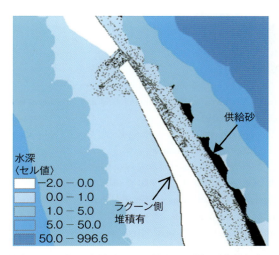

図 5.3.11　外洋側底質がラグーン側海岸へと運搬される様子（佐藤ら（2011b）より引用）

（3）日本への示唆

　本項では南太平洋の小島嶼での海岸侵食対策を、気候変動の適応策の事例として取り上げた。海岸の侵食対策を行う上で、州島全体の自然な維持形成過程を的確に把握し、それをうまく活用し、対象とする海岸部での侵食を遅らせたり、堆積を促進させたりすることによって、持続的な海岸地形維持の実現を目指したものである。こうした自然的なプロセスを強化し、活用する対策案は、将来の気候変動による影響の変化に対しても有効に機能する部分が多く、日本の沿岸域においても、効率的な適応に向けての重要な対策オプションの一つであると考えられる。

第5章　参考文献

5.1.1　北米各都市における適応策

The World Bank：Guide to Climate Change Adaptation in Cities, 2011.
Institute for Sustainable Communities：Promising Practices in Adaptation & Resilience, 2010.
City of Chicago：Climate Action Plan, 2008.
City of Chicago：Chicago Climate Change Action Plan - Climate Change and Chicago: Projections and Potential Impacts, Executive Summary, 2008.
Oliver Wyman, Inc：Corporate Risk Case Study: City of Chicago Climate Change Task Force, 2008.
City of Chicago：PROGRESS REPORT First Two Years, 2010.
Penny, J. and Dickinson, T.：Climate Change Adaptation Planning in Toronto: Progress and Challenges, Fifth Urban Research Symposium, 2009.
Toronto Environment Office：Climate Change Adaptation Strategy, 2008.
Toronto Environment Office：Ahead of the Storm: Preparing Toronto for Climate Change, 2008.
Toronto Environment Office：Climate Change Risk Assessment Process and Tool, 2010.
City of Toronto：Resilient City: Preparing for Extreme Weather Events, 2013.
City of Toronto：Toronto's Future Climate: Study Outcomes, 2012.
City of Toronto：Climate Change, Clean Air and Sustainable Energy Action Plan, 2007.
City of Boston：A Climate of Progress, 2011.
The Boston Harbor Association：Preparing for the Rising Tide, 2013.
City of Boston：Climate Ready Boston: Municipal Vulnerability To Climate Change, 2013.
City of Boston：Greenovate Boston 2014, 2014.
New York City Panel on Climate Change：*Climate Change Adaptation in New York City: Building a Risk Management Response*, Wiley-Blackwell, 2010.
New York City: PlaNYC2030.
　http://www.nyc.gov/html/planyc2030/html/challenge/challenge.shtml
ICLEI USA: The Process Behind PlaNYC, 2010.
　http://www.nyc.gov/html/planyc2030/downloads/pdf/iclei_planyc_case_study_201004.pdf

5.1.2　英国気候変動法に基づくAdaptation reporting powerに見る公益企業の気候変動適応計画

Parliament of the United Kingdom：Climate Change Act 2008, 2008.
Department for Environment, Food and Rural Affairs：Climate Change Risk Assessment Methodology Report, 2012.
Department for Environment, Food and Rural Affairs：The UK Climate Change Risk Assessment 2012: Evidence Report, 2012.
UK Government：2010-2015 government policy: climate change adaptation, 2013.

第5章 参考文献

UK Government：The National Adaptation Programme — Making the country resilient to a changing climate, 2013.
UK Government：Adapting to Climate Change: Ensuring Progress in Key Sectors 2013 Strategy for exercising the Adaptation Reporting Power and list of priority reporting authorities, 2013.
Transport for London：Providing Transport Services Resilient to Extreme Weather and Climate Change, 2011.
Thames Water Utilities Ltd：Adaptation reporting power — Direction to report, 2011.

5.1.3 欧州における気候・社会経済シナリオを用いた適応計画づくり
Gramberger, M., Kasper Kok, K., Eraly, E., Stuch, B.: Report of the first CLIMSAVE regional stakeholder workshop, November 2011.
Gramberger, M., Kok, K., Maes, M., Stuch, B., Harrison, P., Metzger, M., and Jäger, J.: Report on the second CLIMSAVE regional stakeholder workshop, June 2012.
Gramberger, M., Harrison, P., Jäger , J., Kok, K., Libbrecht, S., Maes, M., Metzger, M., Stuch, B., and Watson, M.,: Report on the third CLIMSAVE regional stakeholder workshop, May 2013.

5.2.1 オランダ・デルタプログラムに見る国家適応技術開発の実装化
国土交通省国土技術政策総合研究所気候変動適応研究本部：国総研資料第749号　気候変動適応策に関する研究（中間報告），2013.
国土交通省国土技術政策総合研究所気候変動適応研究本部　板垣修，吉谷純一：米英蘭の水災害・水資源管理に係る気候変動適応策に関する事例調査，2012.
Delta Programme Commissioner
　http://english.deltacommissaris.nl/
　http://english.deltacommissaris.nl/delta-programme/contents/delta-programme-2016
Government of the Netherlands
　http://www.government.nl/topics/delta-programme

5.2.2 米国FEMAのデータを活用した国家財政影響評価事例
Multihazard Mitigation Council: Natural Hazard Mitigation Saves: An Independent Study to Assess the Future Savings from Mitigation Activities Volume2 –Study Documentation, pp53-55, pp139-142, 2005.
（財）国土技術研究センター：『増補改訂　欧米諸国における治水事業実施システム』, pp236, 270-271, 2001.
FEMA: Hazard Mitigation Assistance.
　http://www.fema.gov/hazard-mitigation-assistance
FEMA: FY2015 Flood Mitigation Assistance（FMA）
財務総合政策研究所：主要国の地方財政制度調査報告書，pp409, pp413, 2001.

5.2.3　米国ハリケーン・サンディ来襲時の取り組みに至る検討事例

国土交通省・防災関連学会合同調査団：米国ハリケーン・サンディに関する現地調査報告書　平成 25 年 7 月

国土交通省・防災関連学会合同調査団：米国ハリケーン・サンディに関する現地調査第二次調査団報告書　平成 27 年 2 月

公益財団法人ひょうご震災記念 21 世紀研究機構「国難」となる巨大災害に備える編集会議（編集・発行）：2.1 ハリケーン・サンディ，災害対策全書 別冊『国難となる巨大災害に備える』，ぎょうせい，2015．

5.2.4　台湾における土石流防災専門員の育成事例

Chen, C. Y. and M. Fujita: An analysis of rainfall-based warning systems for sediment disasters in Japan and Taiwan, International Journal of Erosion Control Engineering, Vol.6, No.2, pp.47-57, 2013.

行政院農業委員會水土保持局：『土石流防災歷年成果專輯』，行政院農業委員會水土保持局，2008．

廣井脩：土砂災害と避難行動，『砂防学会誌』，Vol.51, No.5, pp.64-71，1999．

郭力行，黃國鋒，陳美珍，巫仲明：家園守護者土石流防災專員—101 年 11 月 26 日表揚頒獎典禮特別報導，『農政與農情』，Vol.234, pp.19-21，2012．

内閣府：『防災白書 平成 26 年版』，2014．

内政部消防署：『中華民國 102 年消防統計年報』，内政部消防署，2014．

笹田敬太郎，林怡資，佐藤宜子：台湾における山間部土石流危険区域に対するソフト対策の展開と日本への示唆，『自然災害科学』，Vol.34, No.3, pp.189-211，2015．

5.3.1　メコンデルタにおける適応策

Schmitt, K., Albers, T., Pham, T.T., Dinh, S.C.: Site-specific and integrated adaptation to climate change in the coastal mangrove zone of Soc Trang province, Viet Nam. Journal of Coastal Conservation, Vol.17, No.3, 545-558, 2013.

Tuan, L.A, Hoanh, C.T., Miller, F. and Sinh, B.T.: Flood and salinity management in the Mekong Delta, Vietnam. In: Be TT, Sinh BT, Miller F (eds.), Challenges to Sustainable Development in the Mekong Delta: Regional and National Policy Issues and Research Needs. The Sustainable Mekong Research Network, pp.15-68, 2007.

国土交通省：『中期的な展望に立った新しい海岸保全の進め方報告書』，2003．

藤井秀人，藤原洋一，星川圭介：メコンデルタ洪水常襲稲作地域におけるフルダイク化の進展とその影響，『農業農村工学会論文集』，285, pp.67-74，2013．

5.3.2 太平洋島嶼国における気候変動を考慮した海岸保全策

佐藤大作，横木裕宗，桑原祐史，茅根創，三村信男：マーシャル諸島マジュロ環礁ローラ島における沿岸漂砂量分布に関する現地調査と数値計算，『地球環境研究論文集』，Vol.16, pp. 131-136, 2008.

Yokoki, H., and Sato, D. : Coastal Management for Shore Protection in Atoll Islands, Proceedings of 2nd International Seminar on Islands and Oceans, pp.49-56, 2010.

佐藤大作，横木裕宗，TALIA, A.：環礁州島ラグーン側砂浜海岸における地形変化機構の現地調査，『土木学会論文集 B2（海岸工学）』，Vol.67, No.2, I_1331-I_1335, 2011a.

佐藤大作，横木裕宗，茅根創：コーズウェイ開削による環礁州島の持続的な州島保全の可能性，『土木学会論文集 G（環境）』，Vol.67, No.5, I_247-I_253, 2011b.

Nurse, L. A., McLean, R. F., Agard, J., Briguglio, L. P., Duvat-Magnan, V., Pelesikoti, N., Tompkins, E.,and Webb, A.: Small Islands, In: Climate Change 2014: Impacts, Adaptation, and Vulnerability. Part B: Regional Aspects, Cambridge University Press, pp.1613-1654, 2014.

第6章
まとめと提言

第6章
まとめと提言

まとめ

　気候変動による自然環境の変化と、少子高齢化・大都市の過密と地方の過疎に代表される社会構造の変化は、これまで経験したことのない事態で、両者が同時進行しており、自然災害大国である我が国の将来にとって容易ならざる状況であるといっても過言ではない。これらの変化は、災害に対するリスクとなる。リスクは潜在的危険であり、それゆえに日常的に意識することが希薄である。我が国では、原子力発電や橋梁のような人工物に対して絶対安全を求める風潮が強く、また当事者である科学者・技術者も人工物が有するリスクについて国民に正確に伝えることの努力が不足しており、むしろ安全神話を盲信していたのではないかと思われる場合もある。

　水土砂災害をもたらす降雨やその排水路としての河川は、それぞれ自然現象、自然公物であり、それらが社会に恩恵をもたらす一方で、潜在的にリスクを包含していることは、我が国の国民は長い経験から十分に理解している。それゆえに、絶対安全ではなく、例えば大河川では200年に1回の大洪水に耐えられるよう河川構造物等が計画・施工され、一定のリスクは社会的なコンセンサスとして許容されている。

　従来、地球環境の変化に対しては、それをもたらす大気中の温室効果ガス（主に炭酸ガス）の排出量を減らすという施策が注目を浴びてきた。しかし、南北問題や経済活動とエネルギー使用量の密接な関連性のために、その削減の合意は容易ではない。また、今すぐに炭酸ガス排出量を大幅に削減したとしても、現在進行している地球温暖化とそれに伴う気候変動を止めることはできない。地球は、海洋という大きな緩衝材を有しているために、地球温暖化の影響は遅れが出てくるからである。

　このことから、水土砂災害を防ぎ、あるいは軽減させる方策として適応策が注目され、我が国でもその検討が行われてきた（例えば、日本学術会議（2007）、国土文化研究所（2008））。本書はこの流れを汲んでいるが、これまでの理念的な議論・検討から一歩進んで、適応策を社会に根付かせるための社会実装について研究した成果を取りまとめたものである。その成果を以下に要約する。

第1章　気候変動と自然外力の増大

　第1章では、IPCCの第5次評価報告書に基づいて「気候システムの温暖化には疑う余地はなく、また1950年以降、観測された変化の多くは数十年から数千年間にわたり前例のないものである。大気と海洋は温暖化し、雪氷の量は減少し、海面水位は上昇している。」として、不確実性を含みながらも現在までに分かっている知見に基づいて、気温・海水温の上昇、降雨・降雪の変化、海面水位の上昇、台風の強大化等について定量的に述べている。

　自然災害外力は、津波災害ではレベル1、レベル2の2種類であったが、気候変動に於いては気候システムそのものが次第に変化していくため、いずれソフト対策等でも対応しきれなくなる「レベル3」までを定義するのが妥当であることが述べられている。なお、実務面では、「想定最大災害外力」の概念の導入・設定により、最悪の事態に対する減災の取り組みを進めていくことの重要性が指摘されている。一方、水・土砂災害の特徴として、それぞれのサイトに固有の閾値（限界値）があり、災害外力がそれを超えると発災して甚大な災害を引き起こす。気候変動による災害外力の増大は、至る所でこの閾値を簡単に超えるようになるため、我々は今後容易ならざる状況に直面する可能性が高い。また土砂災害の様相も深層崩壊の増大によって変化してきている。このような災害の遷移過程においては、人々や社会の意識・認識が追い付いていかないため、「順応的適応」とならざるを得ない。順応的適応に合った適応策のための技術開発もまた必要となっている。

第2章　国土構造と社会構造の変化

　第1章で述べた自然環境の変化が、国土構造に影響を与えつつある。海水面の上昇は、海岸線の後退を招く。特に、我が国の社会・経済活動の中心である沖積平野では、海水面の上昇によりゼロメートル地帯の増加が懸念されている。

　社会自身の側においても、先述したように、災害に対する耐力（レジリエンス）の変化が生じている。特に地方では、青壮年層の人口が減少し、老年者が増大している。さらに、外国人訪問客の急激な増加が生じている。このように我が国では、災害弱者が急激に増加しつつある。大都市では、地下やウォーターフロントの高度利用、斜面の開発、複雑な交通網の形成など、災害を誘発しやすい人工物が次々と増えている。

つまり、災害を引き起こす外力のリスクと災害を生み出す社会のリスクがともに増大しているのが我が国の現状である。台風の強大化などによる災害外力の増大は、これらの国土構造・社会の脆弱化とあいまって、国家の存続も危うくするような大災害を招来する危険性さえ含んでいる。

第3章　適応策の基本と社会実装を支える技術

　本章では適応策の基本と社会実装を支える技術について述べている。災害外力と社会・経済のいずれもが変化する状況下で防災・減災に取り組むためには、リスクマネジメントという意識とそれに対応した枠組みが不可欠である。それに加え、多種多様な災害外力に曝される一方、未だに防災施設整備が不十分な状態に留まっている我が国においては、他の先進諸国のように主として防災施設に依存して災害外力に対処することは困難である。

　このため、防災施設の能力を超える災害外力を想定した上で、防災施設の整備・管理を進めなければならない。同時に、社会・経済の側でも取り組みを進めること、すなわち適応策の社会実装を進めていかねばならない。いわば統合的な二正面作戦が必要となる。実際には、それぞれの地域において、多様な主体が連携体制を構築して相互にリスクやそれに対する問題意識を共有し、実行と評価を繰り返しながら、着実に取り組みを進めていくということになるのではないか。これが適応策の基本であろう。その際、定常性の下で災害外力を捉えた現在の技術から非定常性の下での技術へと発展させ、同時に、社会全体で取り組みを進めていくための「社会的な技術」を確立していくことが重要である。すなわち、適応策社会実装の基盤をなす防災施設の整備・管理を支える技術、適応策社会実装そのものを支える技術、これら双方が求められている。

　本章では、「連携体制」や「適応策社会実装の基盤」といった基本をなす部分に関するものや、「人命喪失の回避」や「社会経済の持続可能性向上」といった現在直面している課題に関するもののほか、今後重要性が増すと思われる諸課題に関する技術についても記述を行っている。

第4章　適応策の国内の動向・事例

　本章では、国内の適応策の動向と具体的な事例が述べられている。例えば、新潟県の見附市は近年2度の豪雨災害に見舞われたが、1度目の災害から多くの教

訓を学び、ハード面・ソフト面で多くの対策を精力的に実施することで、2度目の災害では大幅な減災に成功した。その対策の多くは他地域にも適用できるものである。

鹿児島川内川流域では、平成18（2006）年の洪水災害直後は険悪であった行政と住民の関係も、その後協力して災害に強い地域づくりを目指すこととなり、官・市民・学が連携して強力にハード整備・ソフト対策を推進している。

平成26（2014）年に大規模な土砂災害に襲われ多くの人命が失われた広島市では、国・県・市が中心となって、土砂災害防止法に基づく基礎調査および土砂災害警戒区域等の指定を精度良く早急に実施して公表できるように努めている。ただ、ハード整備による土砂災害の防止は経費・時間・環境面からも容易ではないことから、速やかな避難に結び付け得る施策が必要である。

一方、近い将来に大きな被害を受ける可能性の高い低平地を抱える佐賀平野、関東平野のゼロメートル地帯、東海地方は、対策の強化が喫緊の課題となっている。佐賀平野は、官・民・学が協力して対策検討会を設立して検討を進めている。それはまだ道半ばではあるが、既に実行に移されている事柄もあり、他地域の参考ともなり得るものである。なお、関東平野のゼロメートル地帯、東海地方は共に大都市圏であることから、いったん被災するとその影響は計りしれない。早急な洪水・高潮対策が望まれている。両地域とも最近我が国に導入されたタイムラインを先行的に適用・作成することで、適応策の強化を図っている。

温暖化による災害外力の増大は、現在待ったなしの状況にあるが、我が国の適応策は準備状況も含めてまだまだ不十分と言わざるを得ない。

第5章　海外の動向・事例

本章では、国外の気候変動適応策の策定・実施の具体的な事例について述べている。ニューヨーク市の事例では、計画策定の初期的段階において、IPCCを模したNPCCと呼ばれる、専門家とステークホルダーとの間で科学的事実を共有する場が設定されるなど、様々な形で同様の場が設定されている。欧州委員会で実施されたCLIMSAVEが行った、ステークホルダーによる定性的な評価と専門家による定量的シナリオを統合させるコデザイン・コプロダクションの試みもその一つといえる。日本でも農業分野において試みられた事例があり、今後の普及が期待される。別の参考事例として、英国のAdaptation Reporting Powerが挙げられ

第6章
まとめと提言

る。これは、公益企業・団体等に対して、事業における気候変動影響のリスク評価とその対応計画に関する報告書の提出を要請するものである。日本では、緩和策について東京都が先行的に地球温暖化対策事業所計画書制度を創設して、いくつかの自治体が追随し、国も同様の制度を開始した経緯がある。適応策についてもこのような報告書の提出を公的機関に義務づける方法は、自治体発の施策として検討される可能性はあるだろう。

ただし、各政策分野により適応策の進展状況は異なる。本書の中心的な対象である水土砂災害については、既に国が気候変動による災害の激甚化に備えた「危機管理型ハード対策」を組み込んだ計画へと見直しを図ろうとしている。この点については、①構造物、②空間計画、③緊急対応の3段階の防御としているオランダの洪水リスクマネジメントは参考になろう。また、ハリケーン・サンディへの米国の取り組みからは、①災害リスク評価の徹底と社会的共有のもとでの防災・減災、②災害時の迅速な意思決定を支える役割・責任分担の明確化、③災害時の意思決定を支援する専門家の役割の明確化と体制の構築といった点が示唆される。同様に、台湾の「土石流防災専門員」からは、①避難すべき対象と避難判断基準となる雨量の情報を明示し、防災組織と関係機関で連携し共有する必要性、②市町村や地域住民のリスクの認知や専門知識の不足を補完する体制づくり、コミュニティレベルでの防災教育や人材育成に対する政策的な支援が必要となることが示唆される。

COP21 では、世界全体の適応目標を設定することが合意され、途上国への適応支援も報告対象となることが見込まれ、国際協力のもとで各国が適応計画立案過程・行動の実施に取り組む重要性がいっそう高まっている。サプライチェーンなどのグローバル化が進んだ現在において、メコンデルタなど東南アジアの気候変動の悪影響を軽減することは、日本の生活基盤を守ることにもつながるだけでなく、多くの適応策の経験を積むことは今後東南アジアに気候が近づくと予想される日本にとっても大きな教訓を得ることができる。

おわりに

我が国の適応策は緒に就いたばかりであり、取り扱う範囲も極めて広範である。したがって、必ずしも「技術」にはなっていないものも多い。これらの技術は現場における取り組みの中から生まれてくるものがほとんどであると思われ

る。類似する影響が懸念される国や地域では、施策の内容自体について相互に学ぶべき点は多いであろうし、そうでなくても、策定過程や手順などについて共通的な悩みを解決する糸口を相互に発見できる点は少なくないだろう。

今後、数多くの地域で多分野の研究者・技術者を含めた連携体制を機能させ、地域間の類似点や相違点を明確化しつつ、相互に情報交換・意見交換を行い、こうした技術が確立されていくことを望むものである。

第6章　参考文献

日本学術会議：地球規模の自然災害の増大に対する安全・安心な社会の構築，2007．
髙橋　裕（監修）：『大災害来襲』(第2章)，アドスリー，2008．

索引

欧文

AAR——251, 256
Adaptation Reporting Power——230
BCM——130
BCP——15, 129
COP21——267, 284
DHEAT——126
DMAT——124
DMORT——125
DPAT——125
ESF——254
FEMA——156, 170, 246
IPCC——2
JDA-DAT——125
JMAT——124
NFIP——155
RCP——14

あ

アウェアネス——22
悪適応——266
荒川下流タイムライン——175
アンダーパス——37
インタレスト分析——66, 69
ヴァルナラビリティ——51
ウォーターフロント——29
英国気候変動法——229
英国気候変動リスク評価報告書——229
英国国家適応計画——230
エクスポージャ——51
沿岸漂砂——271
応急復旧——184
オランダ——241

か

海岸侵食——32, 262, 268
海面上昇——29
海面水位の上昇——6
外力——60
学際的な取り組み——71
仮設住宅——116, 120
河川整備計画——96
緩和策——21
危機管理——50
危機管理型ハード対策——96
危機管理行動計画——182
危険地域——26
気候変動——13
気候変動適応策答申——175
行政指標——145
極端現象——3
広域避難計画——185
合意形成——66, 67, 71
高位参照シナリオ——5, 7, 11
降雨波形——86
行動意図——73
国土構造——281
国土強靱化——45, 141, 154
国家財政健全化——60
コミュニケーション戦略——71
コミュニティ——118, 120, 259, 264, 284
コミュニティ防災——259
コンフリクト・アセスメント——67, 69

さ

災害外力——4
災害弱者——39
災害情報——75
災害対策基本法——170, 183
災害廃棄物——151
災害復旧制度——42
災害免疫力——59
災害リスク——51
佐賀平野——106, 138, 209
佐賀平野大規模浸水危機管理対策検討会
　——65, 209
サプライチェーン——133
市街化区域——28
市街化調整区域——28
時間スケール——88, 90

索引

事業継続計画——129
事業継続マネジメント——130
自主防災組織——45
自然外力——84
持続可能性——136
シナリオ——235
地盤沈下——30
市民指標——145
地元学——173
社会インフラ——46
社会実装——62
斜面災害——26
集団移転——120
順応——94, 265
順応策——144
順応的管理——245
順応的適応——21, 281
順応的リスク管理——71
少子高齢化——39
小島嶼国——267
情報共有本部——185
新規想定レベル——15
浸水想定区域図——101
深層崩壊——18, 61
水害サミット——110
垂直避難——112
水平避難——112
水防法——14, 36
スーパー台風——10
ステークホルダー——70, 228, 234
ステークホルダー分析——66, 69
スマート・シュリンク——43
脆弱性——263
正常性バイアス——109
ゼロメートル地帯——30, 32, 77, 93, 136, 175, 182
仙台防災枠組——122, 143
総合治水——168
総合土砂管理——99
想定最大外力——84
想定最大災害外力——13
ソフト対策——38, 189, 202, 208, 258

た

タイムライン——171, 176, 255, 257, 283
多重防護——266
ダム——97
田んぼダム——192
地域防災リーダー——262
小さな拠点——41
地下空間——35
地下浸水——36
地球温暖化——9
治水施設——58
地方創生——44
沖積地——30
超過外力——49
超学際的な取り組み——71
長寿命化——47
津波防災地域づくり法——167
低位安定化シナリオ——5, 7, 11
定常状態——61
適応オプション——238
適応計画——220
適応策——21, 61, 220
テムズ・ウォーター社——232
デルタプログラム——241
東海ネーデルランド高潮・洪水地域協議会
——64, 182
同時生起——87
都市指標——145
都市水害——36
土砂災害危険箇所——26
土砂災害警戒区域——26
土砂災害特別警戒区域——26
土砂災害防止法——167
土石流防災専門員——259
土地利用規制——153
トップダウン・アプローチ——173

な

南岸低気圧——12
ニューヨーク市——226
年超過確率——86
濃尾平野——136, 182

索引

は
ハード対策――38, 136, 190, 202, 208, 257
ハイドログラフ――17
波及被害――106
曝露量――143
ハザード――51
ハザードマップ――29, 101, 168
発生頻度――87
パリ協定――267
ハリケーン・サンディ――228, 251
氾濫原――28
被害想定――84
非常災害現地対策本部――185
非定常状態――61
避難――109
避難勧告――109, 185
避難限界――36
避難指示――109, 185
避難準備情報――112, 185
避難情報――112
兵庫行動枠組――122, 141
広島市の土砂災害――26, 203
不確実性――238
部局横断――71
複合災害――87
復旧・復興――136
フナフチ環礁――271
プロジェクト・マネジメント――67
便益――103
保安林制度――28
防災コミュニティ――260
防災施設――58
防災施設能力――58
防災専門員――260
防災投資――51
ボトムアップ・アプローチ――173

ま
マジュロ環礁――268
水管理委員会――243
水防災意識社会――95
宮崎海岸トライアングル――65, 67
メンテナンス――47

や
夜間避難訓練――215
遊水地――191
要援護者――115
容積率――153
予防策――144
予防的アプローチ――143

ら
ライフライン――94
リスク・コミュニケーション――71
リスク認識――79
リスクマネジメント――59, 227
リダンダンシー――22
立地適正化――41
流砂系――34
流木――19, 27
レジリエンス――59, 141, 281
レベル1――15, 92
レベル2――15, 93
レベル3――15
連携体制――63
連邦緊急事態管理庁――246
老朽化――46

わ
ワークショップ――235
輪中――28, 241, 265

編集委員・執筆者紹介

編集委員
小松利光（第1章、第4章主査）
　九州大学名誉教授

池田駿介（第2章、第6章主査）
　（株）建設技術研究所国土文化研究所研究顧問、東京工業大学名誉教授

望月常好（第3章主査）
　五洋建設（株）執行役員副社長、公益社団法人日本河川協会参与

馬場健司（第5章主査）
　東京都市大学環境学部教授

橋本彰博
　福岡大学工学部准教授

木村達司
　（株）建設技術研究所国土文化研究所次長

執筆者
第1章
肱岡靖明（国立環境研究所）── 1.1
鬼頭昭雄（筑波大学）── 1.2.1、1.2.2、1.2.3、1.2.4
朝堀泰明（国土交通省）── 1.3.1
白井信雄（法政大学）── 1.3.2
小松利光（九州大学）── 1.4、1.5、1.6
橋本彰博（福岡大学）── 1.5、1.6

第2章
風間　聡（東北大学）── 2.1.1
池田駿介（（株）建設技術研究所）── 2.1.2、2.2.1、2.2.4、2.2.5
佐藤愼司（東京大学）── 2.1.3
戸田圭一（京都大学）── 2.1.4
加知範康（九州大学）── 2.2.2

渡邊　茂（内閣官房）── 2.2.3
多々納裕一（京都大学）── 2.2.6

第3章

望月常好（五洋建設（株））── 3.1、3.2.1、3.2.3、3.6.2、【コラム 3.15】
桑子敏雄（東京工業大学）──【コラム 3.1】
馬場健司（東京都市大学）──【コラム 3.2】、3.6.1
小池俊雄（東京大学）── 3.2.2
片田敏孝（群馬大学）──【コラム 3.3】
加藤孝明（東京大学）──【コラム 3.4】
朝堀泰明（国土交通省）── 3.3.1、3.3.2
土屋修一（国土技術政策総合研究所）──【コラム 3.5】
杉本利英（（株）ニュージェック）──【コラム 3.6】
角　哲也（京都大学）──【コラム 3.7】
奥田晃久（国土交通省）── 3.3.3
岡下　淳（国土交通省）──【コラム 3.8】、【コラム 3.13】
中貝宗治（豊岡市長）── 3.4.1
三条市防災対策室──【コラム 3.9】
神戸市住宅都市局── 3.4.2
岩沼市総務部復興創生課──【コラム 3.10】
南　裕子（高知県立大学長）── 3.4.3
神原咲子（高知県立大学）──【コラム 3.11】
丸谷浩明（東北大学）── 3.5.1、【コラム 3.12】
勢田昌功（国土交通省）── 3.5.2
齊藤　修（国連大学）──【コラム 3.14】
渡邊　茂（内閣官房）── 3.6.3
山本陽子（国土技術政策総合研究所）──【コラム 3.16】

第4章

関　克己（（公財）河川財団）── 4.1
白井信雄（法政大学）── 4.2

光成政和 (国土交通省) —— 4.3
勢田昌功 (国土交通省) —— 4.4
久住時男 (見附市長) —— 4.5
安部　剛 (国土交通省) —— 4.6
児玉好史 (国土交通省 (執筆時：広島県)) —— 4.7
大串浩一郎 (佐賀大学) —— 4.8
橋本彰博 (福岡大学) ——【コラム4.1】

第5章

岡　和孝 (みずほ情報総研 (株)) —— 5.1.1、5.1.2
肱岡靖明 (国立環境研究所) —— 5.1.1、5.1.2
馬場健司 (東京都市大学) —— 5.1.1、5.1.3
山本陽子 (国土技術政策総合研究所) —— 5.2.1、5.2.2
関　克己 ((公財) 河川財団) —— 5.2.3
笹田敬太郎 (島根県中山間地域研究センター) —— 5.2.4
田村　誠 (茨城大学) —— 5.3.1
安原一哉 (茨城大学) —— 5.3.1
横木裕宗 (茨城大学) —— 5.3.2
佐藤大作 (東京電機大学) —— 5.3.2

第6章

池田駿介 ((株) 建設技術研究所)

監修

国土文化研究所

　国土文化研究所は、建設コンサルタントである (株) 建設技術研究所の社内シンクタンク機能を持つ組織として、2002年4月に設立された。その目的は、国土文化という視点から安全で美しく、持続性のある国土と社会を創造するための研究や提言を行うことである。また、これらの研究の実施やその成果の出版以外に、2008年からは市民向けのオープンセミナーや日本橋地域活性化のための船めぐりの運営を行い、社会貢献を行っている。活動の詳細は、http://www.ctie.co.jp/ に記載されている。

気候変動下の水・土砂災害適応策
——社会実装に向けて——
©2016 Research Center For Sustainable Communities
Printed in Japan

2016年11月30日　初版第1刷発行

監修者　国土文化研究所
編集者　池田駿介・小松利光・馬場健司・望月常好
発行者　小山　透
発行所　株式会社 近代科学社
　　　　〒162-0843 東京都新宿区市谷田町2-7-15
　　　　電話 03-3260-6161　振替 00160-5-7625
　　　　http://www.kindaikagaku.co.jp

藤原印刷　　　　　ISBN978-4-7649-0530-6
　　　　　　　　　定価はカバーに表示してあります。